建筑结构优秀设计图集

2

《建筑结构优秀设计图集》编委会

中国建筑工业出版社

图书在版编目（CIP）数据

建筑结构优秀设计图集　（2）/《建造结构优秀设计图集》编委会编．北京：中国建筑工业出版社，1999

ISBN 7-112-03964-9

Ⅰ．建…　Ⅱ．建…　Ⅲ．建筑结构-结构设计-图集　Ⅳ．TU318-64

中国版本图书馆 CIP 数据核字（1999）第 36537 号

本书由全国第二届优秀建筑结构设计评选出的 80 个获奖项目中精选 29 项汇编而成，是 1991 年～1995 年期间我国建筑结构优秀设计的代表作。在编写中，每个工程均介绍工程概况、计算方法、地基基础、结构布置、构造详图等，以图为主，辅以少量文字说明，具有较强的技术性、资料性和实用性，对建筑结构设计及施工人员、土建类大专院校师生均有较大的参考价值。

建筑结构优秀设计图集

2

《建筑结构优秀设计图集》编委会

*

中国建筑工业出版社出版、发行（北京西郊百万庄）

新　华　书　店　经　销

北京蓝海印刷有限公司印刷

*

开本：787×1092 毫米　1/16　印张：23¾　字数：590 千字

1999 年 12 月第一版　2006 年 4 月第二次印刷

印数：3001—4000 册　定价：**54.00** 元

ISBN 7-112-03964-9

TU・3095（9343）

序　言

改革开放以来，我国建筑事业蓬勃发展，全国各地建成了许多优秀建筑物，表现了我国建筑工程技术人员的优异才能。一项优秀的建筑工程设计，常是结构工程师和建筑及机电设备等专业技术人员通力合作的产品。建筑结构设计对于建筑工程的质量、安全和经济起着重要作用。为促进我国建筑工程设计事业的发展，进一步提高建筑结构的设计水平，充分发挥建筑结构设计人员的积极性和创造性，中国建筑学会采纳了建筑结构学术委员会的建议，在组织了全国首届优秀建筑结构设计评选活动后，又于 1997 年再度组织了全国优秀建筑结构设计的评选活动。

全国第二届优秀建筑结构设计的评选范围是 1991 年～1995 年期间建成的建筑工程的建筑结构设计。全国共有 150 个项目申报评选，经建筑结构委员会研究，决定将申报设计作品分成三类加以评选，即：多层与高层建筑结构；空间大跨度结构及工业建筑结构；特种建筑工程结构（包括电视塔、水池、水塔、储仓、大型设备基础等）。

评奖的条件为：1. 在建筑结构设计中有所创新，对提高建筑结构设计水平有一定的指导意义；2. 在建筑结构设计中较好地解决了难度较大的结构问题，对提高建筑结构设计水平，有一定的促进作用；3. 在建筑结构设计中较好地适应建筑功能要求，对提高工程质量和施工速度有显著作用，取得较好的经济效益。这三个条件可概括为：创新、解难、效益。

经过评委员会认真评审，评选出一等奖 10 项，二等奖 20 项，三等奖 28 项，表扬奖 22 项。

为了表彰获奖的优秀建筑结构工程，并满足广大读者的需要，在这 80 项获奖的项目中，我们精选 29 项汇编成册。由于各个得奖设计单位的大力支持、编委会成员的努力，本书将于 1999 年出版。但因篇幅所限，未能将全部获奖项目编入。

本图集所收录的建筑工程，是我国一个时期（1991 年～1995 年建成）内优秀建筑结构设计的代表作，其中收集了各工程的工程概况、计算方法、结构布置、构造大样、配筋做法等详细资料，有些还是第一次公开发表。本书对于设计工作人员，有较高的参考价值。

在参照这些工程的经验时，请注意因时因地制宜的原则。某种做法，在甲地是很好的，换到乙地就不一定符合当地条件；某些构造在强震区是必需的，在非强震区就可以简化；等等。总之，具体情况具体分析是必要的。

何广乾
程懋堃　　1999 年 3 月

目　录

序言

·高层及多层建筑结构·

1. 北京新世纪饭店主楼结构 …… 3
2. 北京亮马河大厦办公楼、饭店及公寓结构 …… 16
3. 上海图书馆新馆主体结构 …… 48
4. 广州国际贸易中心主体结构 …… 58
5. 新世纪大厦主楼结构 …… 75
6. 天津凯旋门大厦大底盘门式结构 …… 90
7. 湖南国际金融大厦结构设计 …… 113
8. 光大大厦主楼结构 …… 126
9. 深圳商业中心大厦主楼结构 …… 131
10. 北京艺苑假日皇冠饭店主楼结构 …… 142
11. 上海光明大厦高层主楼结构 …… 153

·大跨及空间结构、工业建筑结构·

12. 黑龙江省速滑馆网壳结构 …… 171
13. 首都机场四机位飞机库 306m 屋盖钢网架结构 …… 179
14. 天津市体育中心体育馆网壳结构设计 …… 194
15. 厦门太古飞机维修库 155m 跨预应力拱架与网架结构 …… 205
16. 北京市人民检察院办公楼预应力混凝土承托框架大梁结构 …… 214
17. 上钢三厂大电炉工程主厂房结构 …… 225
18. 中国民航成都飞机维修库 140m 跨门式桁架与钢网架结构 …… 233
19. 攀枝花体育馆预应力钢网壳屋盖结构 …… 243
20. 汉中体育馆主馆组合网壳结构 …… 256
21. 深圳华侨城保龄球馆预应力拱架结构 …… 270
22. 上海冷轧薄板工程主厂房结构 …… 282
23. 厦门工程机械厂联合厂房屋盖网架结构 …… 294
24. 珠海体育中心体育馆主体屋盖网架结构 …… 304
25. 北京市大钟寺农贸市场批发大厦结构设计 …… 314

· 特种建筑结构 ·

26. 东方明珠上海广播电视塔主体结构 …………………………………………… 321
27. 济南污水处理厂蛋形消化池 …………………………………………………… 348
28. 石家庄站前地下商业街人防二期工程逆作法施工地下结构 ……………… 354
29. 上海博物馆新馆大悬臂深梁结构 ……………………………………………… 367

高层及多层建筑结构

· 高层及多层建筑结构 ·

1. 北京新世纪饭店主楼结构 …… 3
2. 北京亮马河大厦办公楼、饭店及公寓结构 …… 16
3. 上海图书馆新馆主体结构 …… 48
4. 广州国际贸易中心主体结构 …… 58
5. 新世纪大厦主楼结构 …… 75
6. 天津凯旋门大厦大底盘门式结构 …… 90
7. 湖南国际金融大厦结构设计 …… 113
8. 光大大厦主楼结构 …… 126
9. 深圳商业中心大厦主楼结构 …… 131
10. 北京艺苑假日皇冠饭店主楼结构 …… 142
11. 上海光明大厦高层主楼结构 …… 153

1　北京新世纪饭店主楼结构

建设地点　北京市
设计时间　1986/1988
设计单位　北京市建筑设计研究院
[100045] 北京南礼士路 62 号
主要设计人　程懋堃　刘小琴　毛增达　昌景和　裘贵香
本文执笔　毛增达　昌景和　程懋堃

获奖等级　全国第二届建筑结构优秀设计一等奖

一、工程概况

北京新世纪饭店是一座合资饭店（图 1-1），位于西苑饭店西侧，北临西直门外大街，与首都体育馆隔路相望，占地面积 $22800m^2$，建筑面积 $103500m^2$，包括旅馆、办公和商业服务——康乐中心三大部分。北楼为 35 层国际旅游旅馆，南楼为 17 层出租办公楼，南北楼均设有地上三层裙房，南北楼之间地上为绿化地带和内部通道，并设有天桥连接南北楼的裙房。地下部分南北楼及裙房连成一片，地下两层（图 1-2）。北楼建筑总高度 111m（图 1-3），南楼总高度 71m。

建筑设计始于 1986 年，1991 年投入使用。

二、结构选型及布置

本工程按 8 度抗震设防。

结构分成三个部分：北楼、南楼、裙房及地库。其间不设防震缝、沉降缝，但在高低层之间低层一侧留出后浇施工缝，待高层主体结构完成后再行浇灌（图 1-4）。

1. 北楼采用框架-剪力墙体系。利用中心 22.8m 边长的等边三角形筒体作为主要抗震构件，并辅以建筑外侧三片山墙及三角形布置的楼梯间筒体，相互用连系梁拉结来共同承担地震力。三角形主筒外壁厚由底部 600mm 至顶部 300mm，逐步递减。主筒内分隔墙厚 300mm，楼梯筒厚 300mm，山墙剪力墙厚 400mm。主筒外侧每边布置 4 根柱子，距主筒 8m，构成框架-剪力墙体系。楼板无横梁，采用现浇后张无粘结预应力平板（图 1-5）。

2. 南楼采用框架-剪力墙体系。由于两个楼电梯筒位于北侧，刚度中心北偏，因此在南侧外墙布置壁式框架，以减少扭矩。楼电梯筒壁厚 300mm，壁式框架厚 400mm。楼板采用预应力薄板叠合楼板。预制预应力薄板厚80mm，现浇叠合层厚140mm，总厚度220mm。柱网为8×（7+8+8）m，中柱最大截面为850mm×850mm（图1-6）。

3. 裙房采用框架结构。地下两层由于荷载较大，采用现浇密排次梁楼盖，在不规则的柱网中调整出三种标准间距，便于模板定型（图1-7）。南楼裙房的二、三层有跨度为24m的大梁，采用后张预应力。南北裙房之间采用焊接钢板梁天桥逐层连通，跨度为21m。

三、抗震分析

1. 北楼采用《平面杆系计算框架-剪力墙协同工作程序》计算。计算结果：建筑总重量为298000kN，基底剪力为25840kN。周期$T_1=2.23$s，$T_2=0.607$s，$T_3=0.28$s。顶点位移与建筑总高之比$\Delta/H=1/743$，最大层间位移与该层层高之比$\delta/h=1/588$，位于第12层至19层之间。将三角形筒体分解成剪力墙计算，由于未考虑筒体的整体作用，同时也未考虑三个楼梯间筒体及三片山墙对刚度中心的空间作用，结构刚度的计算结果偏低，结构自振周期偏长（在筒体作整体构件分析时，计算所得$T_1=1.52$s，$T_2=0.41$s，$T_3=0.176$s，$\Delta/H=1/909$，$\delta/h=1/725$）为消除地震剪力偏小的不利影响，并且考虑我国1978抗震规范规定的地震力在长周期时较世界各国规范偏小。例如在$T_1=1.5$s时，约比美国小50%，比新西兰小100%，比日本小更多。因此在工程地震内力及配筋计算中将基底剪力按增加50%考虑。

同时，用时程分析法作地震动态分析计算。输入了三条地震波：1940年美国ELcentro地震波，1952年美国Taft地震波及1976年11月我国宁河地震波。

从计算结果看，三角形主筒几乎承担了全部地震剪力，特别是在三个角部及洞口两侧应力集中部位。因此这些部位布筋较多，并且不允许设备、电气管道穿越其间。三角形主筒与三个楼梯间筒体之间的三根连系梁，同时承受楼板传来的荷载对结构整体刚度起很大作用。由于建筑层高的限制，梁高只允许作到550mm（包括220mm板厚），并且还要在梁内穿过风道及消防管道，因此梁宽作到1m。计算中降低连系梁的刚度。

2. 南楼计算结果：横向$T_1=1.177$s，$T_2=0.23$s，$T_3=0.09^{-1}$s；纵向$T_1=1.29$s，$T_2=1.29$s，$T_3=0.121$s；横向$\delta/h=1/774$，$\Delta/H=1/1024$；纵向$\delta/h=1/794$，$\Delta/H=1/975$。设计中同样考虑地震力偏小，也将地震力增大20%设计。

四、设计特点

1. 不设沉降缝、防震缝

本工程基础持力层为砂卵石层，$f_k=400$kPa（高层部分）；局部为粗粉砂层$f_k=25$kPa（部分裙房）。基础深度为地面以下约15m。南北楼高层均采用筏板基础，基础底板南楼为1m厚，北楼为1.1m厚。基础梁南楼为1m×3m，北楼为1.2m×3.5m，裙房采用独立柱基。

高低层相连处不设沉降缝、防震缝，采用下列措施解决由于不均匀沉降产生的不利影响。

1）高低层之间设后浇施工缝，待高层主体完工后再浇灌；

2）扩大高层部分的筏基面积，降低地基压力。北楼实际地基压力为475kPa，南楼为350kPa，而提高裙房单独柱基地基的承载力，按600kPa进行基础设计；

3）裙房与高层相邻的柱基处设置0.5m×1.2m（南楼）及0.5m×1.5m（北楼）的基础拉梁。裙房其它部位的柱基由于地基比较好，不设基础拉梁，仅在地面混凝土垫层中沿柱网设置构造钢筋（图1-8）。

2. 型钢高标号混凝土柱设计

北楼12根柱子，每根柱的最大轴向力为20560kN，地震组合后最大弯矩为1730 kN·m,并按正交方向的30%地震组合弯矩进行双向偏心受压进行计算。柱断面标准层为800mm×800mm，地下室及首～四层和夹层为900mm×900mm。若采用普通柱，轴压比太高。因此十层以下采用C58混凝土，因此四层以下柱内配置箱型钢板焊接柱，箱型柱断面450mm×450mm，钢板厚32～12mm，沿柱全高每侧设有2ϕ19@250mm栓钉，以保证钢柱与混凝土共同工作。钢柱上下端栓钉加密。由于横向框架梁为楼板内的暗梁，上下钢筋无需穿过钢柱，而由钢柱两侧及钢柱前面即可插入柱内，但纵向框架梁上铁有4 ⌀32，下铁有2 ⌀32贯穿钢柱，钢柱预留ϕ40mm孔，其余钢筋由钢柱侧面及前面贯穿或插入柱内。钢柱底部置于基础底板上，埋入地梁内2.4m。底部埋件仅作为定位用。钢柱由工厂加工，±0.000以上两层接头一次，采用铣平后焊接连接，接头距楼板面1.2m处。柱的箍筋同时采用环形螺旋箍及方形箍⌀12@100mm（图1-9）。在设计时，国内并无钢骨混凝土柱之规范也无高强混凝土规范，故参考了美国及日本规范。

3. 无粘结预应力平板

三角形的北楼标准层层高为2.85m，不设横向框架梁，采用8m跨度无粘结预应力混凝土平板，板厚220mm。柱与内筒间设暗梁作为横向框架梁。预应力筋采用7ϕ5钢绞线，并与非预应力Ⅱ级钢筋共同使用。

4. 预制外墙板

北楼外立面为悬挑三角形楼板，以扩大客房使用面积。结构采用了整层高半盒形三角状预制外墙板，上有80mm厚钢筋混凝土板，外墙预埋窗框，板厚80mm，内面加50mm厚聚苯保温。安装时墙板与预埋在底部及柱侧的埋件焊接，固定就位，将80mm厚顶板作底模，现浇140厚叠合层混凝土，实际上墙板是分层支承于悬挑的三角形迭合板上（图1-10、11）。

5. 桩柱合一

裙房部分外柱是利用ϕ800mm护坡桩兼作工程柱。护坡桩间设钢丝网喷射混凝土层作为挡土墙，内侧砌240mm厚砖墙。此墙与护坡桩间形成空腔，使地表水流入空腔内，直接渗入地下室底部的卵石层内。取消了地下室外墙及卷材防水的传统作法（图1-12）。

地下室为两层框架，轴线交会处的护坡桩均成为框架的边柱，为此该桩配筋除考虑挡土作用外尚需按边柱荷载设计，桩端扩底。梁柱（桩）节点满足铰支梁端的承剪及主筋锚长要求（图1-13～15）。

图 1-1 北京新世纪饭店

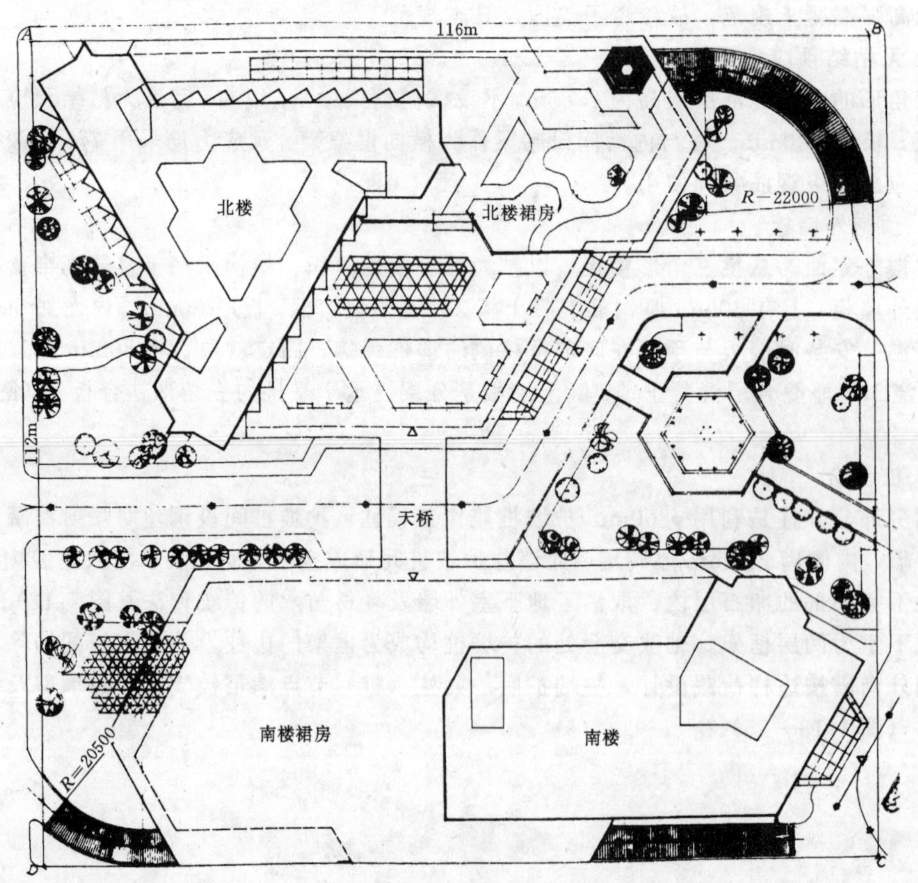

图 1-2 总平面

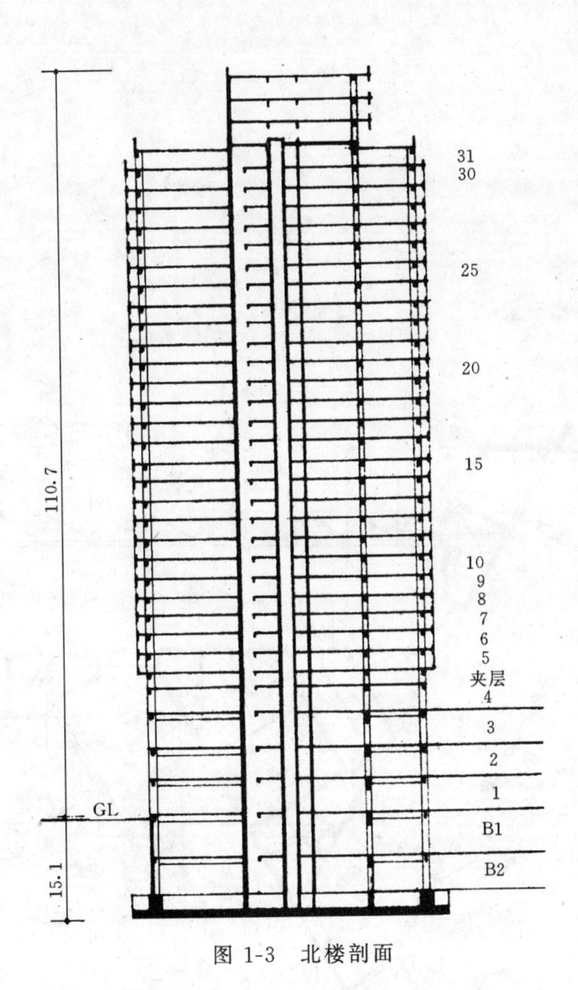

图 1-3 北楼剖面

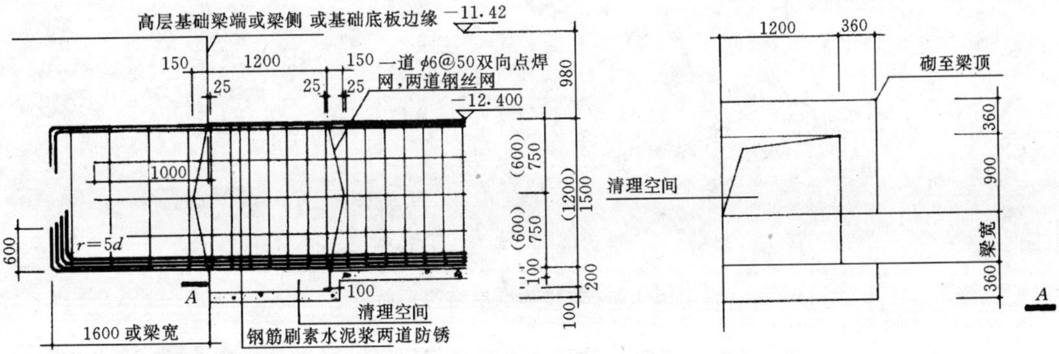

高层基础梁端或梁侧 或基础底板边缘 −11.42
150 1200 150 一道 φ6@50 双向点焊网，两道钢丝网
25 25 25
−12.400
1000
r=5d
600
A
100
清理空间
1600 或梁宽
钢筋刷素水泥浆两道防锈
980 (600) 750 (1200) 1500 (600) 750 100 100 200 100
1200 360
砌至梁顶
清理空间
360 900 梁宽 360
A

图 1-4 后浇施工缝

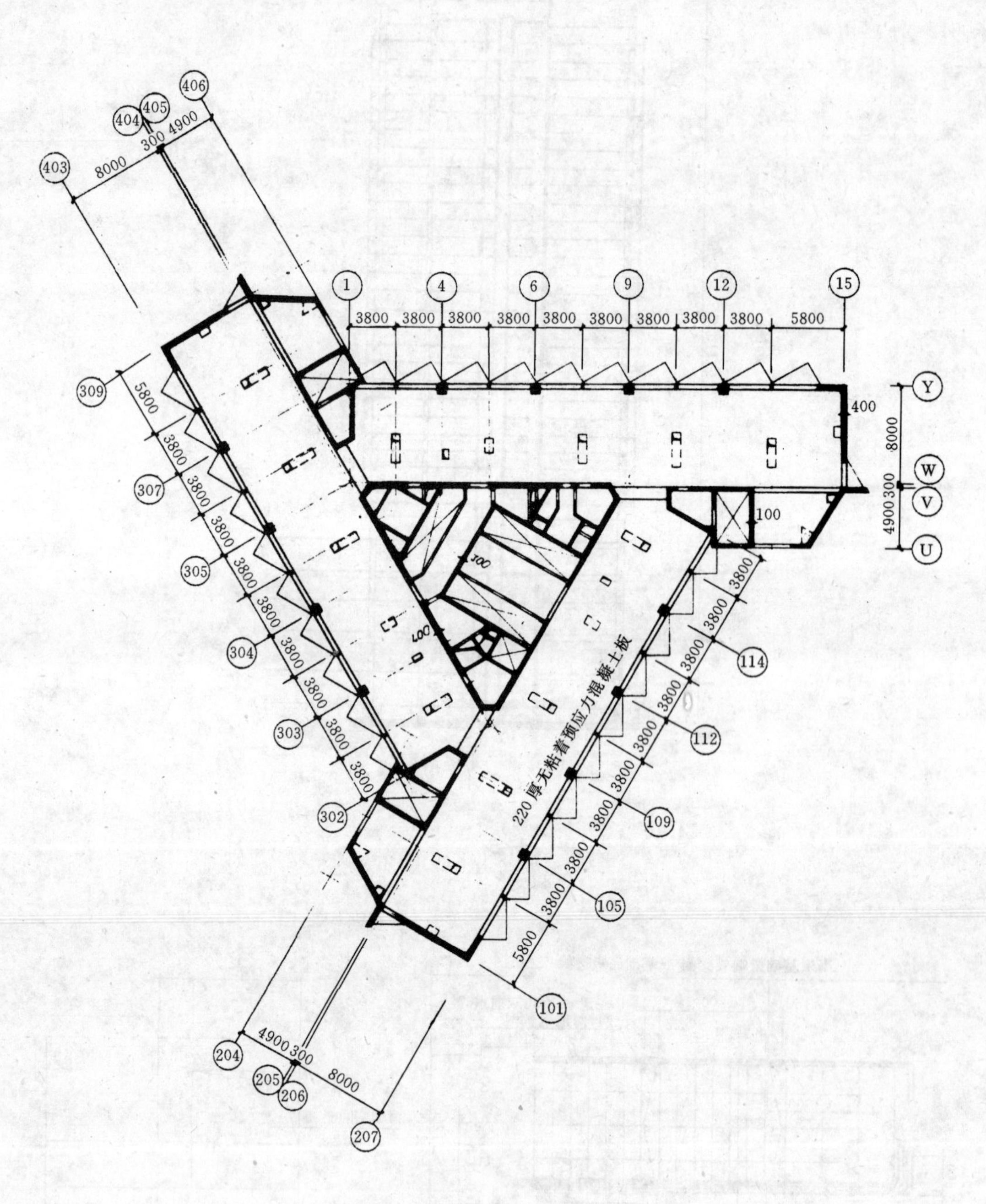

图 1-5　北楼标准层结构平面

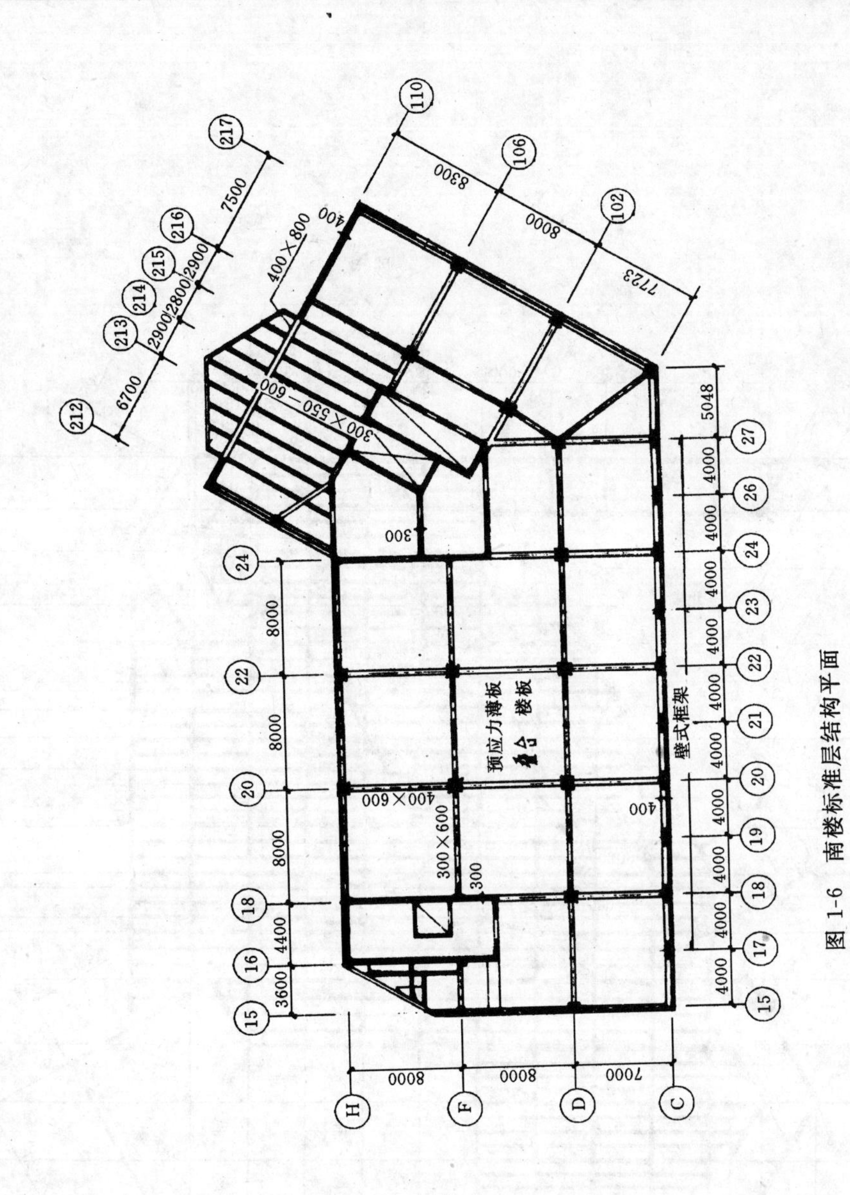

图 1-6 南楼标准层结构平面

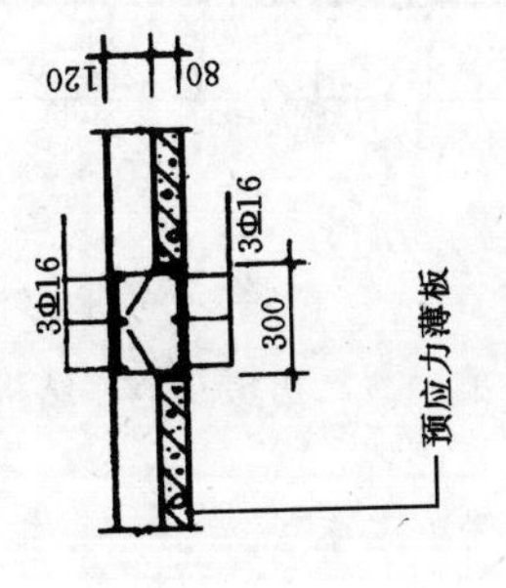

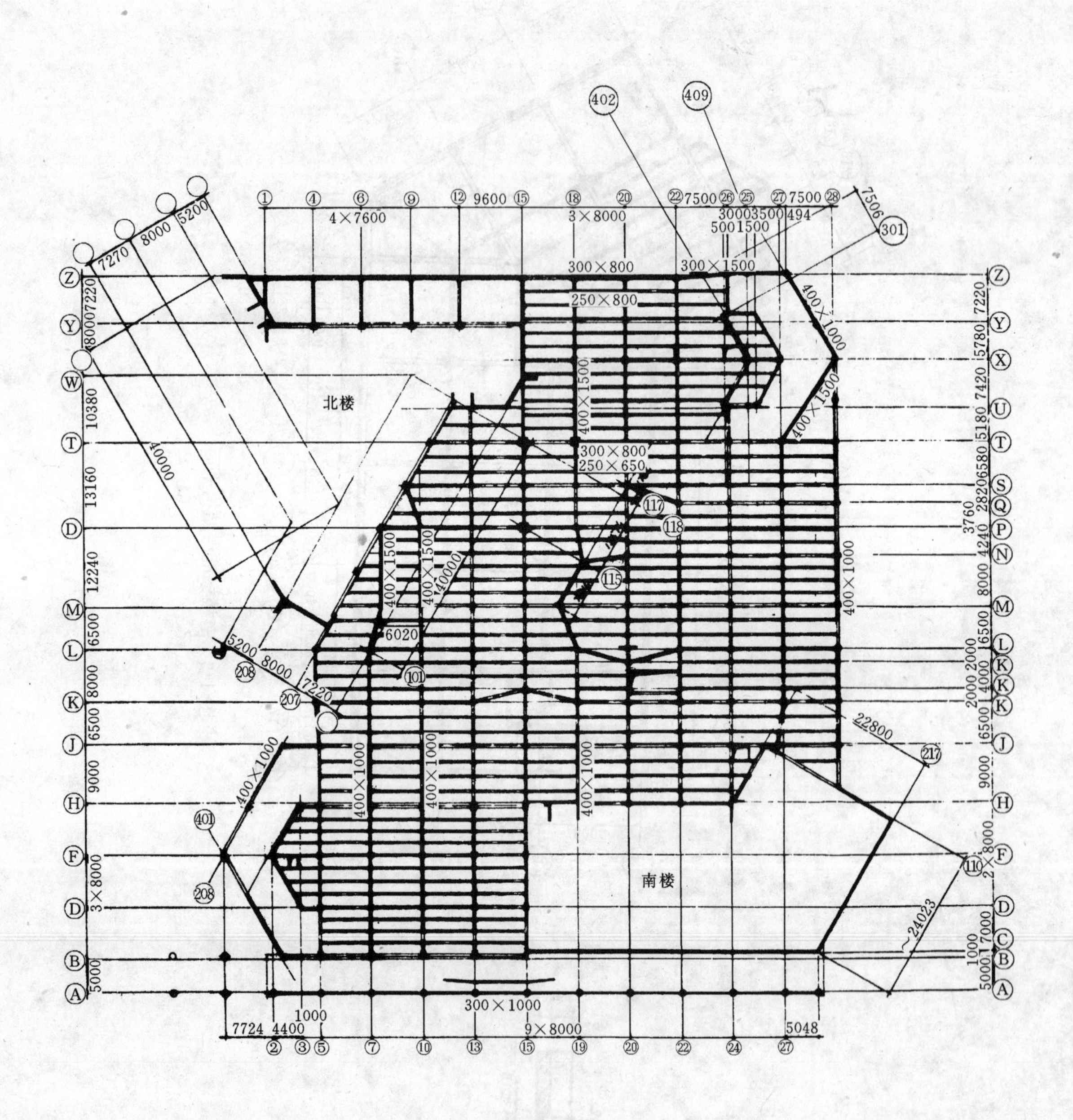

图 1-7　裙房及地库结构平面

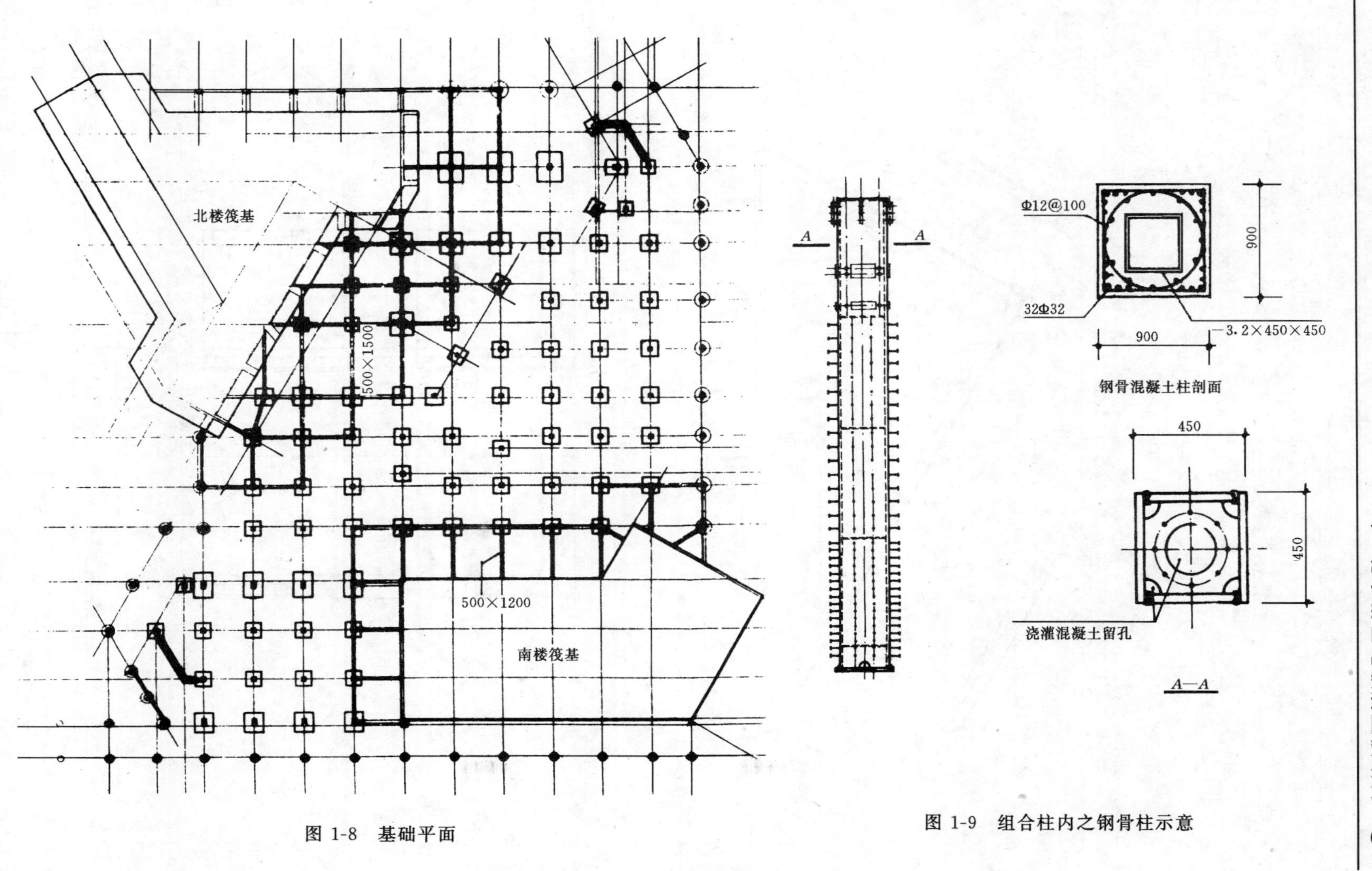

图 1-8 基础平面

图 1-9 组合柱内之钢骨柱示意

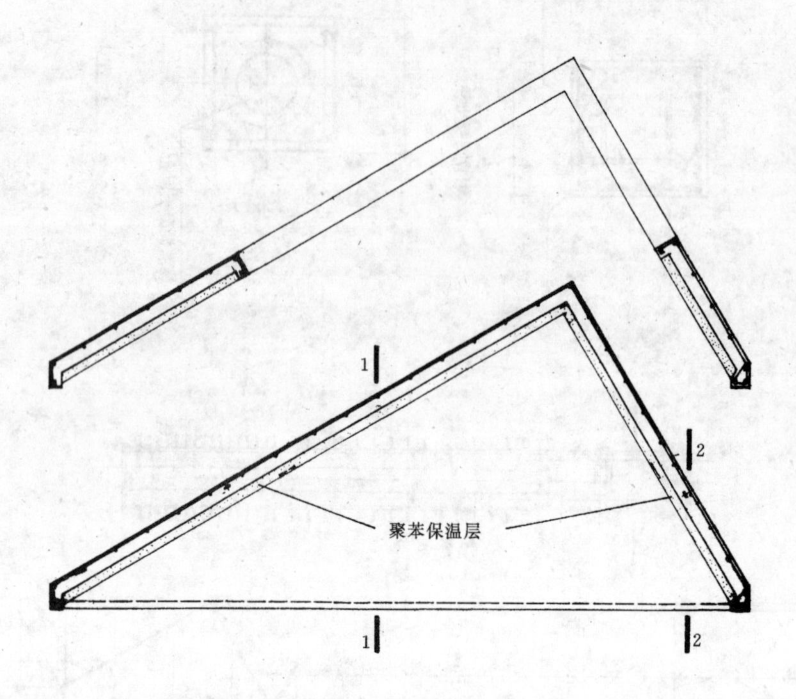

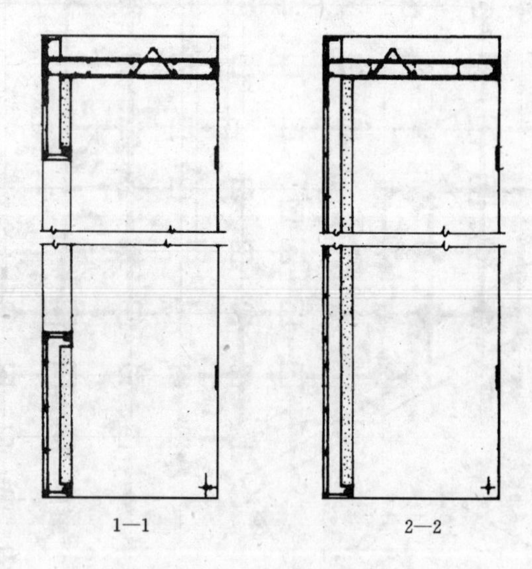

图 1-10 预制外墙板平面

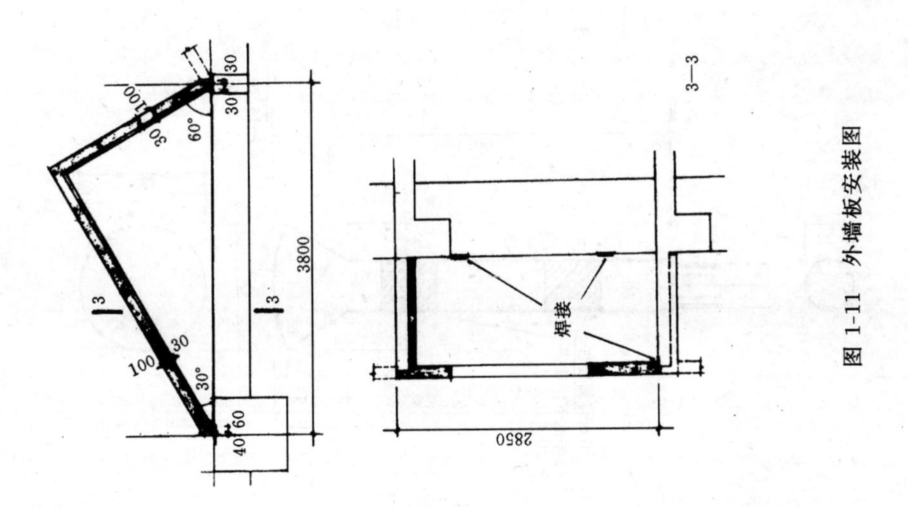

图 1-11 外墙板安装图

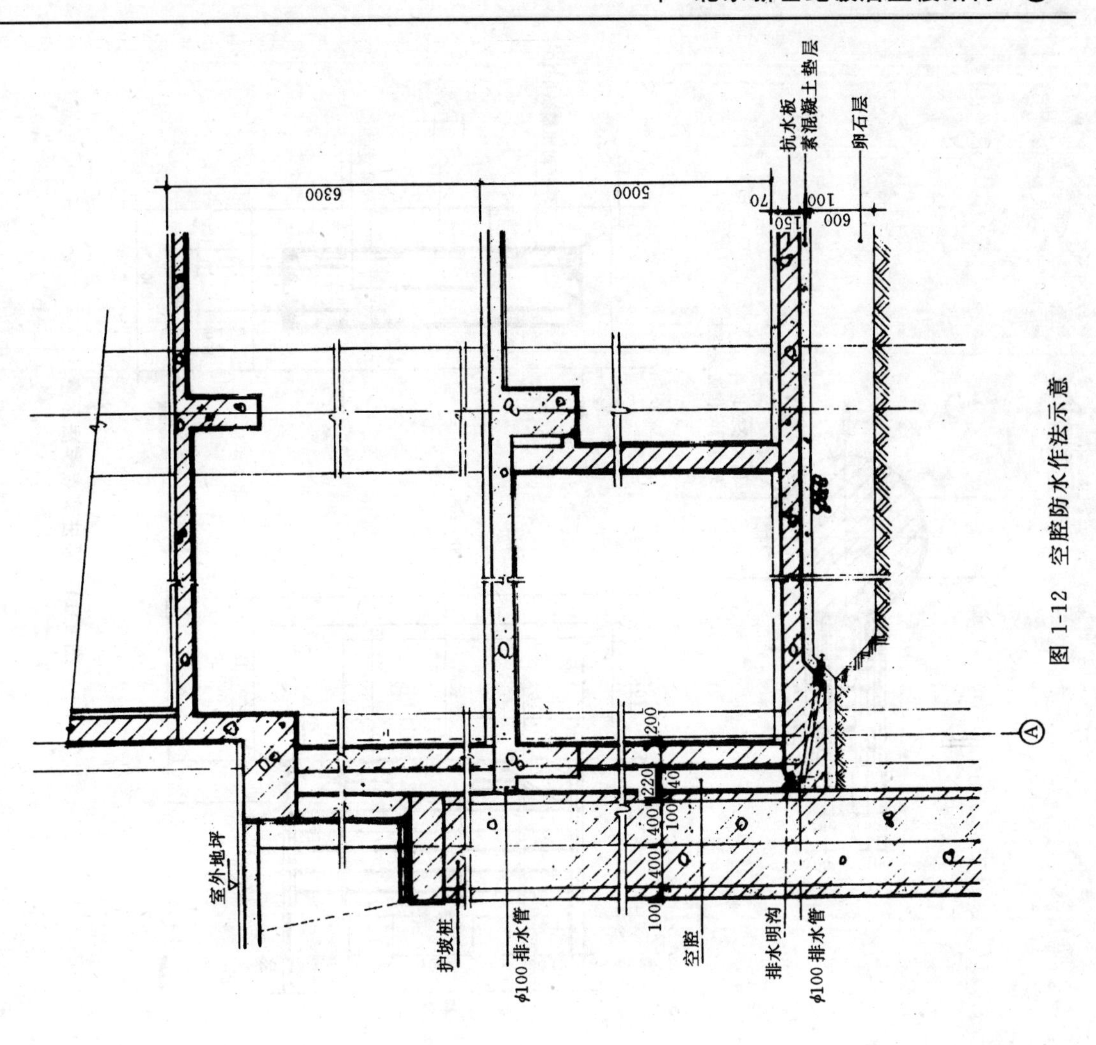

图 1-12 空腔防水作法示意

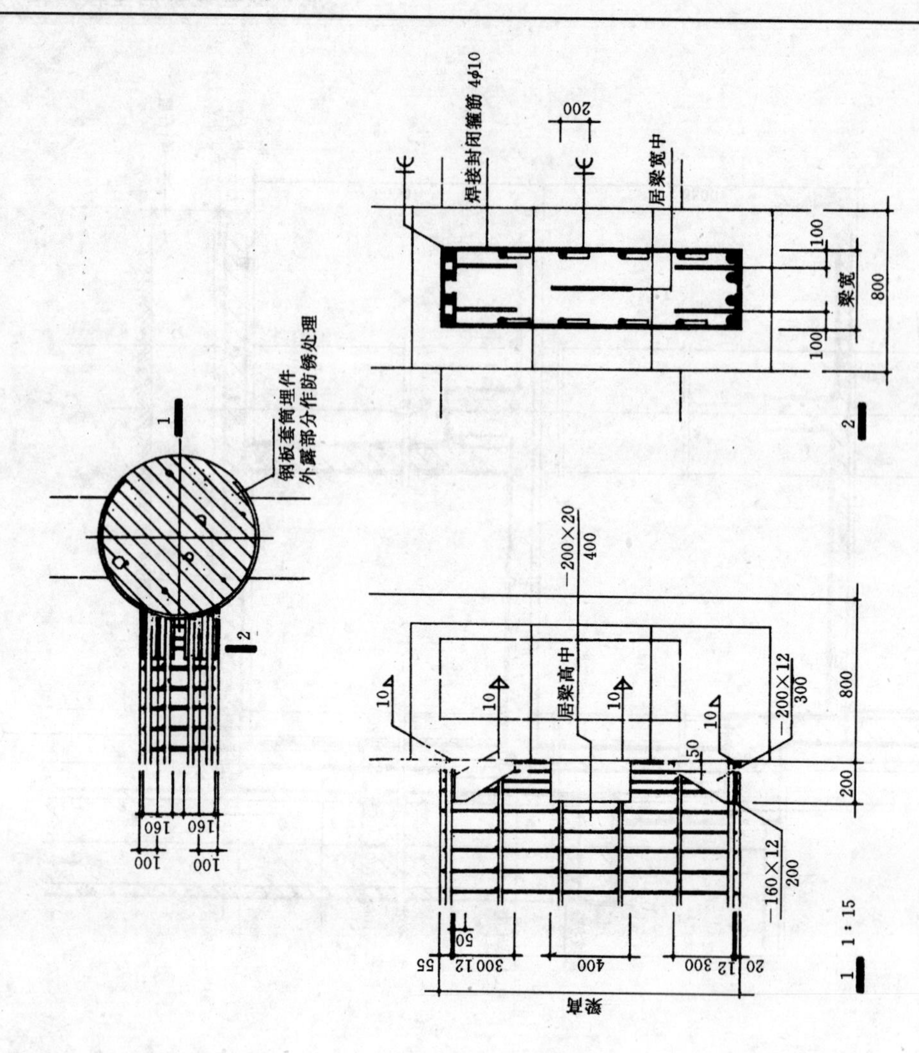

图 1-14　梁桩节点作法示意

钢板套筒埋件（与地下室梁焊接连接）

14000

−2.10

−16.10

图 1-13　护坡桩及边柱合一

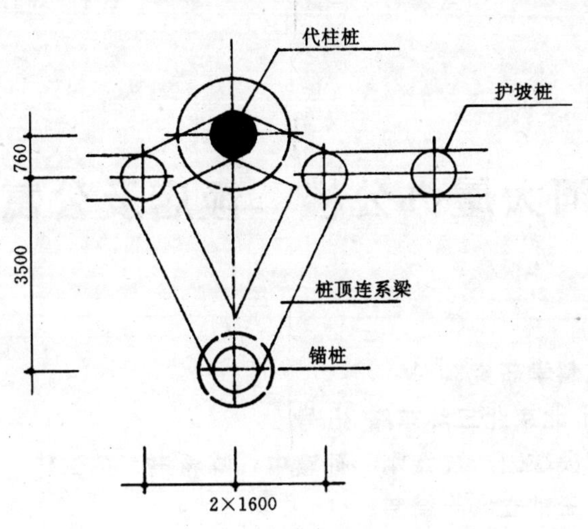

图 1-15　护坡桩平面布置局部

2 北京亮马河大厦办公楼、饭店及公寓结构

建设地点 北京市
设计时间 1987/1991
设计单位 中国建筑科学研究院
［100013］北京北三环东路30号
主要设计者 魏 琏 姜敬凯 皮绍刚 孙慧中 陈希泉 孙仁范
李万智 王常立 吴绮芸
本文执笔 姜敬凯 孙慧中

获奖等级 全国第二届建筑结构优秀设计一等奖

北京亮马河大厦（图2-1）工程为中国、新加坡合资兴建的综合性公共建筑，总建筑面积为107000m²。该工程地处东三环，与长城饭店毗邻。其主体由四星级亮马饭店/公寓及亮马办公楼二栋独立建筑组成，两建筑物之间有封闭人行天桥和地下管线走廊相连。

亮马河工程由中国建筑科学研究院与香港巴马丹拿事务所合作设计。结构设计全部由建研院负责完成。施工单位为铁道部建厂局。该项结构设计始于1986年6月，完成于1987年9月，该项工程于1991年年初全部建成并投入运营。

亮马河大厦工程的饭店/公寓为大底盘上的对称双V字型塔楼，高度50m，办公楼为切角正方形斜置塔楼，高度104m，与长城饭店围成一个广场（图2-2）。该建筑群平面呼应，高低错落，成为东三环一景。

亮马河大厦办公楼高104m，平面为切角正方形（32m×32m）。地下三层，地上29层，建筑面积31000m²。办公楼核心井筒尺寸为16m×16m，设有10部电梯，其中低层区（17层以下）5部，高层区4部，消防梯1部。候梯厅净宽2.65m，其出入口宽亦为2.65m；核心筒筒壁有众多管道洞口，内筒侧向刚度较小。内外筒之间要求为开敞大空间。为了使结构具有足够的侧向刚度与强度，办公楼采用了密柱横缝裙梁的筒中筒结构，为满足建筑造型及结构抗震能力的要求，角柱较大。外筒根部厚度为500mm，内筒根部厚度为450mm，为强外筒、弱内筒的筒中筒结构形式。外筒柱距2.55m，裙梁截面尺寸为1.76m×0.80m（二根）。首层每侧除角柱外，只留两个门柱，其截面为切小角的方柱1.20m×1.20m，抽柱处采用了拱形转换梁。办公楼楼面梁间距为2.55m，梁跨8.0m，梁截面为400mm×400mm。办公楼采用箱基，层高为3.4m。

饭店/公寓建筑面积76000m²（包括独立的锅炉房和职工宿舍）。地下三层（局部二层），地上15层，总高为50.10m。基础为桩基，地下为地下车库、机房、水箱间及附属用房。地上1、2、3层为商场、酒吧、会议室等。西塔楼4～15层为饭店；东塔楼4～15层为公寓，

层高均为2.65m。基础底盘为144m×68m，4层以下为10m×10m正交柱网，双向密肋楼盖，梁中心距为1.67m。4层为转换层，4～15层柱网轴线旋转45°，即4～15层结构重量大部通过转换层转至底层柱上。基础底板未设永久性缝。饭店/公寓二层商业街为模仿苏州街设置了高1.6m、长32m过街桥。两个V字型塔楼的端部和中部设置了钢筋混凝土落地抗震墙或井筒。这些抗震墙或井筒不影响4层以下各处的建筑功能。

办公楼与饭店/公寓间建有透明、封闭的人行天桥，它一端支承于办公楼内筒，另一端支承在饭店/公寓走廊端头。

为了满足建筑功能需求，研究设计了横缝裙梁的筒中筒结构形式、转换层和转换梁、大跨度钢骨、混凝土梁、建筑物间连桥；与施工单位共同试验和开发了钢筋混凝土模壳；对主体结构均采用了必要的、探索性的三维有限元整体分析，对大底盘对称双塔楼动力性能进行了探讨和研究。以上设计成果或创新或解难多数在国内结构设计中第一次应用，施工效果良好，可供借鉴或参考、推广，为该项工程取得突出的经济效益起了重要作用。

一、横缝深裙梁延性筒中筒结构抗震设计

1980年前后北京市高层建筑结构建设实践表明，北京需要筒中筒结构，尤其是对于建筑专业设计为弱内筒的高层建筑。因此，钢筋混凝土筒中筒结构的抗震性能受到广泛关注。中国建研院在1984年完成了《高层建筑结构变形验算设计方法研究》专题（建设部科技进步二等奖），提出筒中筒结构弹塑性等代角柱计算方法[1]，并以总后设计院设计的总参通讯楼为工程背景进行了工程计算(TRIN-2D程序)；针对筒中筒结构深裙梁可能发生脆性剪切破坏的弱点，提出了横缝裙梁延性筒中筒结构形式，并进行计算，与无横缝同样结构进行了比较分析[2]。随后以工程实用为目的，与总后设计院合作，完成了横缝梁框架模型抗震性能试验[3]。这些工作是国内众多科研、设计单位关于筒中筒结构研究工作的继续。计算方法和实验研究表明，采用横缝裙梁形式，可避免筒中筒结构在大震作用下剪切破坏之虞，以保证高烈度震区百米左右高层建筑筒中筒结构具有良好抗震性能。亮马河办公楼内筒由建筑师确定，外筒除切角外，所有构件尺寸都是结构设计的。该结构是国内首次在8度震区采用密柱、深裙梁建成的筒中筒结构（1990年11月）。

工程组使用大连理工大学三维DASTAB分析程序对筒中筒结构进行了空间计算。内筒墙、外筒梁、柱（含底层墙体、即角柱），大部使用四节点矩形有限单元，横缝梁用了二组矩形单元，楼板梁用了梁单元。由三维空间分析得到所有柱的轴力，并依此计算出各层等代角柱法的等代系数，再用ETS-3程序作了工程配筋计算。鉴于现在对筒中筒结构内力分布规律已经熟知，对办公楼计算结果不再罗列。仅说明其第一周期为1.1s，这是由于结构有侧向刚度很强的外筒所致。

---

[1] 姜敬凯、魏琏、陈锡智等：筒中筒结构弹塑性等代角柱法地震反应分析及其工程实例，建筑科学，1987年第3期。

[2] 魏琏、姜敬凯、孙仁范等：横缝裙梁延性筒中筒研究及亮马河工程应用，第十届全国高层学术会议文集。

[3] 吴绮芸、姜敬凯、陈锡智等：框筒结构剖分梁的性能试验研究，建筑科学，1995年第2期。
上述研究属《军委通讯楼框筒结构设计与抗震性能研究》课题（总后设计院、建研院抗震所），获国家科技进步三等奖，全军科技进步一等奖。

需提及的是，限于 1986 年的计算机能力，整体动力分析不得不采用多重子结构模式，使结构树组装只使用了 1，088，928 字节（俞永声完成）。

图 2-3 为办公楼首层墙体平面布置图，图 2-4 为 18～27 层墙体平面布置图，图 2-5 为内筒西南面外墙洞口位置图，墙厚为 450，200mm 等（—3 层根部）。墙上各类洞口布置均由使用要求确定，内筒侧向刚度较弱。图 2-6 为 5～6 层外筒裙梁配筋详图。图 2-7*a*、图 2-7*b* 为 1～2 层外筒角柱（墙）、门柱及第 3 层裙梁配筋图，图 2-8 为门柱侧剖面图（门柱与上层柱轴线尽可能靠近，以减小偏心荷载）。图 2-9 为首层角柱配筋图。

横缝裙梁分缝构造很重要。两次浇筑的裙梁和以砂浆层分缝的裙梁，其相应框架滞回曲线如图 2-10 所示，框架骨架曲线如图 2-11 所示，有较大差别，为取得更好效果，亮马河工程采用三元乙丙卷材分缝，使裙梁在中、小震下保持为一根整体梁，在大震作用下，水平缝分离，梁剖分为两根，呈现弯剪破坏特征，表现出较好延性。

图 2-12*a* 为 2～26 层内外筒间楼板平面布置图。图 2-12*b* 为楼板梁（$l/h=20$）配筋图。

二、饭店/公寓结构转换层及转换梁设计

饭店/公寓为大底盘双塔框-剪结构（详见图 2-13～16），其裙房以上部分（5～15 层）所有柱都须通过转换梁将荷载传至底层柱（—3～4 层），即双塔楼结构部分所有框架柱无一上下贯通。沿 V 形塔楼每翼的横向，上部有 4 根 600mm×700mm 柱，将 5～15 层大部结构荷载以及地震作用引起的附加荷载传至下部三根 ϕ1000mm 圆柱，形成转换层，转换梁截面大多为 800mm×2000mm（$b\times h$），并带有两个 2000mm×200mm（$b\times h$）的洞口。

由于众多转换梁刚度明显大于框架其他梁柱构件刚度，结构转换层（4 层）侧向层间刚度也相应地大于其他层次，因此使转换层上、下相邻层次相对薄弱，从而影响整体结构的抗震性能。根据工程设计组以往对于多项框-剪结构工程在大震作用下的弹塑性分析及二次设计的经验，若处理不慎，结构在大震作用下会遭受较为严重的破坏。因此，对于整体结构的抗震体系的设计和转换梁构件设计具有同样的重要性。结合饭店/公寓双塔楼结构的特点和裙房建筑设计功能的要求，对饭店及公寓 V 字型塔楼，在两翼端部和头部各设计了三组剪力墙，详见图 2-17～19，使整体结构具有较大侧向刚度，并且尽可能减少扭振的影响；同时考虑大震作用，剪力墙配筋取值较大，如剪力墙横纵向分布筋为 7‰左右，暗柱配筋率在 5%左右，形成框-剪结构剪力墙、框架两道抗震防线，但以剪力墙为主，框架只起次要的、辅助的作用，确保小震不坏，大震不倒。

该转换层在结构抗震中，实际承担着“二级底盘”的作用，要承担上部结构传来的剪切、弯曲和扭转作用。根据本工程特点，转换梁遵循如下设计原则：（1）在转换层上沿柱纵轴方向设置钢筋混凝土梁，使梁的弯曲刚度相当于上柱纵向弯曲刚度，以有效地将上部结构柱承受的纵向弯矩传入转换层；（2）加大转换层楼面厚度，以增强楼面平面外弯曲刚度，增加转换层的整体性和转换梁的强度（计算中将此部分作为强度储备）；（3）认真进行三维整体分析，以尽可能准确地确定转换梁荷载。构件设计中每项电算都用手算进行复算和校核；（4）有限元分析确定开洞对大梁刚度、强度的影响，用多种配筋方式解决主拉应力的作用，严格控制裂缝的发生，如采用带锚筋的钢板圈加强洞口，暗柱加强洞口等。严格控制洞口位置避开剪力大的区段；（5）本工程转换梁是剪切控制的，为确保在弯曲破损

前不发生剪切破坏，抗剪设计留有余地；(6) 严格控制转换层以上荷载，消除不确定因素。

转换梁最大弯矩为6650kN·m，最大剪力为5290kN，洞边最大拉应力为460N/cm^2，最大压应力为470N/cm^2。洞口除作与厚钢板圈外，还配置了16 ⌀ 28水平加强筋。

三、钢骨混凝土30m跨连廊大梁

亮马河饭店/公寓为双塔建筑，双塔以含有三层的大堂相连。在饭店/公寓裙房首层和二层，布置有规模较大的商业街和饮食街，横纵向均有连桥相通，其中30m跨连廊为装饰性人行桥，为裙房点睛之作。连廊由两根梁组成，一侧梁跨度为30m，另一侧梁跨度为20m，详见图2-21(*a*)。由于大堂的建筑设计净高仅为5m，连廊30m大梁的设计高度直接影响到大堂的净空。为此进行了30m大梁的结构形式比较，如果用常规的钢筋混凝土梁，高跨比控制在1/12（梁宽亦受到限制，无法做宽扁梁），则大梁的高度需取2.5m，则大堂的净空只剩2.5m，显然不能满足建筑功能要求。如果采用钢结构梁，梁高虽能减小，但须进行防火处理以及梁柱连接节点的构造处理。而采用将型钢埋入钢筋混凝土中的钢骨混凝土梁，型钢以固有的刚度、强度和变形能力，使型钢、钢筋、混凝土三位一体地工作，具有承载能力高、刚度大、防火性能好的钢骨混凝土梁，因此，大堂连廊大梁选择了此类结构。

该大梁设计是根据中国建研院的研究成果，对大梁的承载力、刚度进行了计算，且参考了前苏联《劲性钢筋混凝土结构设计指南》的计算方法。经过3根缩尺比例为1/5的模型试验，最后确定连廊30m梁的截面尺寸为500mm×1600mm ($b\times h$)，20m梁的截面尺寸为500mm×1000mm ($b\times h$)。为尽可能增加大堂的空间高度，30m梁的下底面与20m梁的下底面平齐，上面的600作为连廊的扶手处理，使梁实际高度仅为1000mm。型钢采用焊接工字型钢，与其固接的柱内亦配有型钢（图2-23），用以平衡梁的承载力和刚度，同时解决节点构造要求。此工程试验研究。计算方法研究符合国情[1]，其成果已编入《劲性钢筋混凝土技术规程》。

四、钢筋混凝土模壳的试验与应用

饭店/公寓二层以下柱网为10m×10m，每个网格内均设计为6×6井字梁格，次梁轴线距离为1.67m。此种梁板结构形式主要是与建筑风格相协调，其次是尽可能降低层高。由于井字楼板面积达2万多m^2，使用部位又限于二层之下，使用塑料模壳费用高，使用木模、钢模工期较长（1988年钢模水平不及现在）。因此，工程设计组与施工单位共同试验研究，联合开发了钢筋混凝土模壳。模壳由铁道部建厂局设计，其示意图见图2-24。它的外表面打上刻痕，以增加与混凝土梁的摩擦力，其上有4个吊环，以供运输吊装，入模后与梁中钢筋连接，增加梁与模壳的整体性。它的内表面由钢模预制而成，相当平整光滑，刷涂料后无须作任何装修（详见图2-25）。

为了验证使用模壳的可靠性，做了10m×10m足尺的钢筋混凝土模壳与主次梁共同工作的试验，详见图2-26。试验证实，钢筋混凝土模壳与井字梁楼盖之间，从加荷开始直到

---

[1] 劲性钢筋混凝土结构体系研究，1985年，孙慧中，沈文都等。

150%设计荷载时，相互间粘接良好，能够共同工作；钢筋混凝土模壳取代其它种类模壳或模板，对楼盖结构受力性能，没有不利影响；用钢筋混凝土模壳施工制成的楼盖，其外形轮廓满足设计要求❶、❷。图 2-27 为钢筋混凝土模壳就位情况。

五、大底盘对称双塔高层结构分析与设计

工程设计组对饭店/公寓结构也进行了空间三维分析，以认识大底盘对称双塔结构的动力性能，决定裙房顶层屋面及连接双塔的大堂的结构设计。振型分解法计算结果证明，当底盘和双塔的两个主轴都是对称轴时，双塔楼非对称振型的参与系数为零，即双塔楼在主轴方向上不会有相向振动和背向振动，即处在双塔楼之间的中厅屋盖在预期地震作用下不致产生较重损坏。抗震计算考虑了不同方向地震动的作用，计算结果表明，对称双塔结构比非对称双塔结构的动力反应要好处理得多。大底盘对称双塔高层结构的振型与振型参与系数简图见图 2-28。关于此类对称及不对称结构地震反应分析可参阅魏琏指导的论文❸。裙房屋面未作特别设计，但为了确保塔楼与大堂之间具有良好的抗震性能，大堂屋盖与塔楼相交处做了双柱处理。

对亮马河办公楼、饭店/公寓高层结构除用常规的工程计算程序外，均采用了三维空间分析程序进行了整体结构的动力分析。这些必要的分析对探讨结构动力性质起了重要作用，为验证概念和推进概念设计作了积累。对于未知性质的复杂结构的创新设计，力学分析的关键作用是不容忽视的。

六、饭店、公寓层高 2.65m 的设计

四星级饭店及公寓首层和二层不吊顶（以尺寸较小的井字梁格造型），4～15 层层高设计为 2.65m，都是为了在限定高度内，多建一层。实现 2.65m 层高的关键是各类管线精心设计和走廊处楼面板的合理安排。鉴于饭店/公寓总高不超过 50m，在抗震体系设计上已做了较为周到的考虑，因此饭店、公寓走廊采用了无梁的变截面板设计（详见图 2-29），以方便板下机电管线穿行、建筑专业做含灯槽的吊顶设计（详见图 2-30）。由于各专业真正做到了相互融合，达到和谐统一，所以建成后的饭店、公寓使用起来并无局促之感，作为四星级饭店，运营八年来，效果良好，证明在本工程中层高取 2.65m 也是可行的。

七、筒中筒楼板梁结构设计

亮马河办公楼楼板结构经方案比较，没有采用密肋楼板，而是用梁板结构，详见图 2-12*a*。梁跨度 8.06m，梁中心距 2.55m，梁截面设计为 400mm×400mm，跨高比 1/20，每根梁都考虑了双面石膏板墙荷载，其配筋见图 2-12*b*。

---

❶ 钢筋混凝土模壳井字楼盖试验报告，1987 年铁道部建厂局，中国建研院工程抗震研究所。

❷ 钢筋混凝土模壳井字楼盖试验鉴定报告 1987 年，中国建研院工程抗震研究所。

❸ 薛彦涛．魏琏：底部整体裙房上部多塔结构地震反应分析，1990 年，建筑结构学报。

筒中筒结构在侧力作用下，内外筒变形曲线均呈弯曲型。在本工程中，处于内外筒之间的楼板梁，其线刚度只及外筒柱线刚度的1/6.86。楼板梁在纵筋有可靠锚固的条件下，应按两端固支模式计算为妥。因此，侧向层间位移（除去层间刚体侧移外）将使楼板梁受弯，即楼板梁弯矩由垂直荷载和侧向荷载两项作用构成。根据近似计算，侧向荷载引起的梁弯矩占梁总弯矩1/4左右。现流行计算程序大多假定楼板平面内无限刚度，平面外弯曲刚度为零。笔者认为还是适当考虑平面外弯曲刚度为好。

八、建筑物间连桥设计

亮马河办公楼内筒与饭店/公寓走廊之间建有总长为40m的封闭、透明人行天桥。该桥在办公楼内8m，其余32m暴露在自然环境中。桥身参照桥梁设计的有关规范设计为两跨，每跨均为简支梁，梁端均采用钢-橡胶支承，以便桥身变形。与建筑物相交部分，办公楼采用门式框架梁支撑。饭店/公寓侧采用牛腿方式支撑。为防止桥身在办公楼侧滑移，支承处两侧加设了少筋混凝土防滑移墩。连桥穿越玻璃幕墙处，各装饰件和玻璃均应与桥身保持预定的距离，且应设计为可滑动节点，施工细节应予以特别关注。连桥详见图2-31，图2-32。

九、饭店/公寓基础底板长144m，未设永久结构缝

饭店/公寓基础为桩基，底板长144m，采用后浇带的方式，解决混凝土收缩和高低层不均匀沉降带来的不利影响。该项工程实践与北京地区先期创新不设永久性底板缝的西苑饭店等工程一起证明，北京地区高层建筑之基础底板在满足一定的技术条件下可不设缝，并逐渐发展成流行做法。该项工程只有局部地下三层，底板有多个标高，后浇带较为复杂。

图 2-1　北京亮马河大厦外观

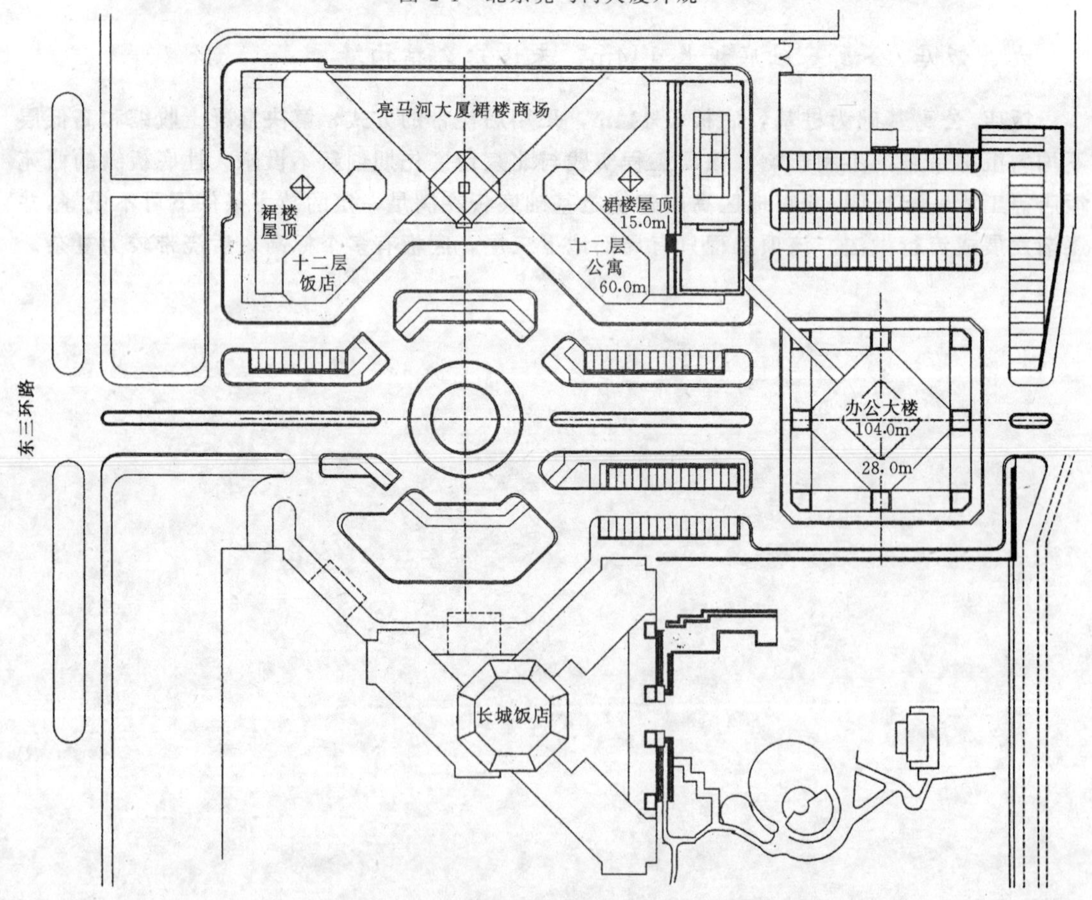

图 2-2　亮马河办公楼、饭店/公寓与长城饭店总平面图

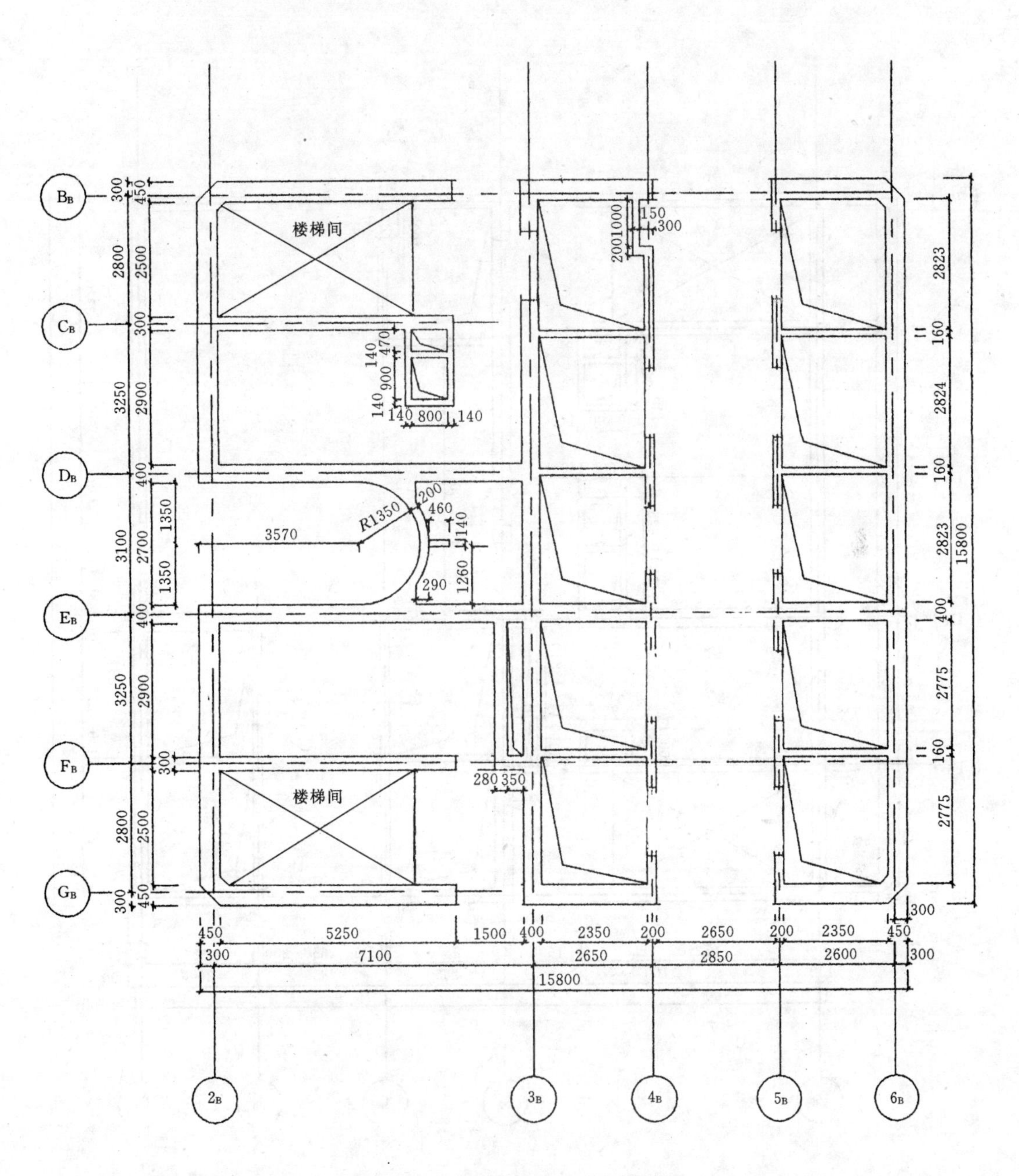

图 2-3 内筒首层墙体平面布置图

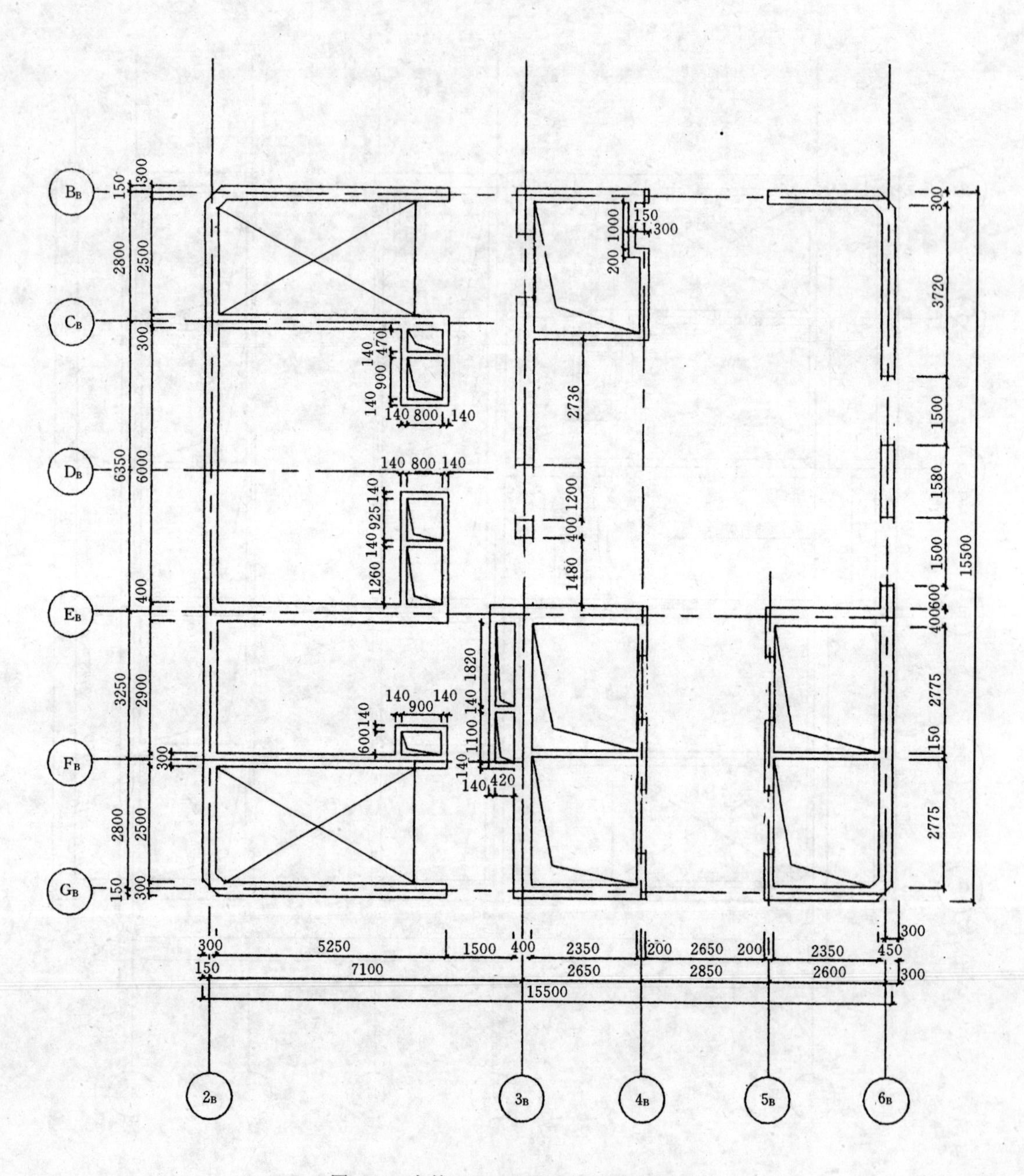

图 2-4 内筒 18～27 层墙体平面布置图

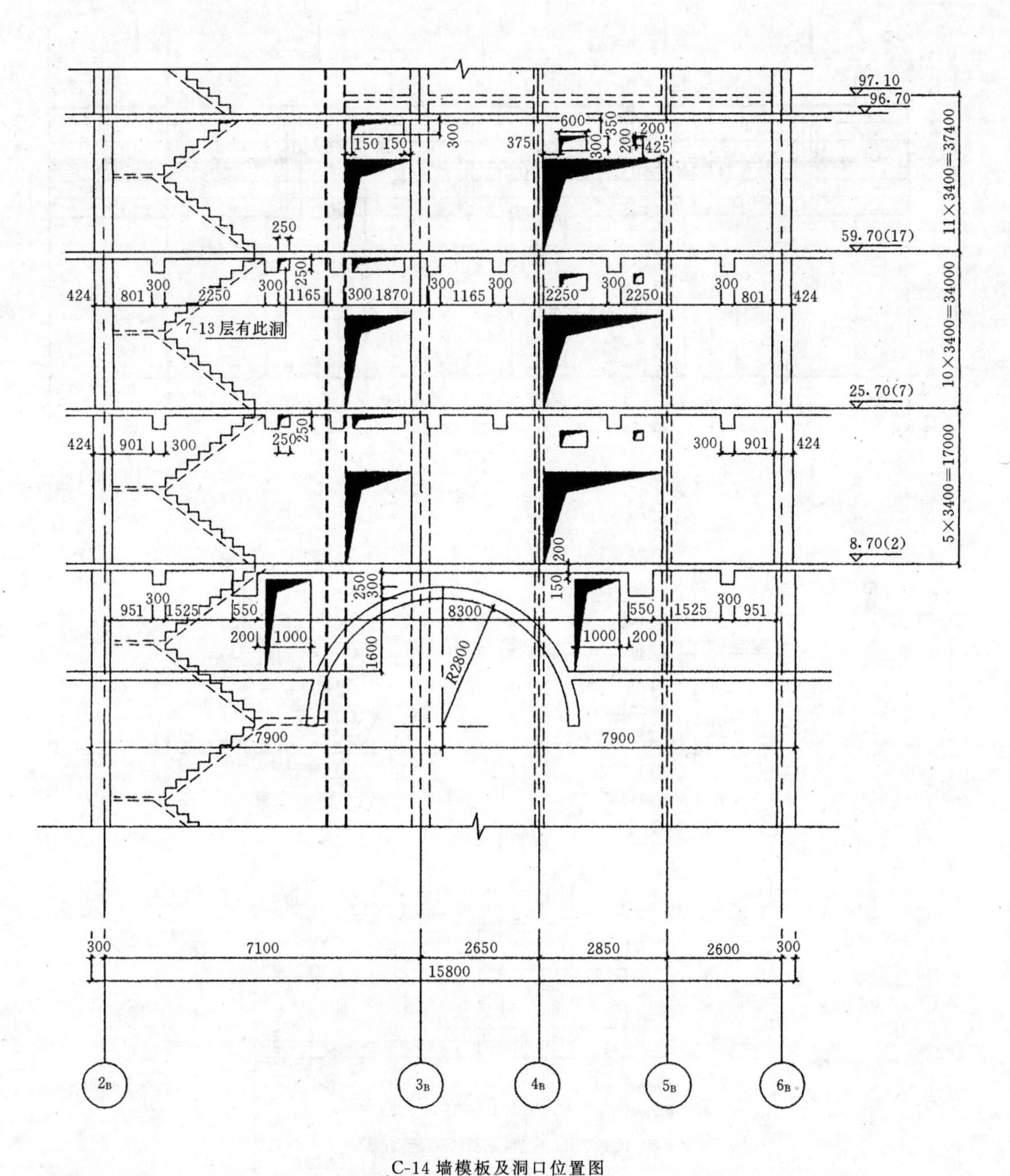

C-14 墙模板及洞口位置图

图 2-5 内筒西南面外墙面洞口位置图

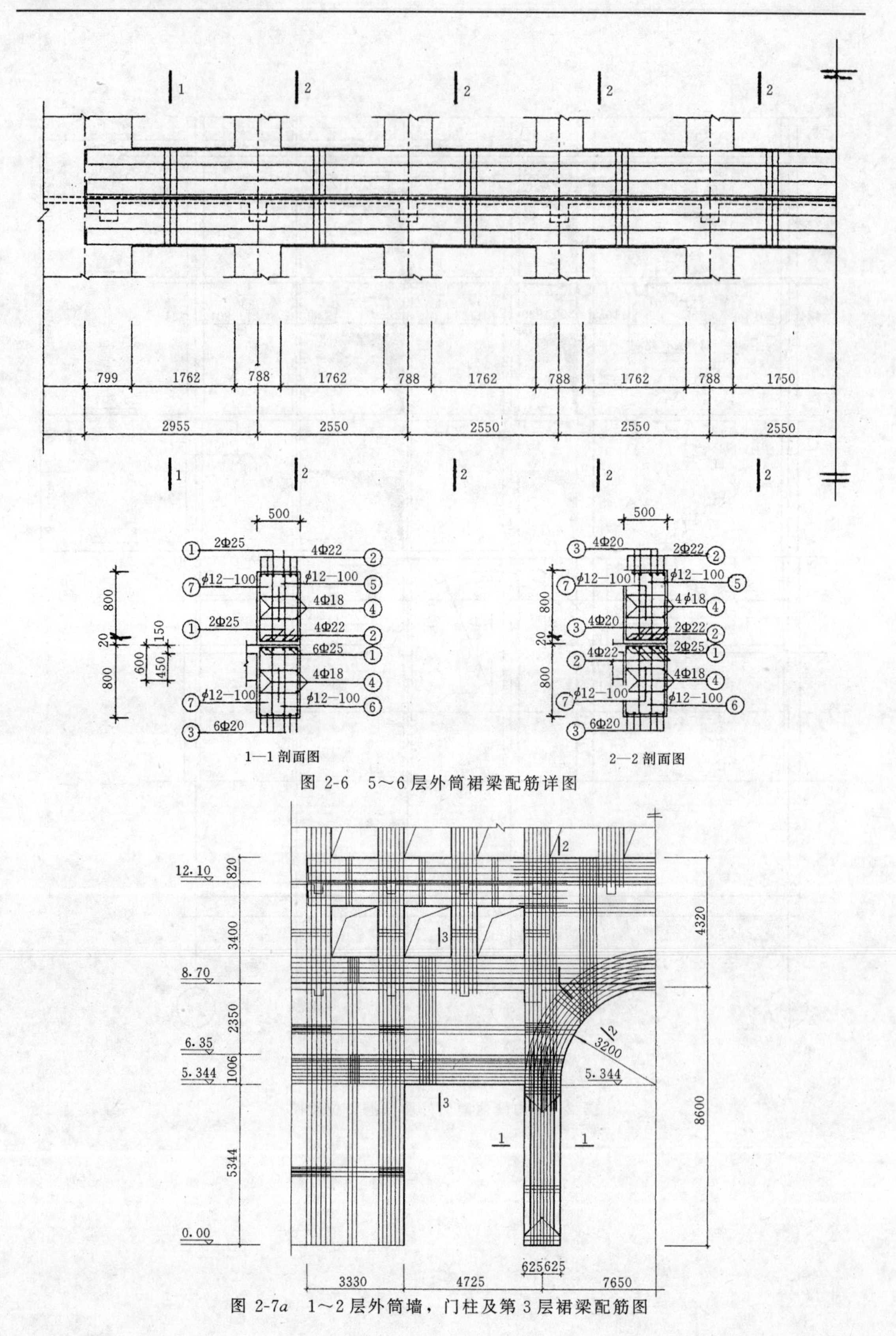

图 2-6　5～6 层外筒裙梁配筋详图

图 2-7*a*　1～2 层外筒墙，门柱及第 3 层裙梁配筋图

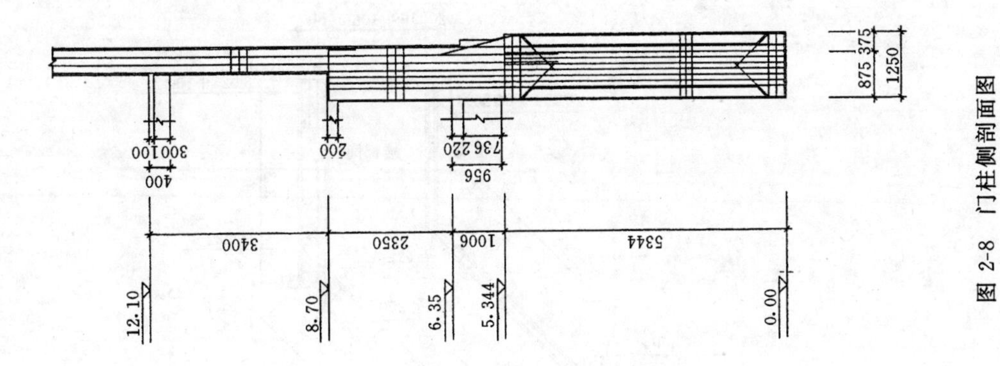

图 2-8 门柱侧剖面图

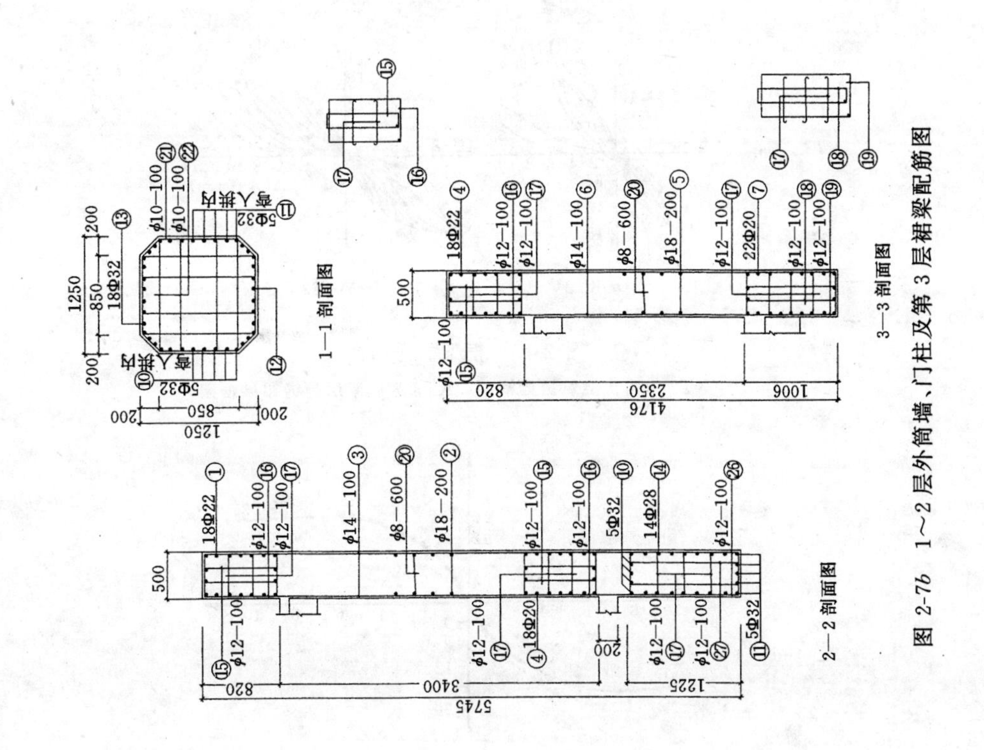

图 2-7b 1～2 层外筒墙、门柱及第 3 层裙梁配筋图

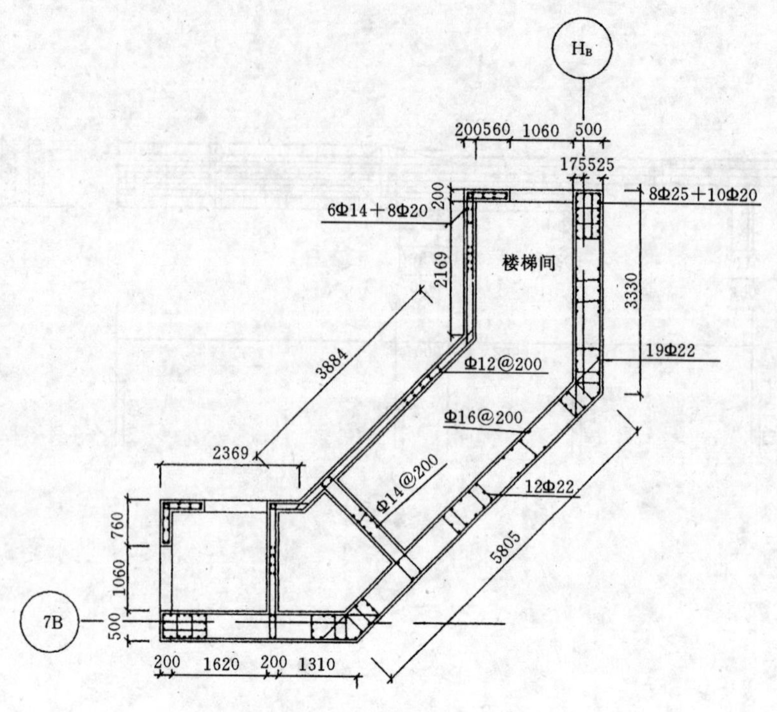

图 2-9　首层角柱配筋图

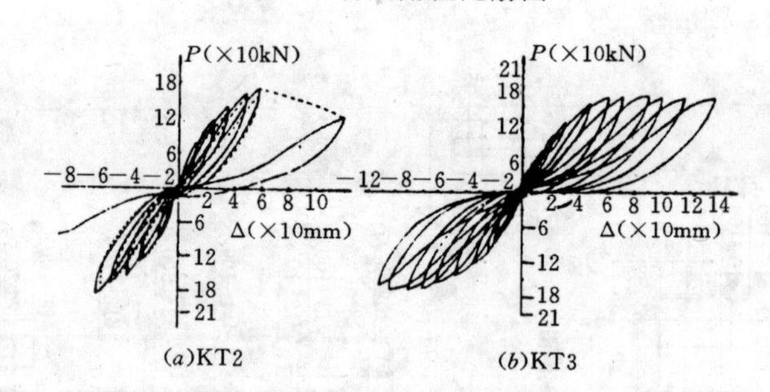

图 2-10　框架的滞回曲线

(KT2 为两次浇筑裙梁框架，KT3 为砂浆层分缝裙梁框架)

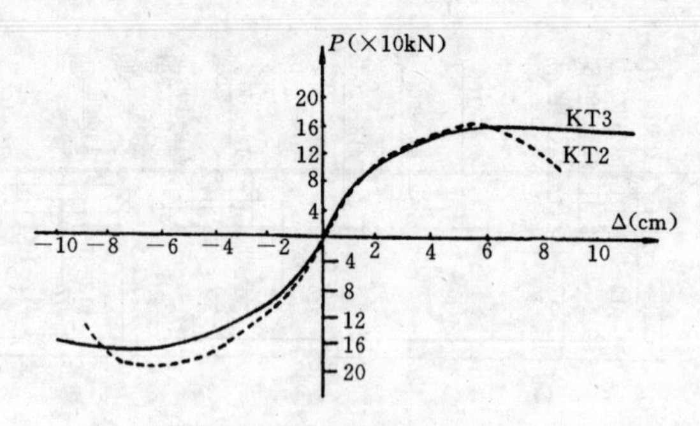

图 2-11　框架骨架曲线比较图

(KT2 为两次浇筑裙梁框架，

KT3 为砂浆层分缝裙梁框架)

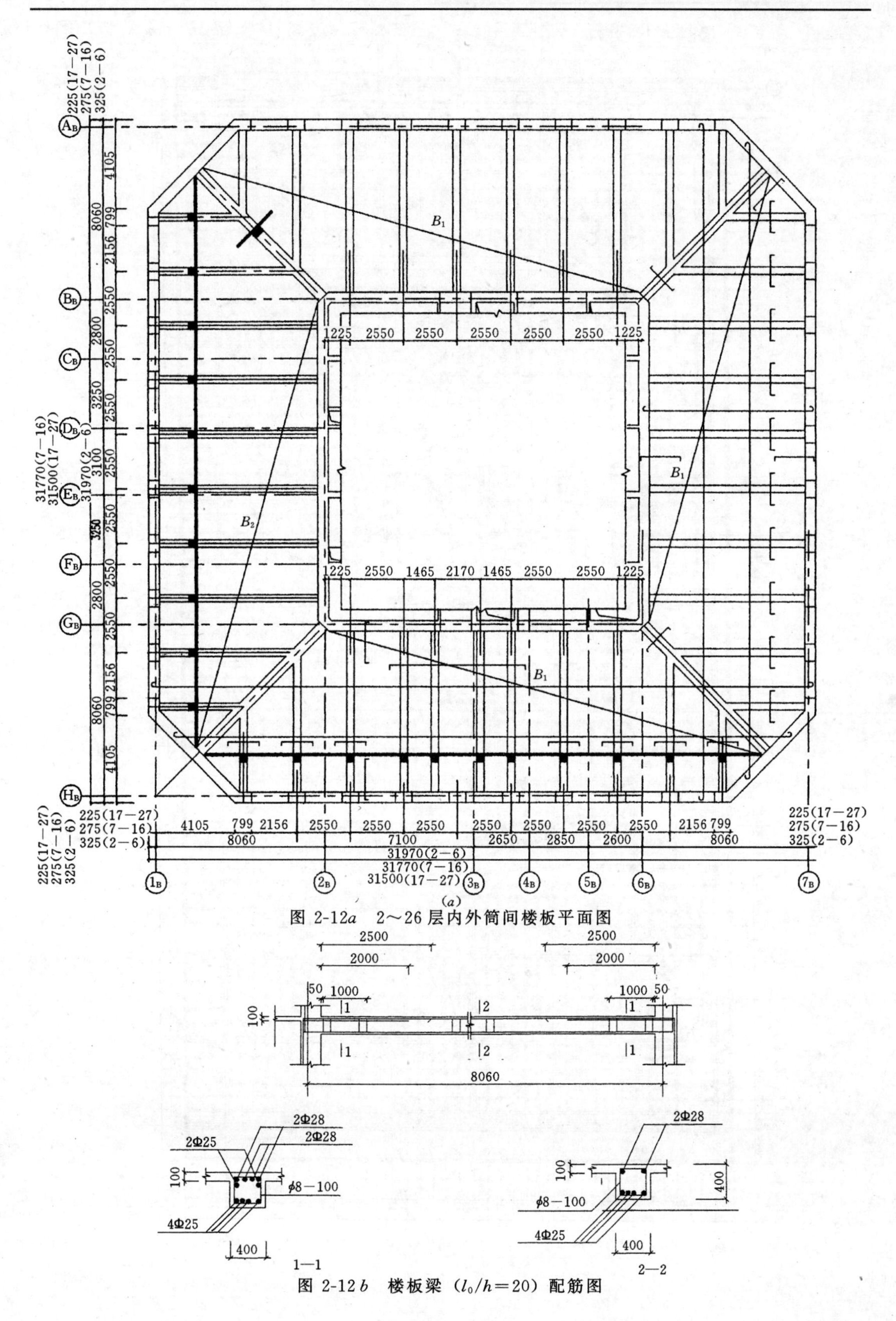

图 2-12a　2～26 层内外筒间楼板平面图

图 2-12b　楼板梁（$l_0/h=20$）配筋图

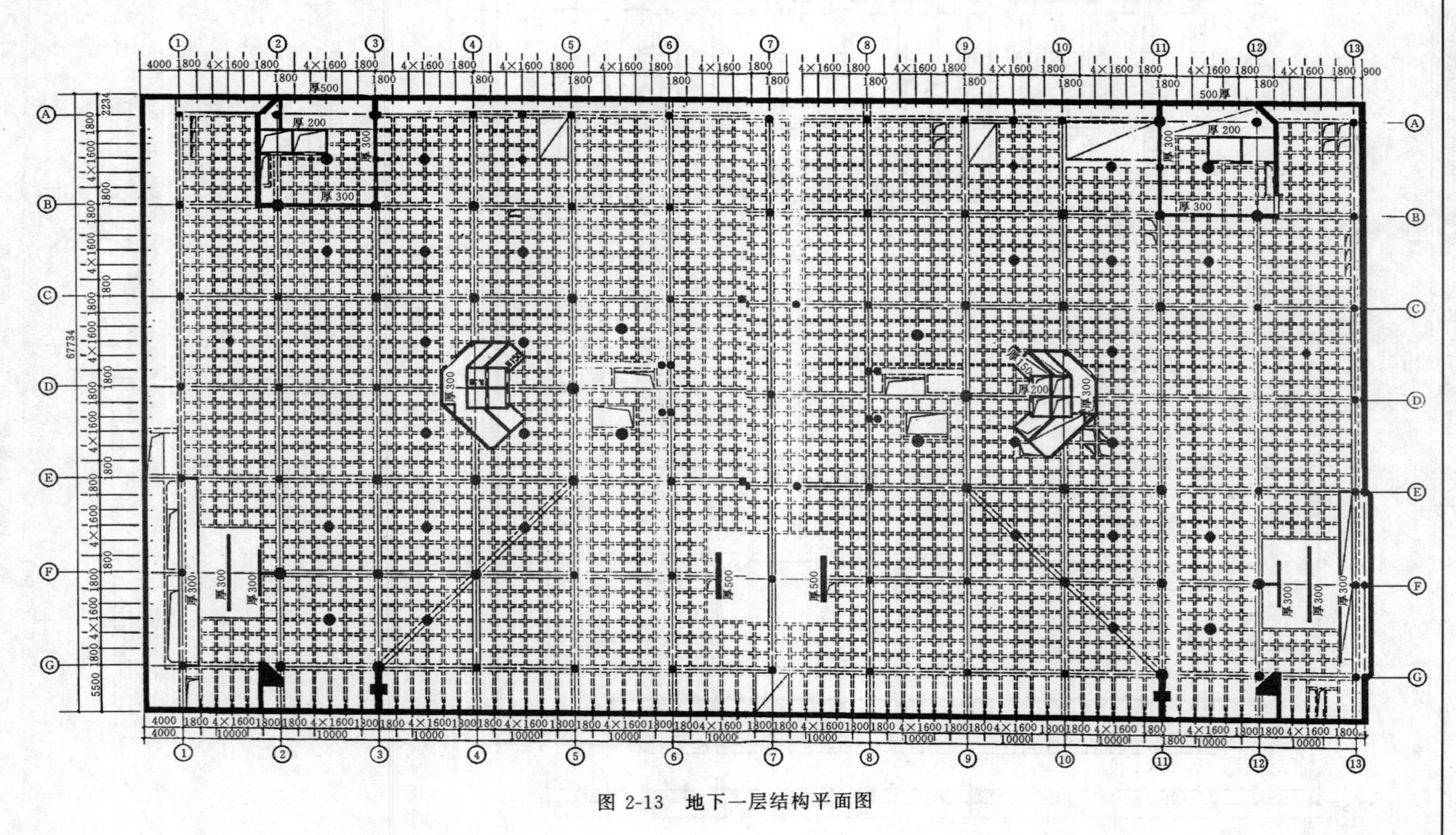

图 2-13 地下一层结构平面图

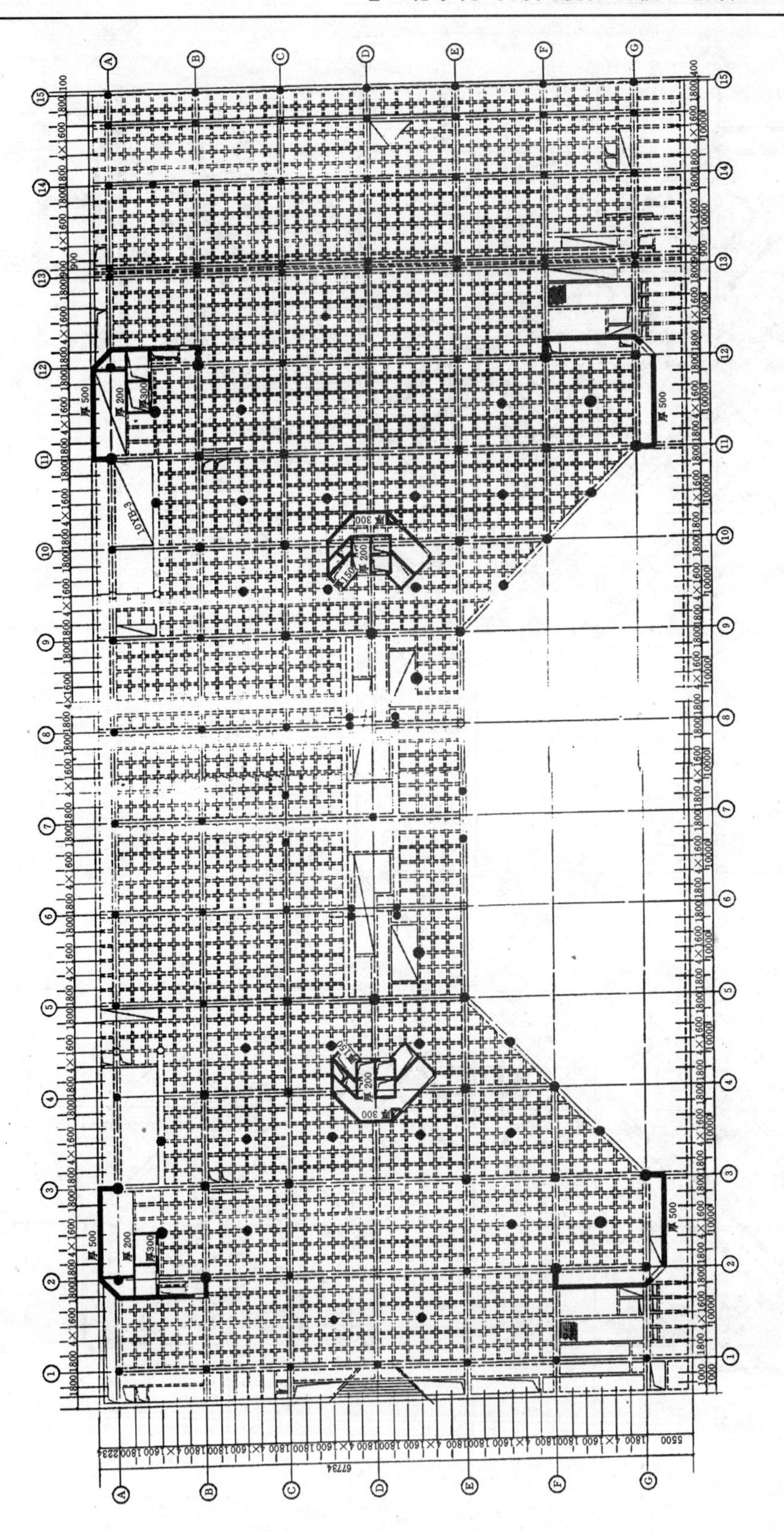

图 2-14 一层楼结构平面图

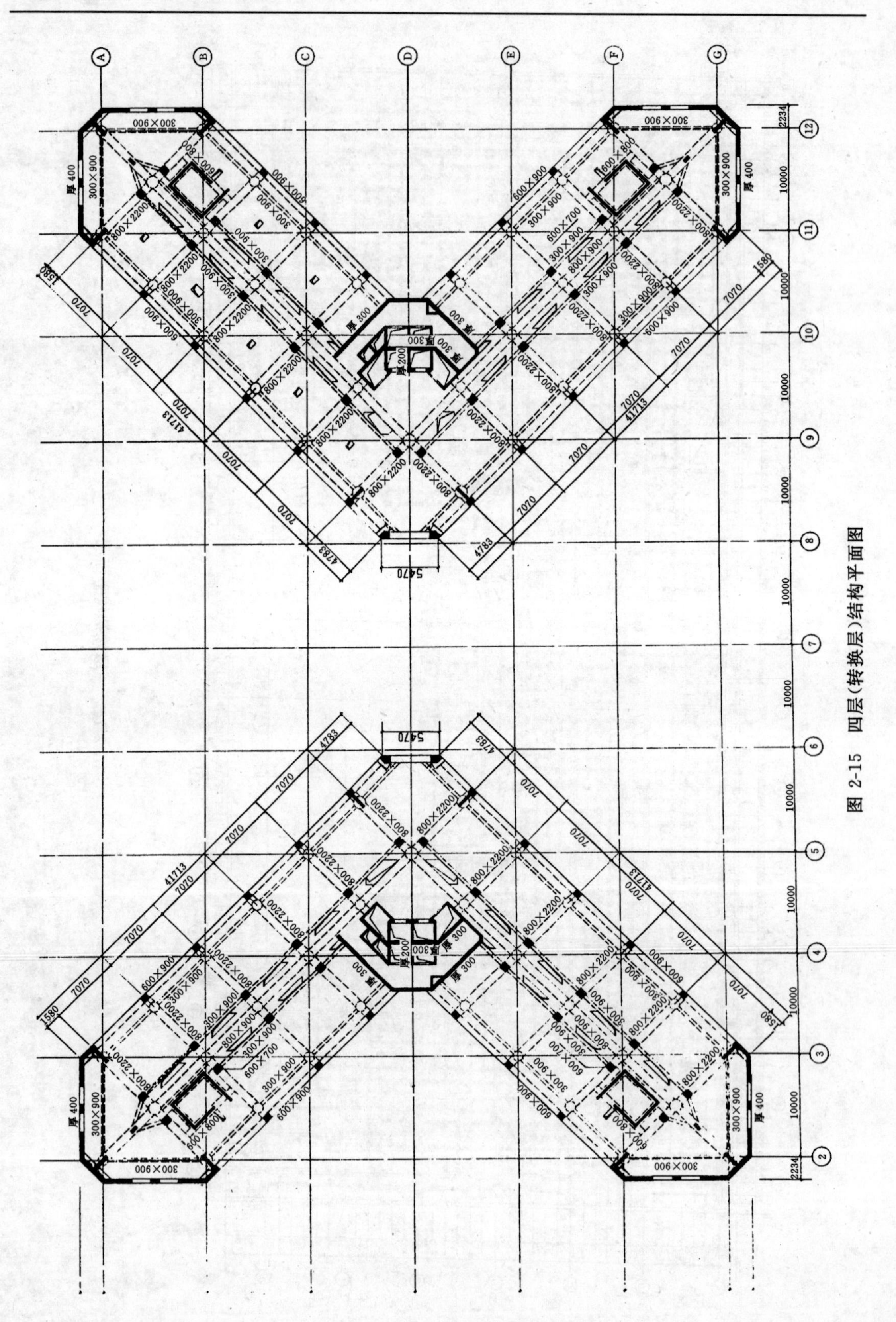

图 2-15 四层(转换层)结构平面图

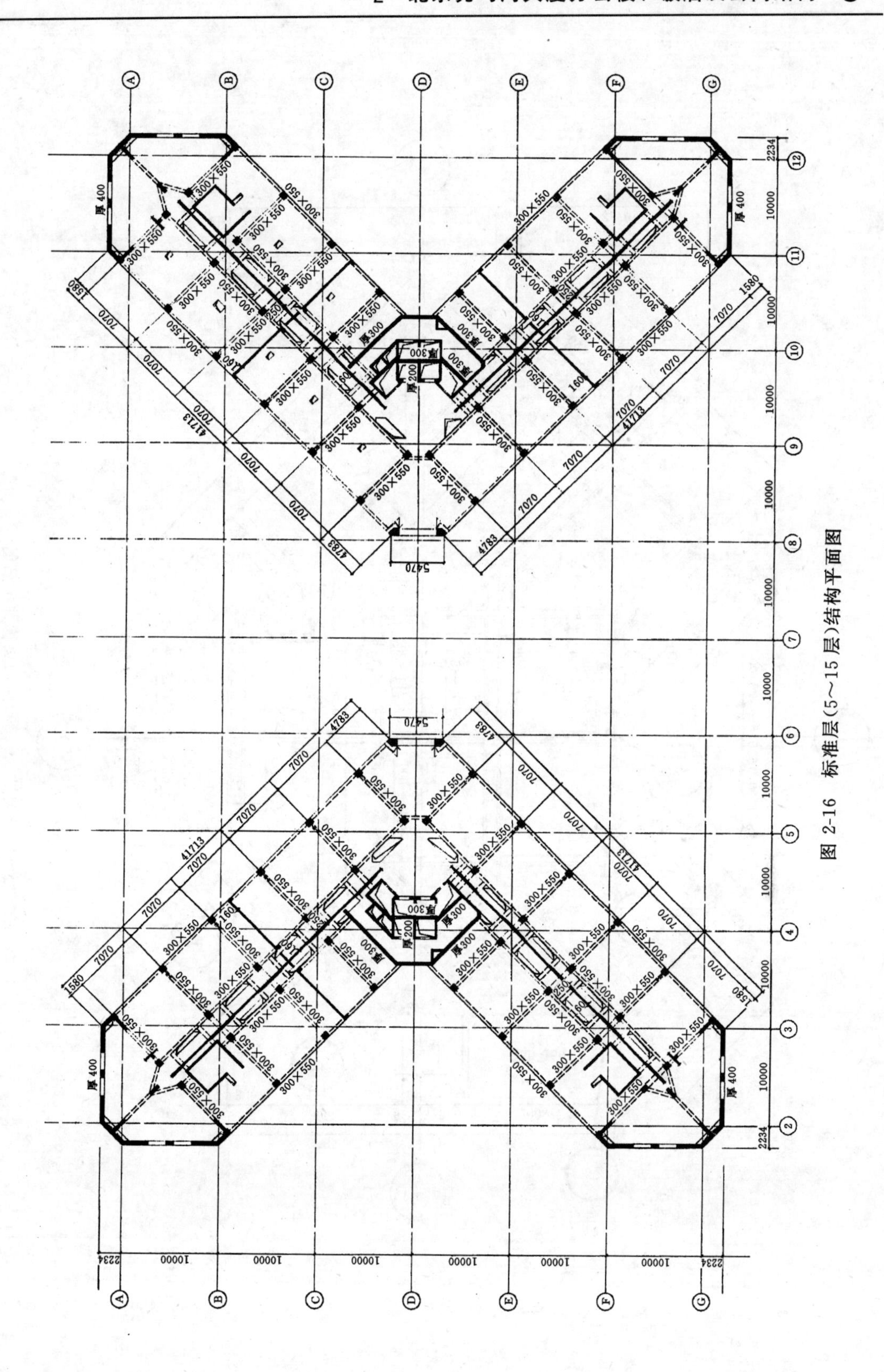

图 2-16 标准层(5~15层)结构平面图

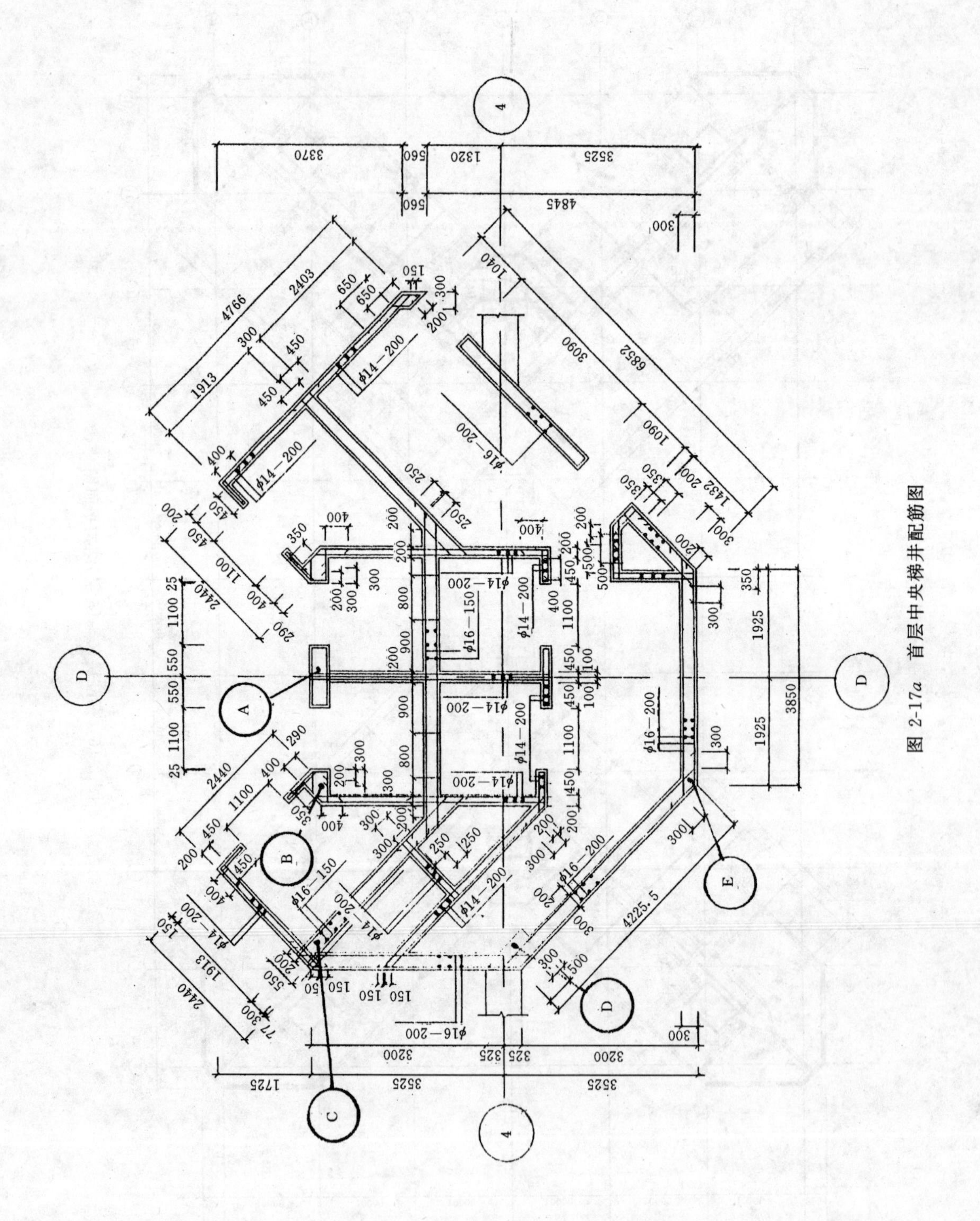

图 2-17*a* 首层中央梯井配筋图

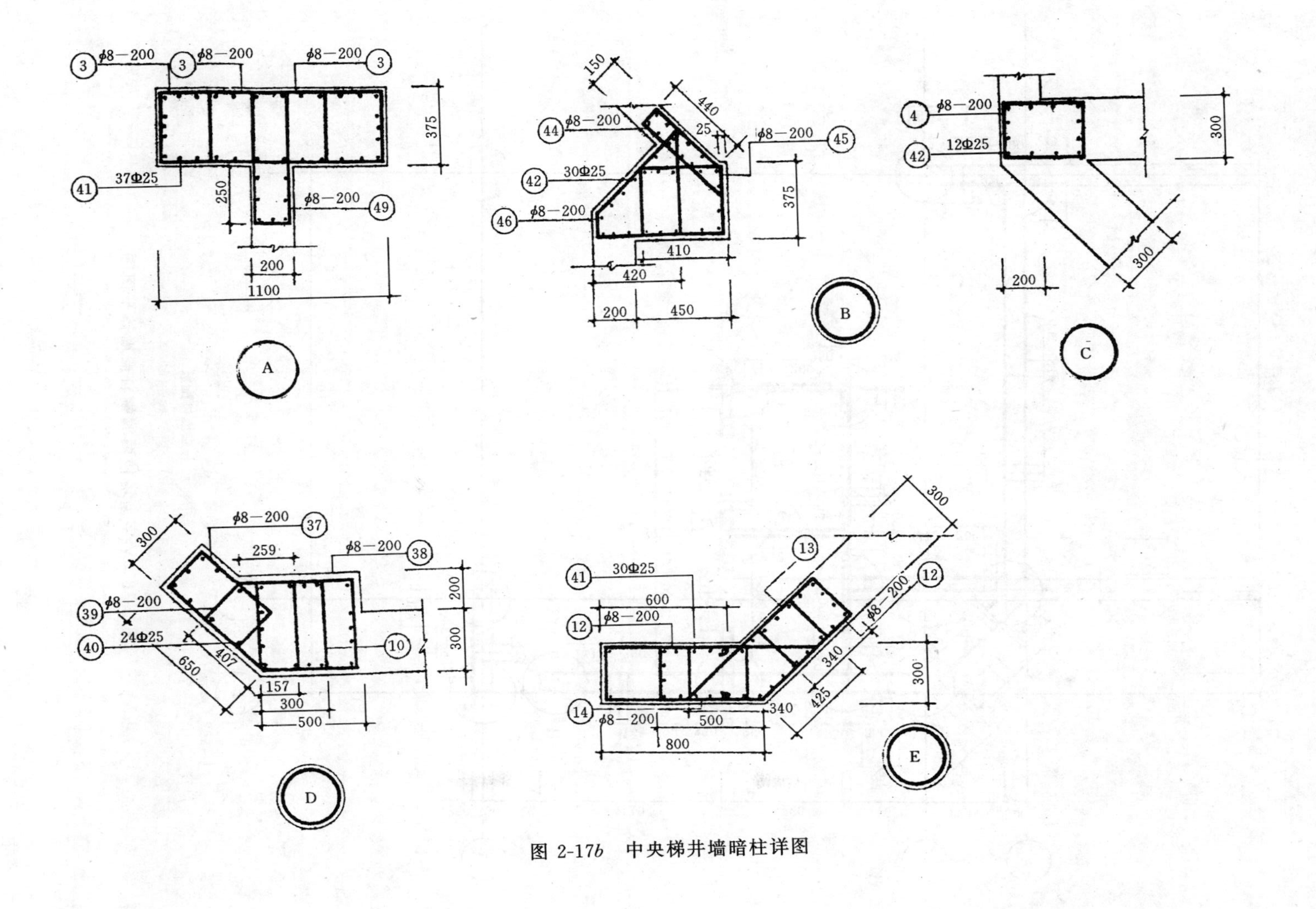

图 2-17b 中央梯井墙暗柱详图

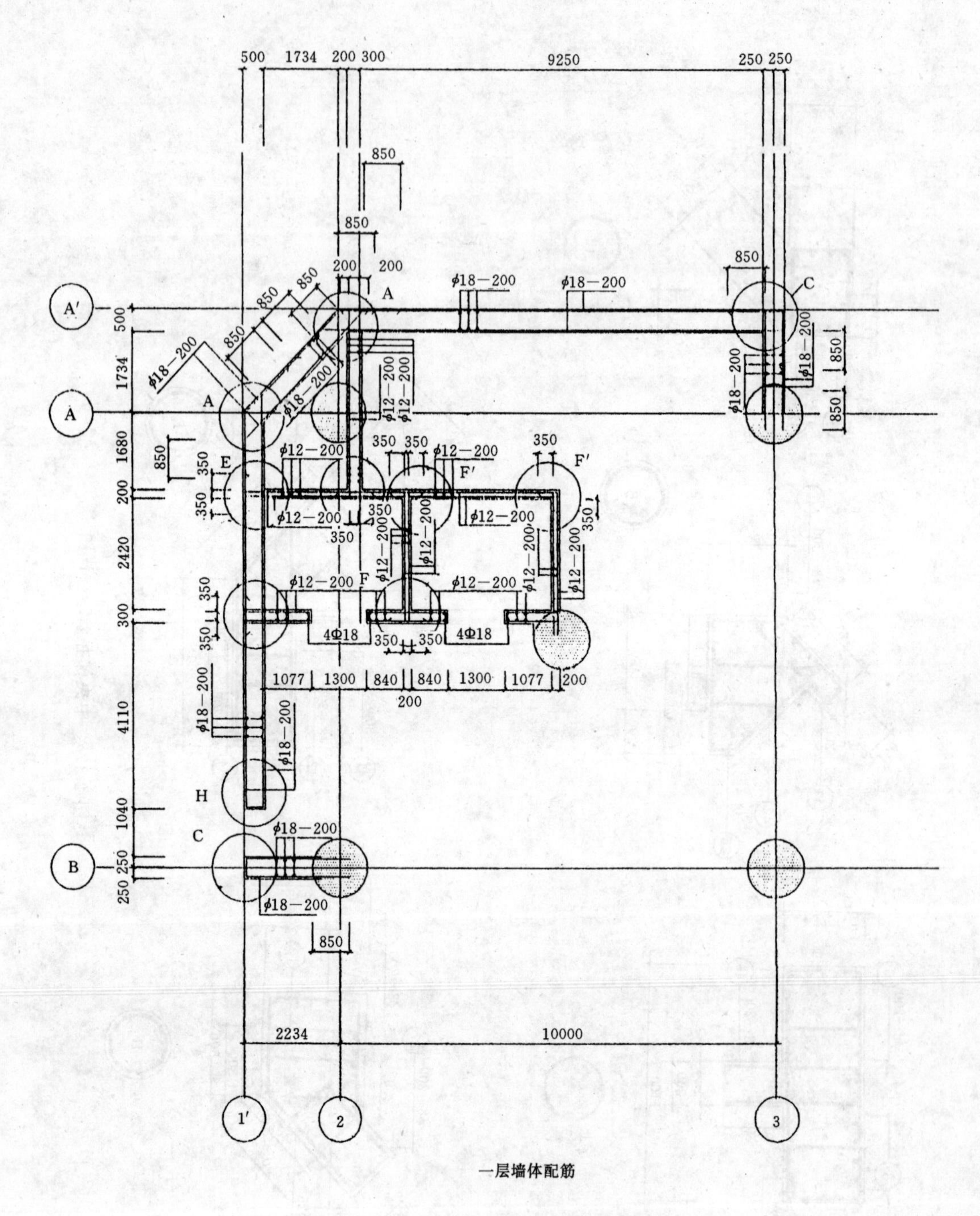

图 2-18 V 字型塔楼两翼端首层墙体平面图

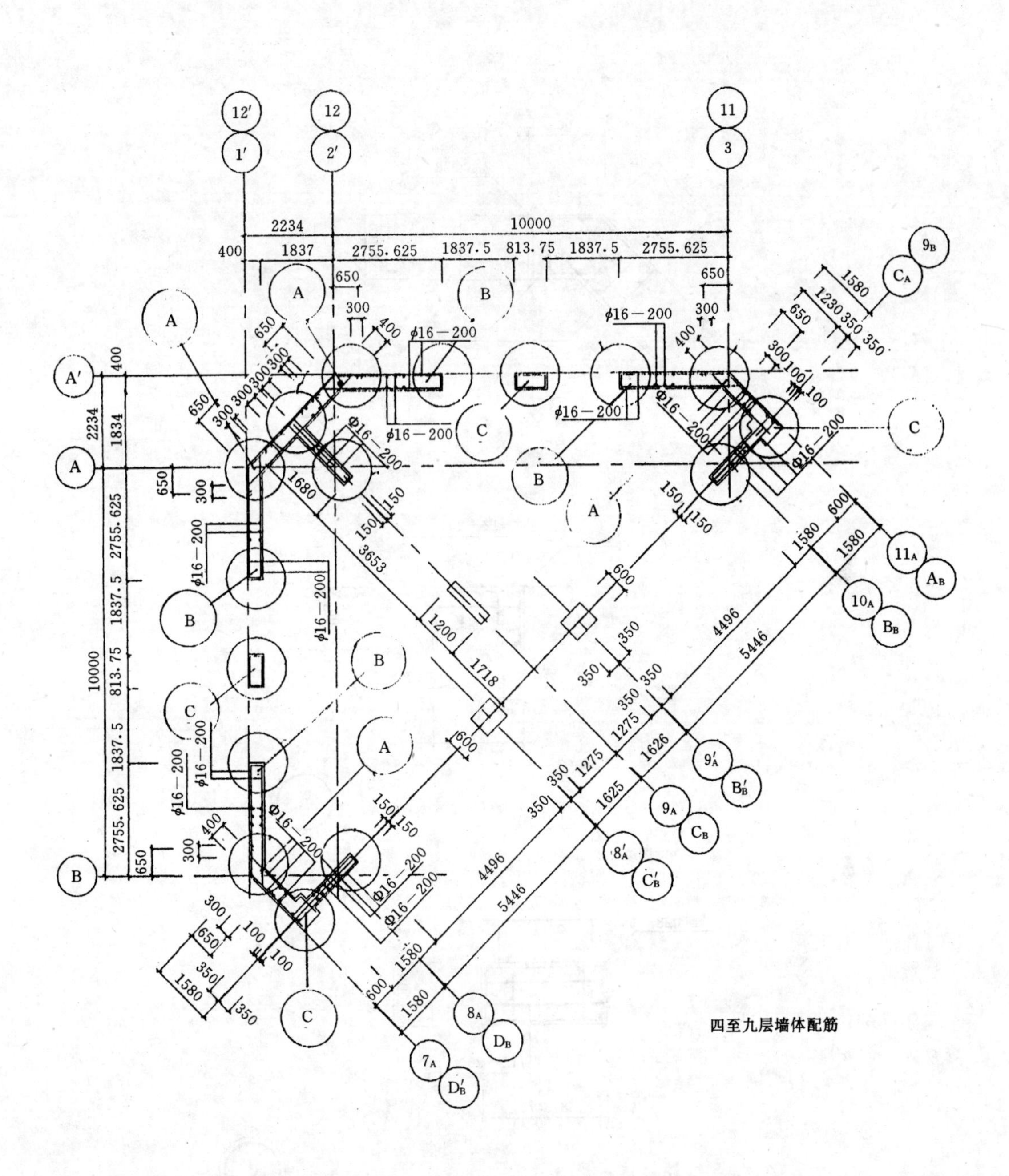

图 2-19a V字型塔楼两翼端 4～9 层墙体平面图

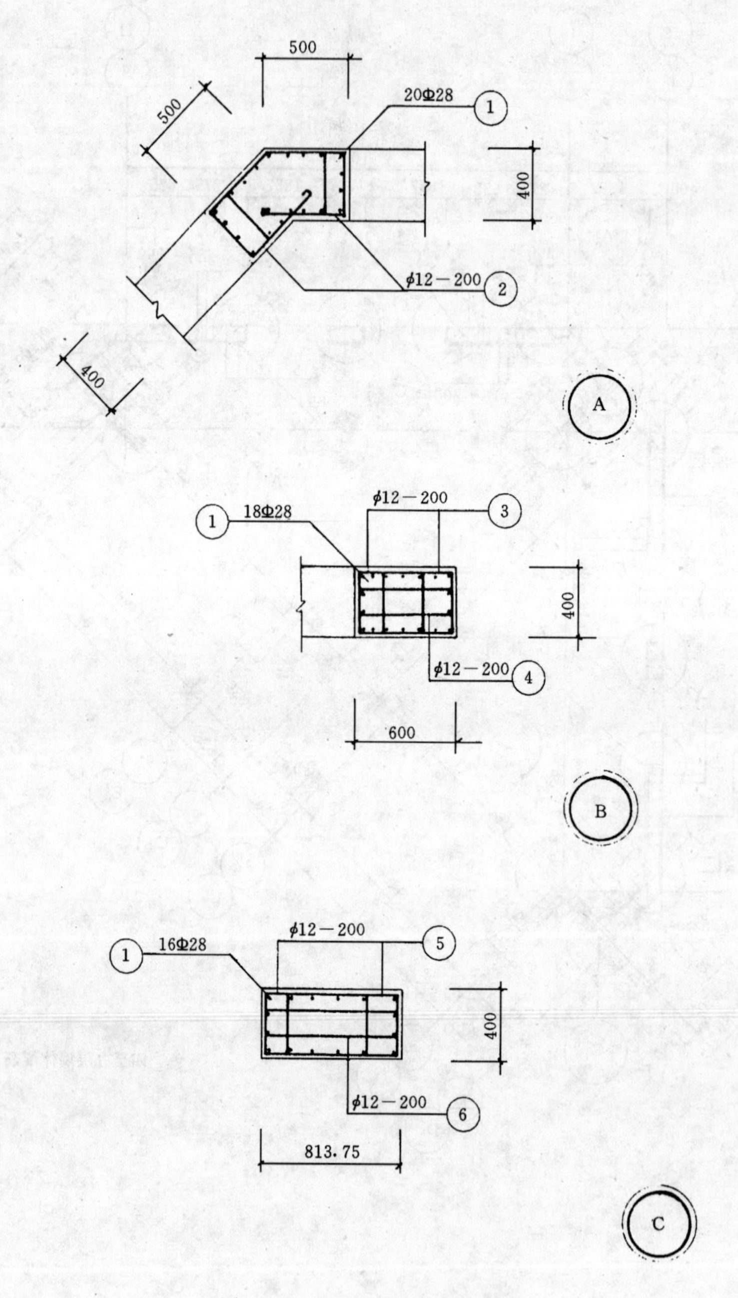

图 2-19*b*　A、B、C 暗柱详图

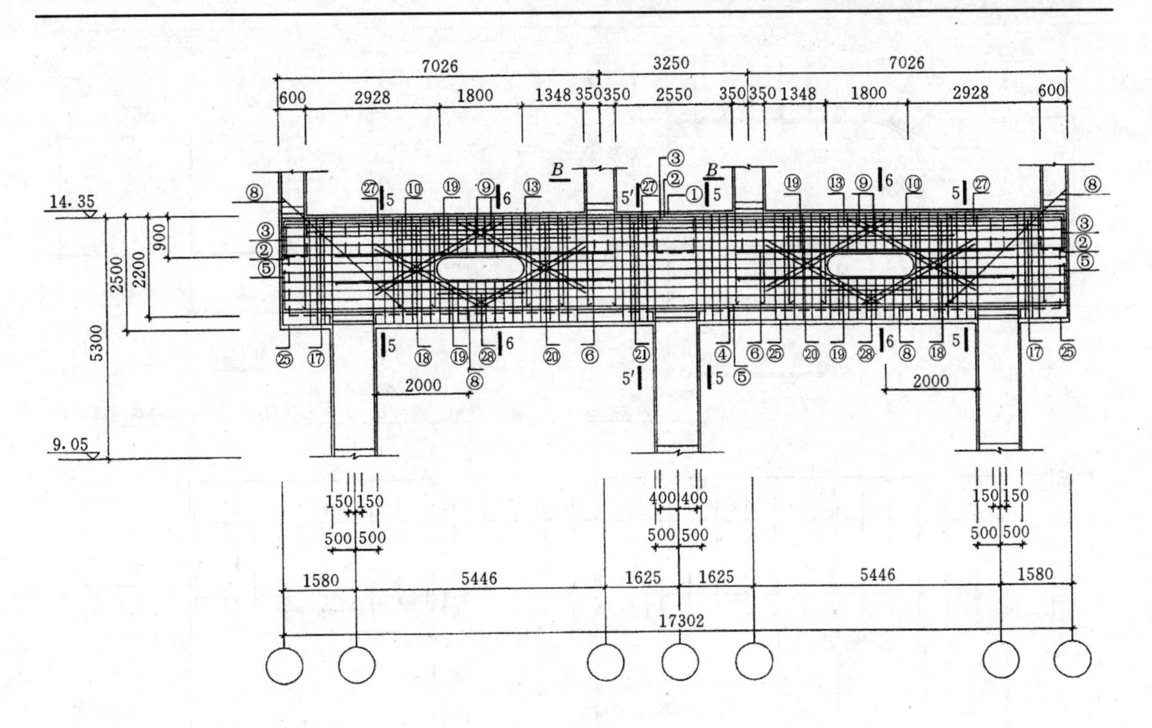

图 2-20*a* 转换梁配筋图

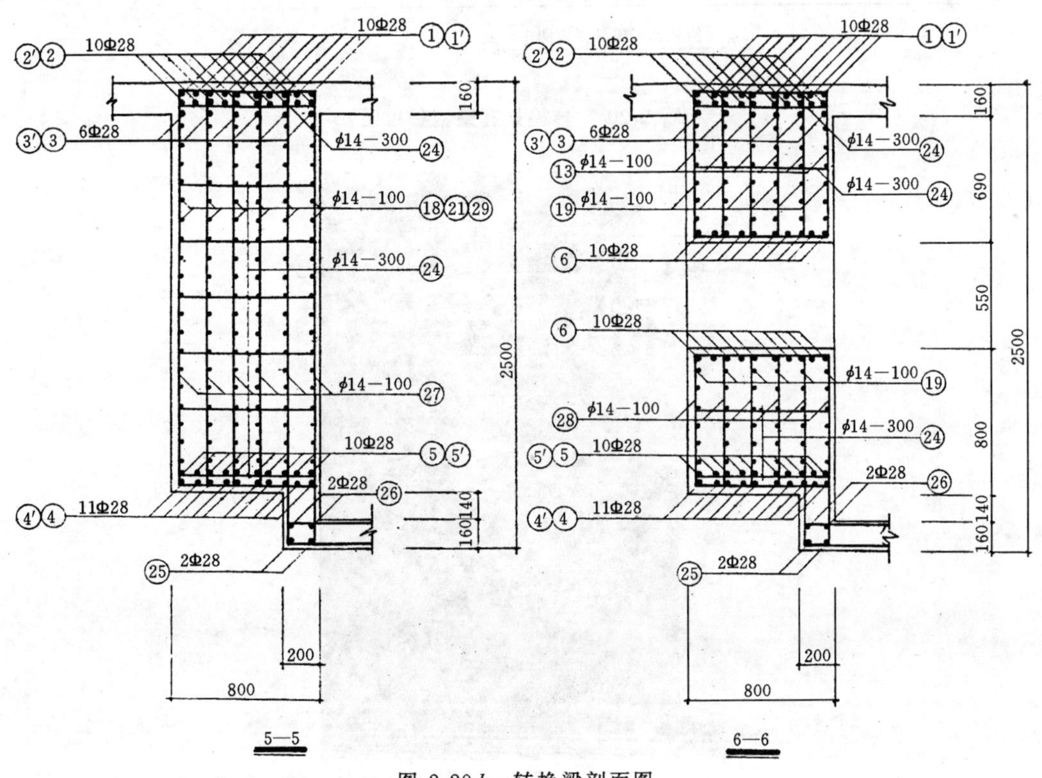

图 2-20*b* 转换梁剖面图

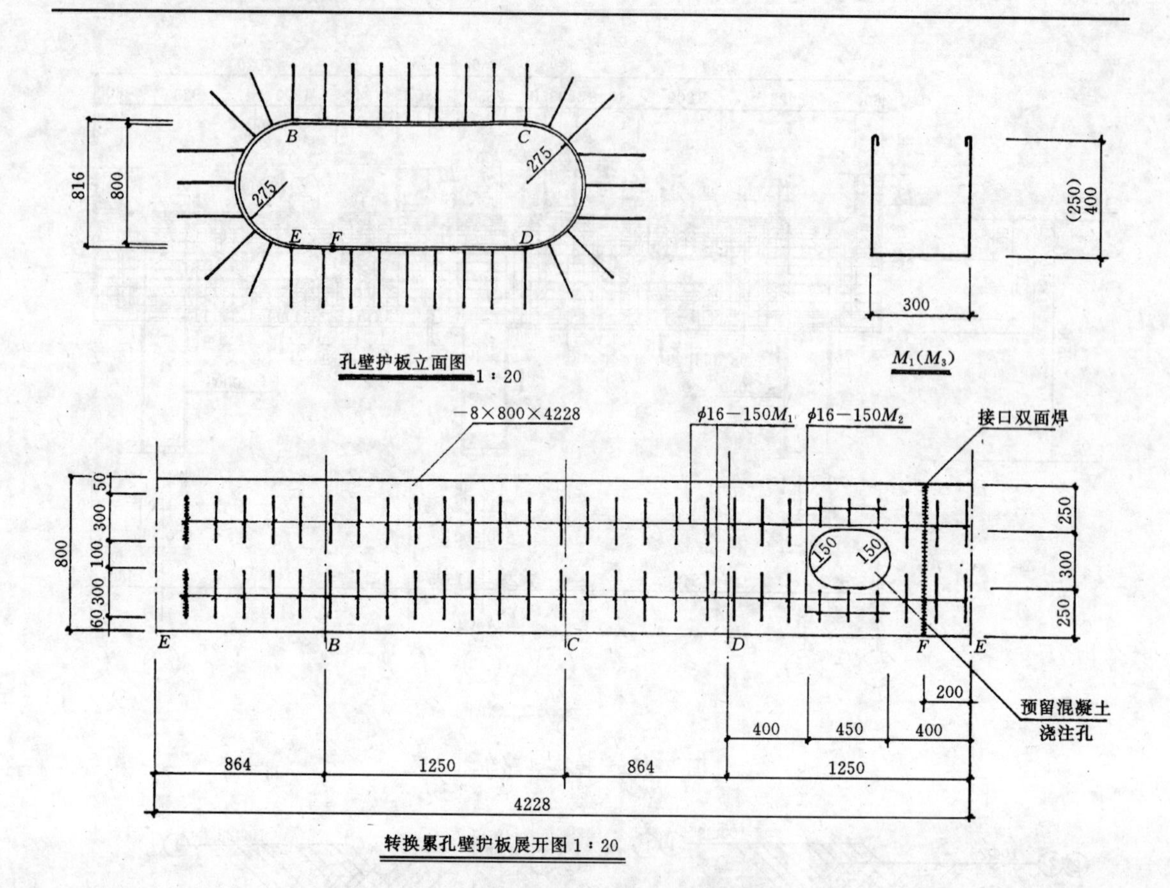

图 2-20*c* 转换累孔壁钢护板图

图 2-21（*a*） 30m 跨钢骨钢筋混凝土桥

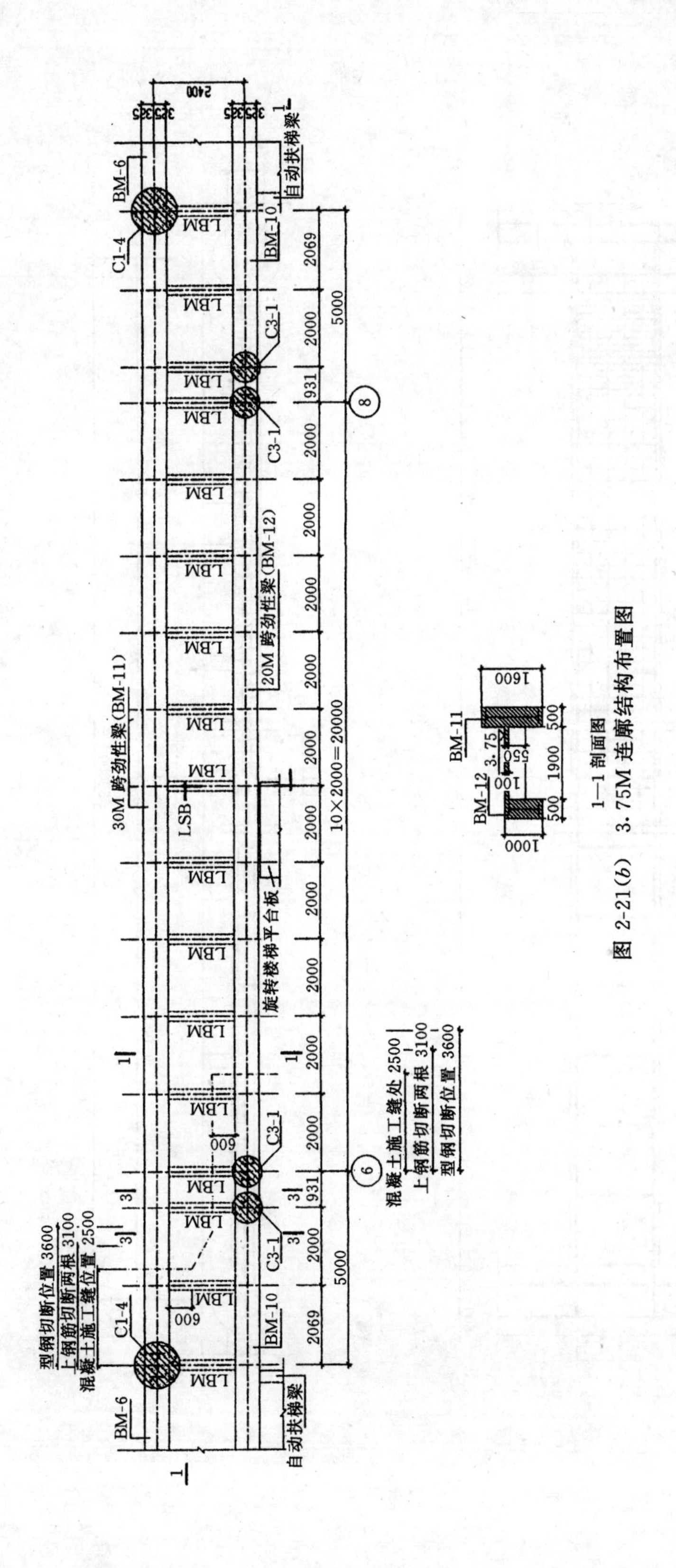

图 2-21(b) 3.75M 连廊结构布置图

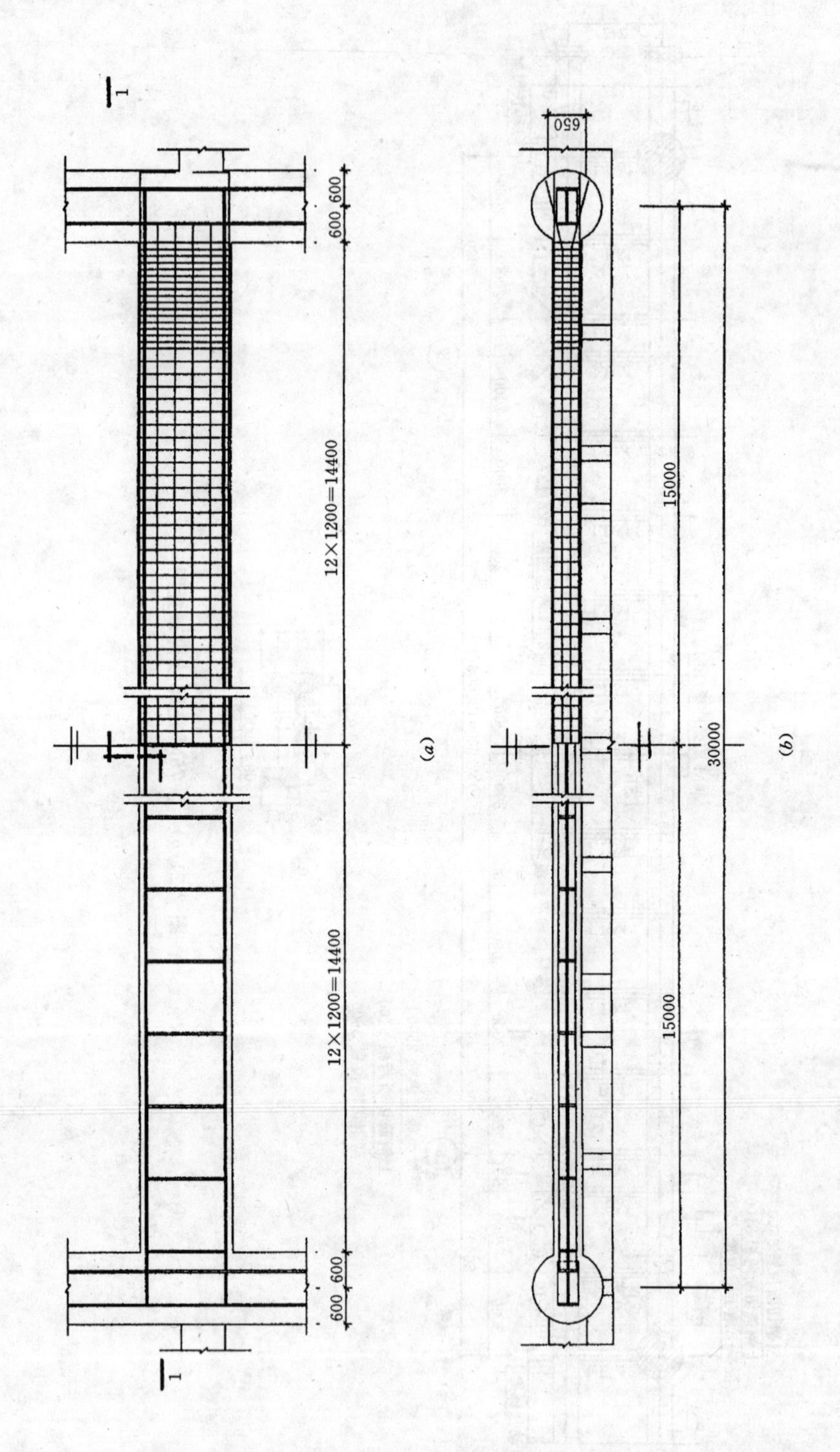

图 2-22 30M 跨钢骨架梁(BM—11)示意图

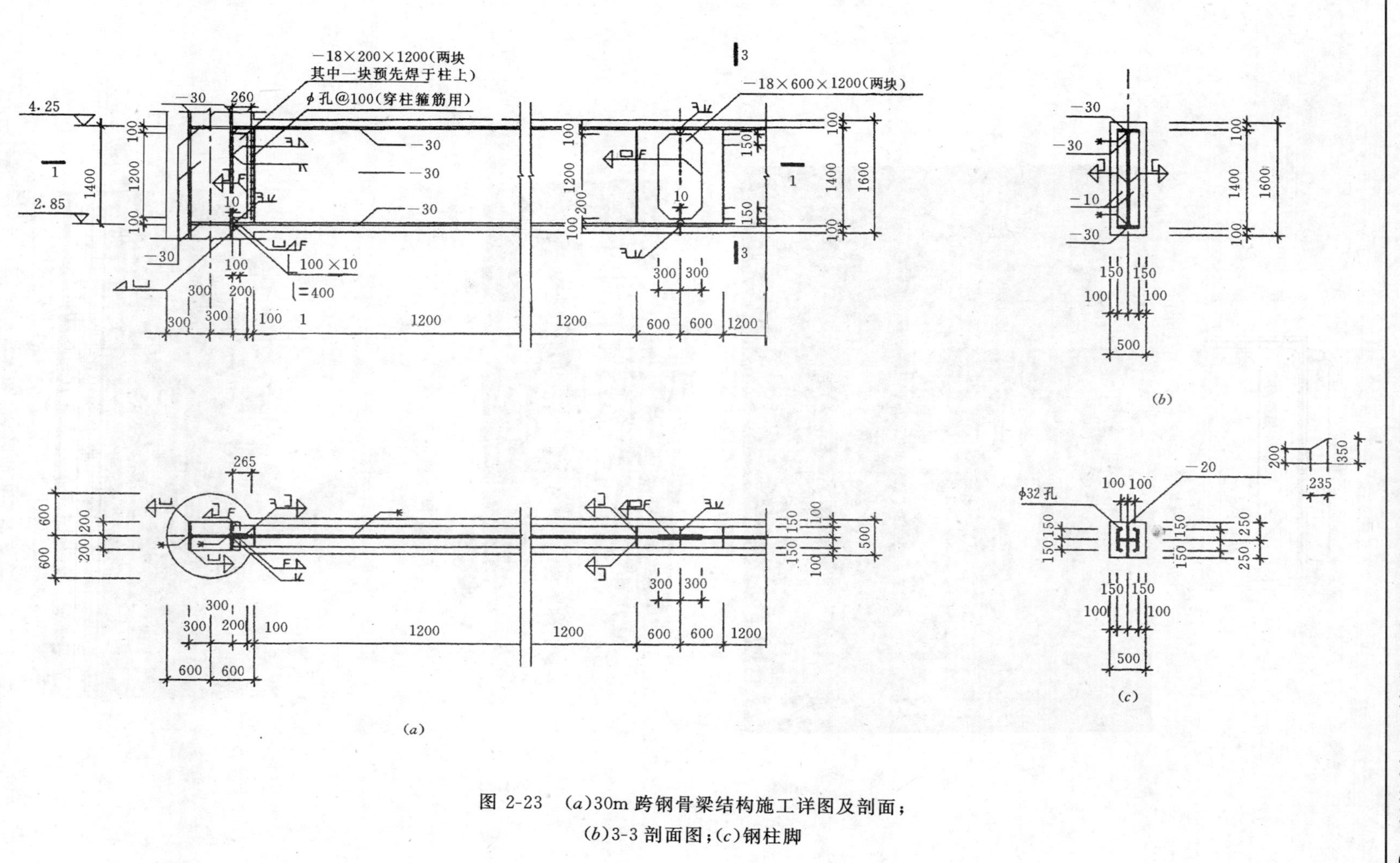

图 2-23 (a)30m 跨钢骨梁结构施工详图及剖面；(b)3-3 剖面图；(c)钢柱脚

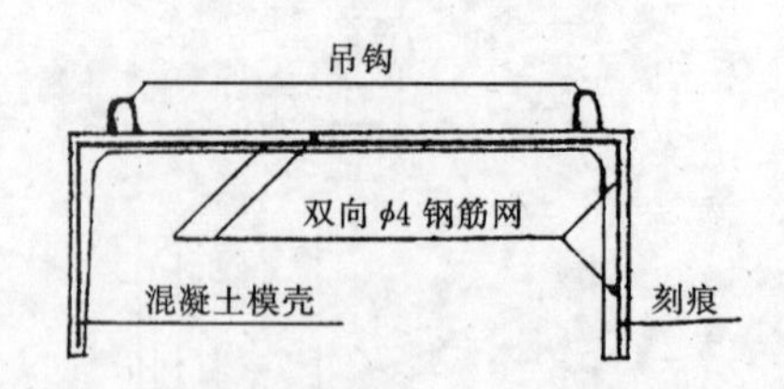

图 2-24 钢筋混凝土模壳示意图

图 2-25 井字梁格（不作抹灰）

图 2-26 钢筋混凝土模壳模型试验（10m×10m），内含 36 个模壳）

图 2-27 钢筋混凝土模壳就位

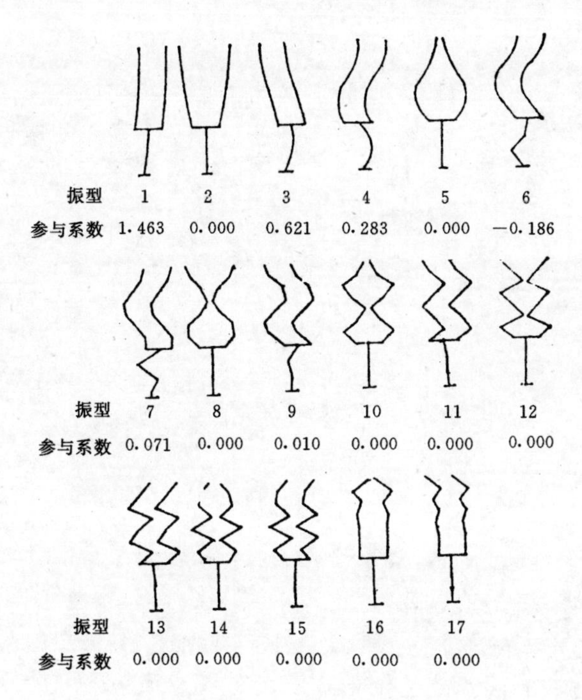

图 2-28 全对称双塔结构的振型、周期和振型参与系数

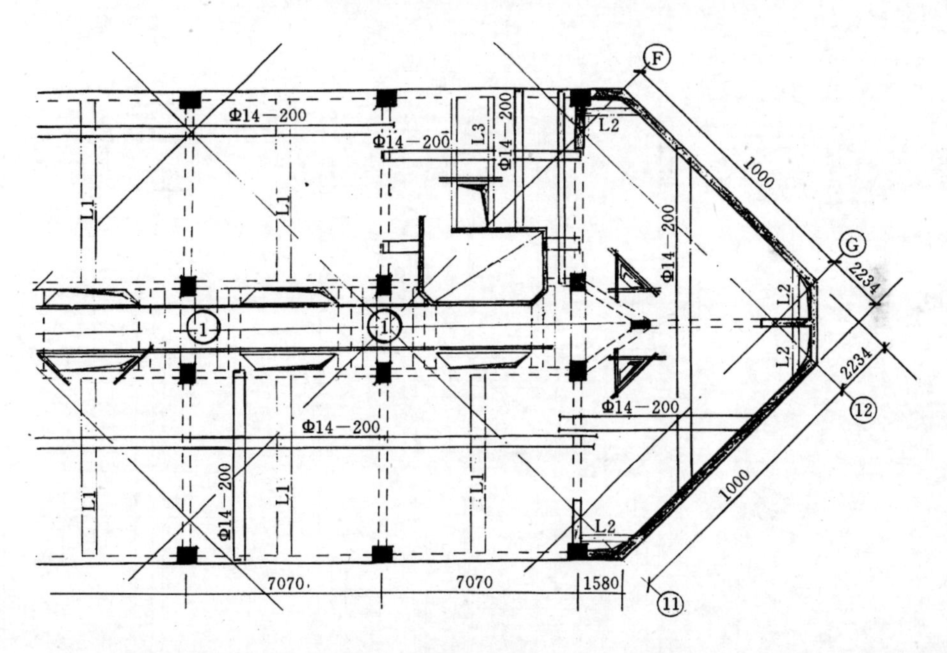

图 2-29*a*

图 2-30 饭店/公寓走廊(层高 2.65m)

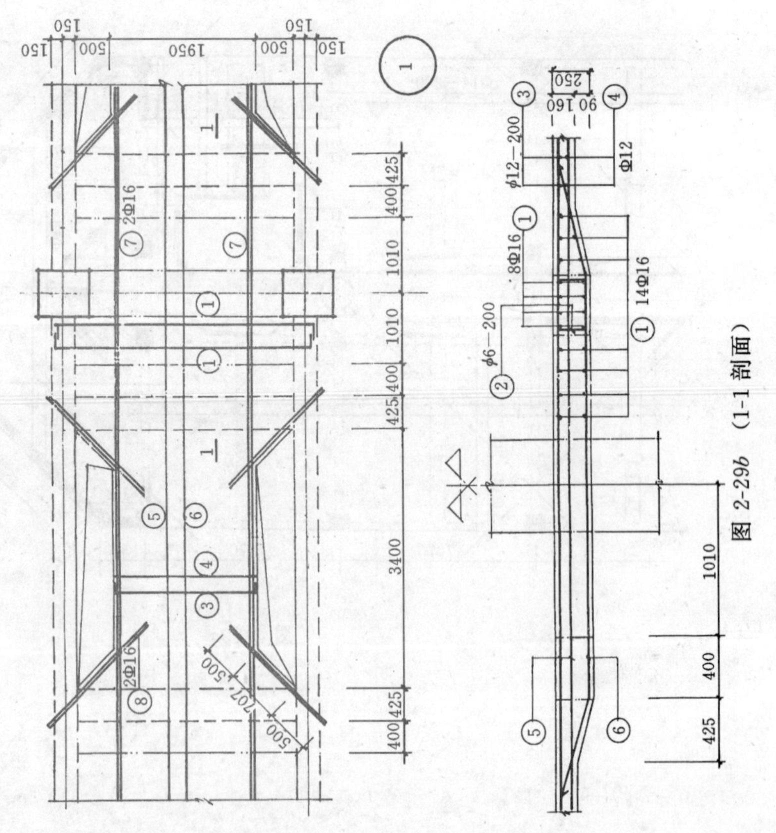

图 2-29b (1-1 剖面)

图 2-31　人行过街桥（连向办公楼内筒）

图 2-32　人行过街桥（连向饭店/公寓楼走廊）

3 上海图书馆新馆主体结构

建设地点 上海市
设计时间 1991/1993
设计单位 上海建筑设计研究院［200041］上海石门二路258号
主要设计人 施永昌 宁蓓蕾 龚扬林 张明忠 蔡兹红 李新
本文执笔 宁蓓蕾

获奖等级 全国第二届优秀建筑结构设计三等奖；1997年度上海市优秀设计一等奖

一、工程概况

上海图书馆新馆位于上海市淮海路高安路口。基地面积约31000m²，占地面积9300m²，总建筑面积84000m²。

上海图书馆新馆主楼分A、B、C、D四大区域。其中A区为特藏、近代及古籍阅览部分，其三、四层为办公。B区为主门厅、接待、名人捐赠、多功能厅等。C区为主出纳台及高层书库。D区为中外文阅览及展览、会议报告、视听等（图3-1总平面）。

由于建筑造型与功能要求：整栋建筑高低错落，层数不一。东边11层塔楼与西边26层主书库塔楼和围绕着双塔的裙房组成整个结构体系。底层平面东西向长180m，南北向长75m。各区均设一层地下室（图3-2立面）。

由于沉降差异与温度变形要求，新馆整体结构用沉降缝分成互相独立的A、B、C、D四个区域，沉降缝满足防震缝要求。

由于基地位于城市中心，周围市政管道密布，且邻近为高级住宅区，不允许有较大施工噪声。所以本工程选用不挤土钻孔灌注桩、桩径0.6m。根据地质情况和上部结构区别选用不同桩长（图3-3-4桩位图）。

除B区外，新馆各区域均为框架—剪力墙结构体系。A区与D区的柱网为7.5m×7.5m。C区柱网为7.2m×7.2m。A、C、D区楼面均采用双向框架梁加十字次梁的结构形式，经多方案比较。这种楼面结构方案经济性较好，以C区为例比较结果列表3-1：

表3-1

楼面结构方案	结构高度（m）	楼面折算混凝土厚度（m）
密肋板	0.5	0.275
井字次架	0.5	0.252
十字次梁	0.5	0.225

十字次梁楼面方案具有结构自重轻，施工方便，节约人工等优点，是该柱网较理想的楼面结构方案。

设计主要活载荷为：

书库 6.0kN/m^2
开架阅览室 5.0kN/m^2
行政办公室 3.0kN/m^2
密集书库 10.0kN/m^2

二、设计特点

下面分别介绍各区域的结构设计特点：

1.A 区：中部为 11 层塔楼，高 55.6m，和南北两侧的五层裙房连成一体，为调节高低层荷载不同引起的不均匀沉降，采用了两种桩长，即塔楼下桩长 40.5m，持力层为 7～2 粉砂层，裙房下桩长 31.5m，持力层为 5～2 灰色粉质粘土层。同时，在塔楼与裙房相接的地方设置两条施工后浇带，一方面可以释放施工期间的沉降差异，另一方面可以释放因南北向建筑较长而由混凝土收缩引起的变形。

塔楼下地下室为图书馆珍本藏书室，在土建设计方面需尽可能减少地下室的潮湿程度，地下室的底板即桩基承台设计成十字条形梁板式承台。梁上翻，上铺架空板，板下形成架空层，以利地下室保持干燥。

A 区框架梁截面为：0.4m×0.6m，十字次梁截面为：0.3m×0.5m（图 3-5，A、B 区一层结构平面）。

2.B 区：新馆主入口，是连通东面 A 区与西面 C、D 区的门厅与多功能厅，共五层，室内空间组合复杂。结构方面采用大小柱网相结合，地下室和一层为小柱网 7.5m×9.0m。二层和三层局部楼面掏空，形成由四个巨柱组成的 18m×22.5m 的大柱网。四层楼面为支承于四个巨柱的井格梁，屋顶则采用平面四角锥螺栓球网架结构。一至四层间设有多部异形楼梯联通。

桩相对集中在四个巨柱的独立承台底下，承台间拉结的条形基础梁在东西两侧悬臂挑出，使上部结构与 A、D 两区相接，桩长 43m，持力层为 7～1 粉砂层。

室外大台阶基础与主体结构脱开，设计成箱形，台阶伸出与主体结构铰接，以适应基础间的沉降差异。

3.C 区：为 26 层主书库，高 106m，框一剪结构体系，因建筑功能要求，剪力墙大多布置在结构周边。7.2m 的方形柱网采用 0.5m×0.5m 的扁形框架梁，增加了建筑净高。十字形次梁截面为 0.3m×0.45m。地下室下桩长 45.5m，穿透有古河道的 7—1 层进入 7—2 粉砂层约 1.0m，承台板厚 2.2m。

4.D 区。为五层裙房，设有地下室一层作设备用房和停车库（图 3-6，C、D 区地下室）。D 区功能复杂，有大型阅览室、展览厅、声像室和 800 座报告厅。柱网为 7.5m×7.5m，因大小空间组合，局部形成复式框架结构（图 3-7，D 区结构平面）。

报告厅设在二层：座位利用三层和四层楼面结构外挑，结合座位阶梯坡度形成悬挑 7.5m 的三角形桁架。报告厅屋面采用网格为 3.75m×3.75m 的锥形网架，设备管道在网架内穿行，增加了报告厅净高。

D 区占地面积较大，C 区塔楼从南侧嵌入。C、D 区间设沉降缝，而上部相通。在两区相接处，D 区地下室后退一跨，上部柱子则立于从地下室挑出的大梁上。基础采用十字形梁板式承台，梁上翻，上铺架空板，板下形成架空层。

图 3-1 上海图书馆新馆外观

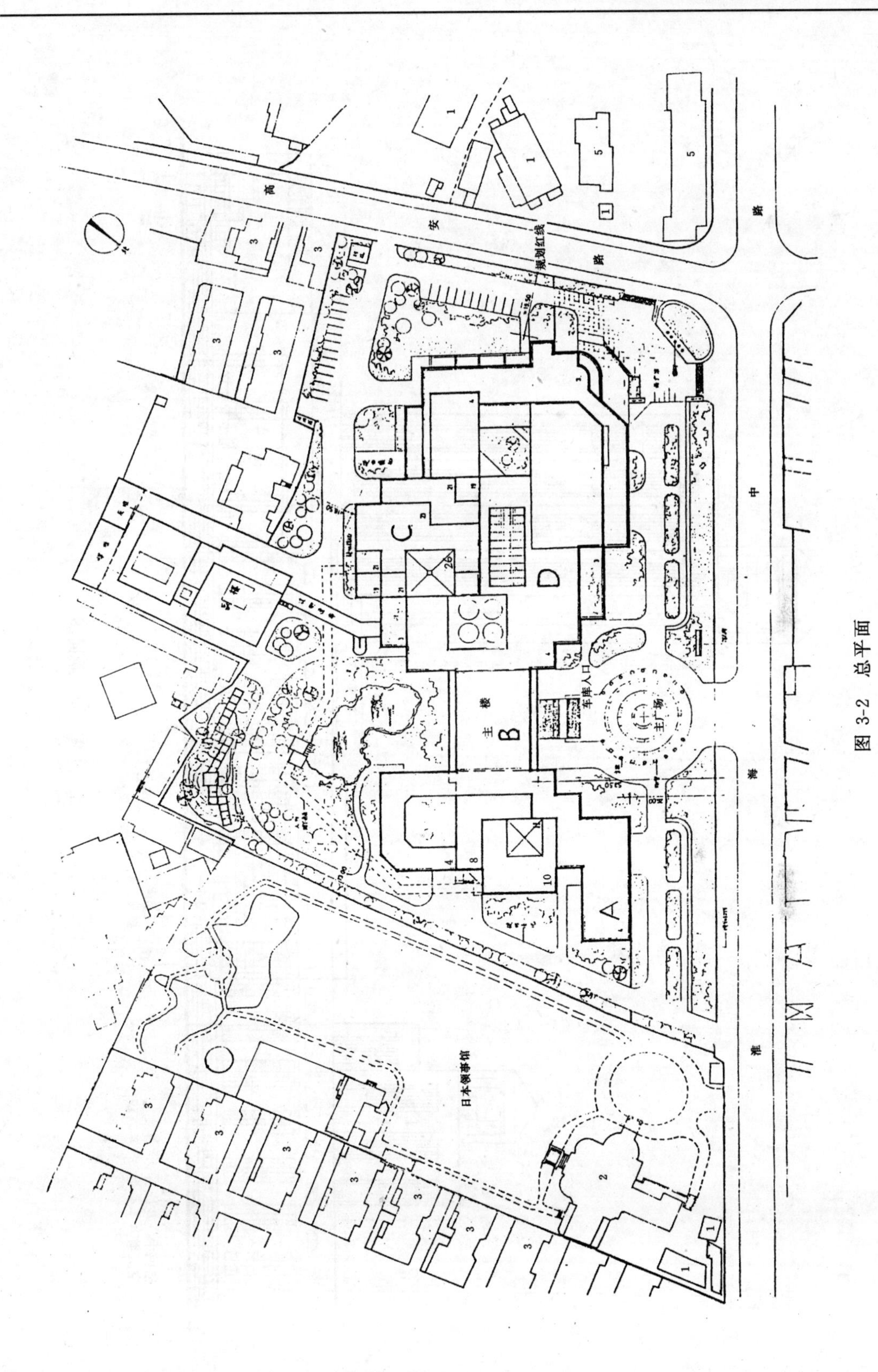

图 3-2 总平面

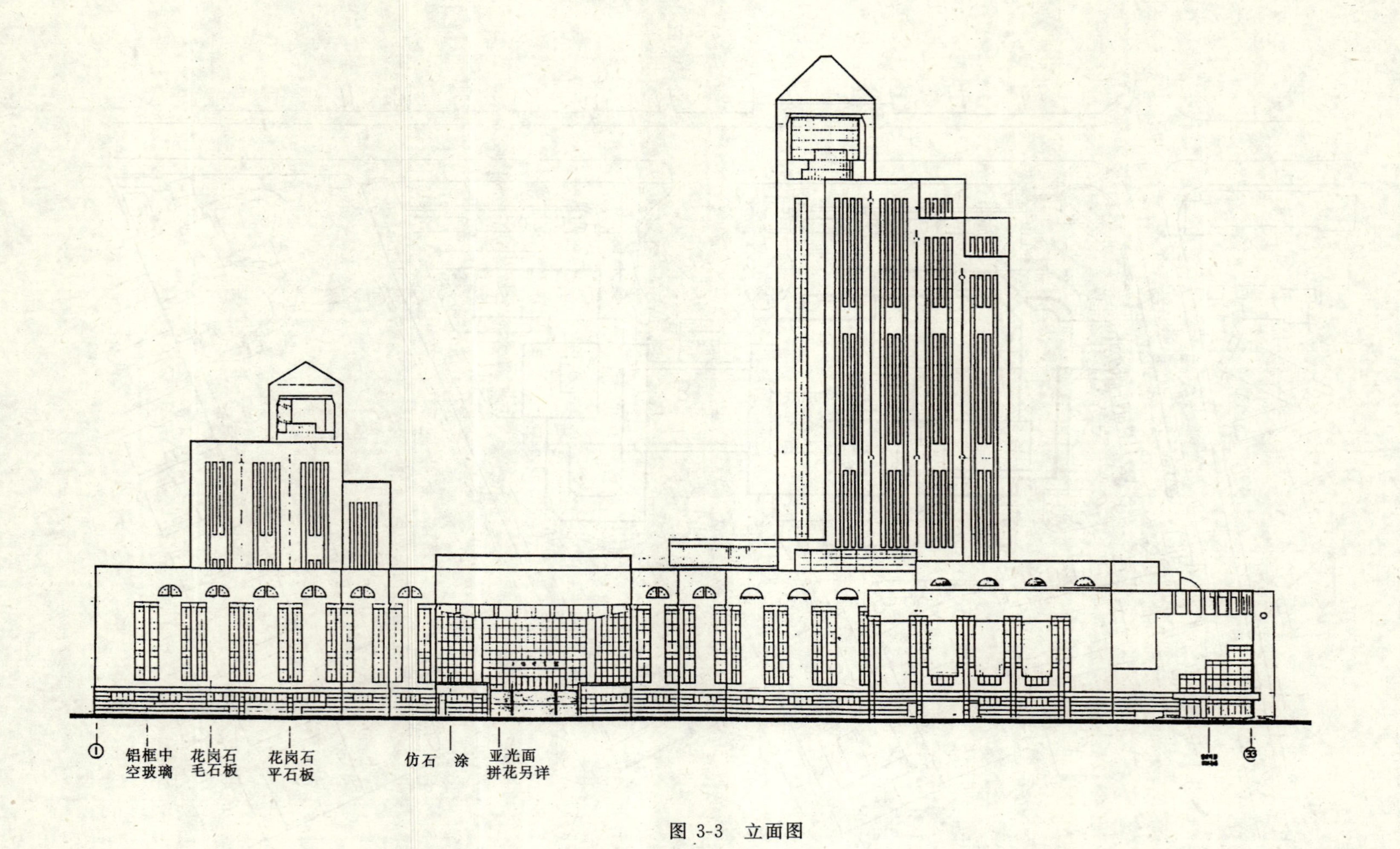

图 3-3 立面图

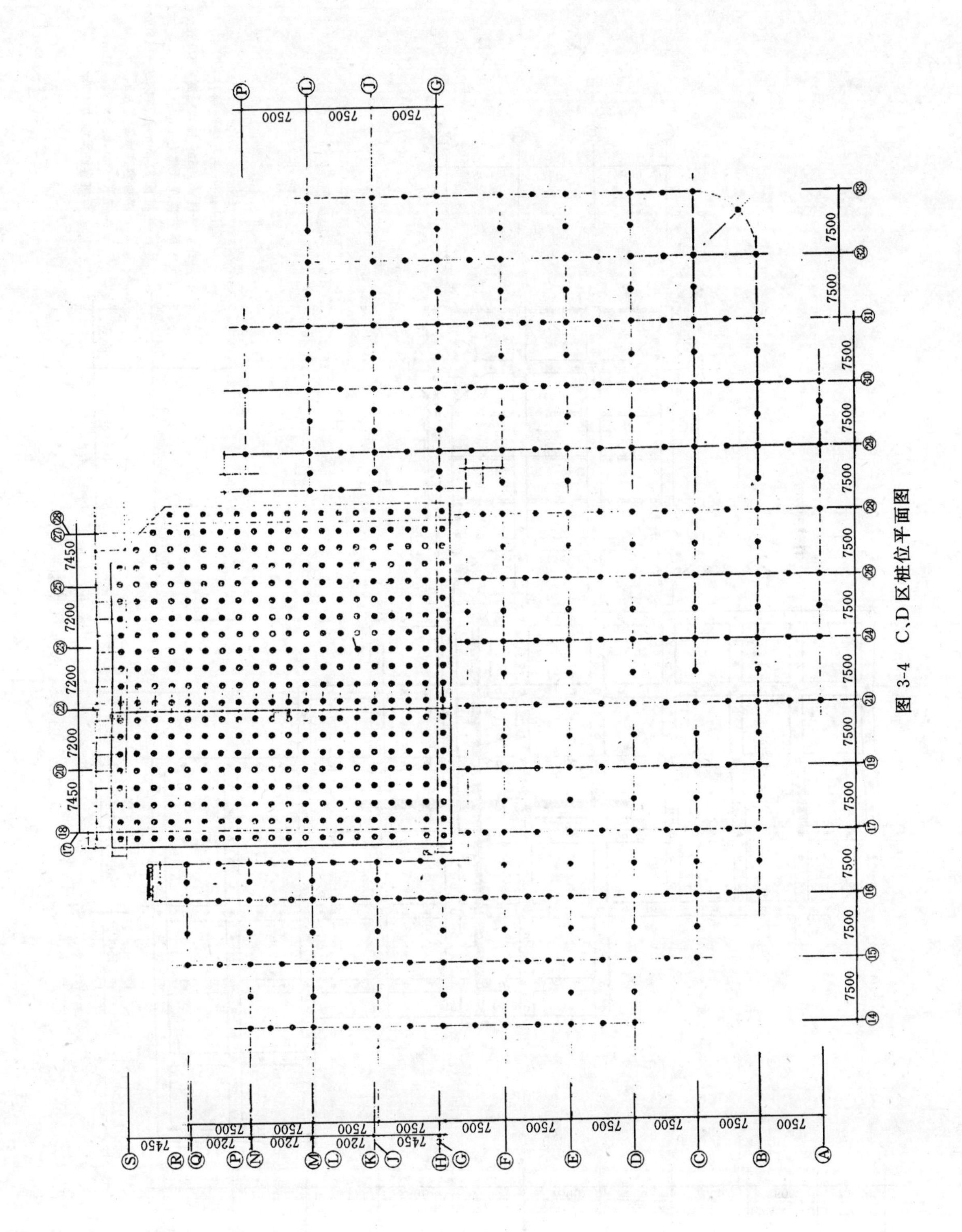

图 3-4 C、D区桩位平面图

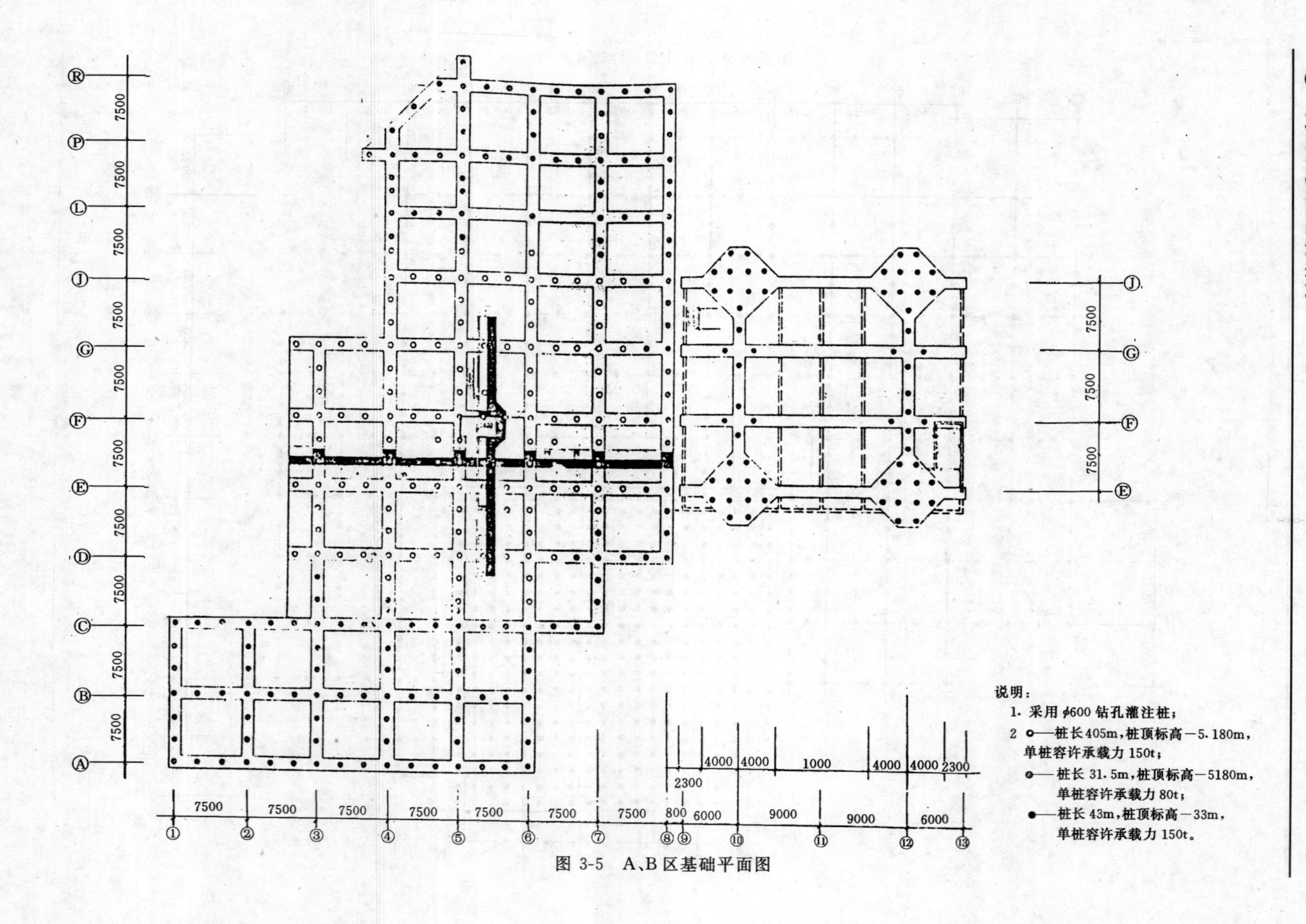

图 3-5 A、B区基础平面图

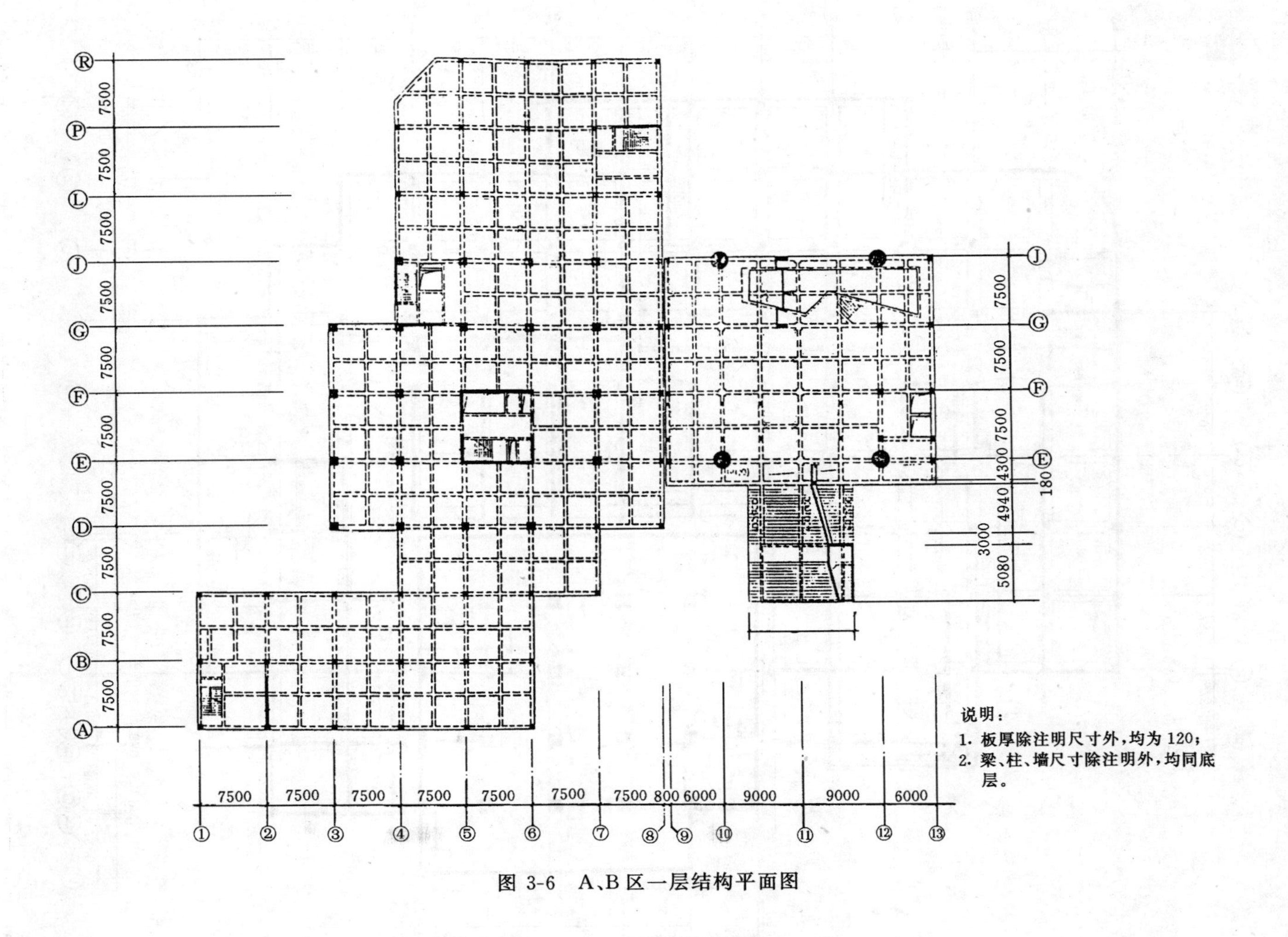

图 3-6 A、B区一层结构平面图

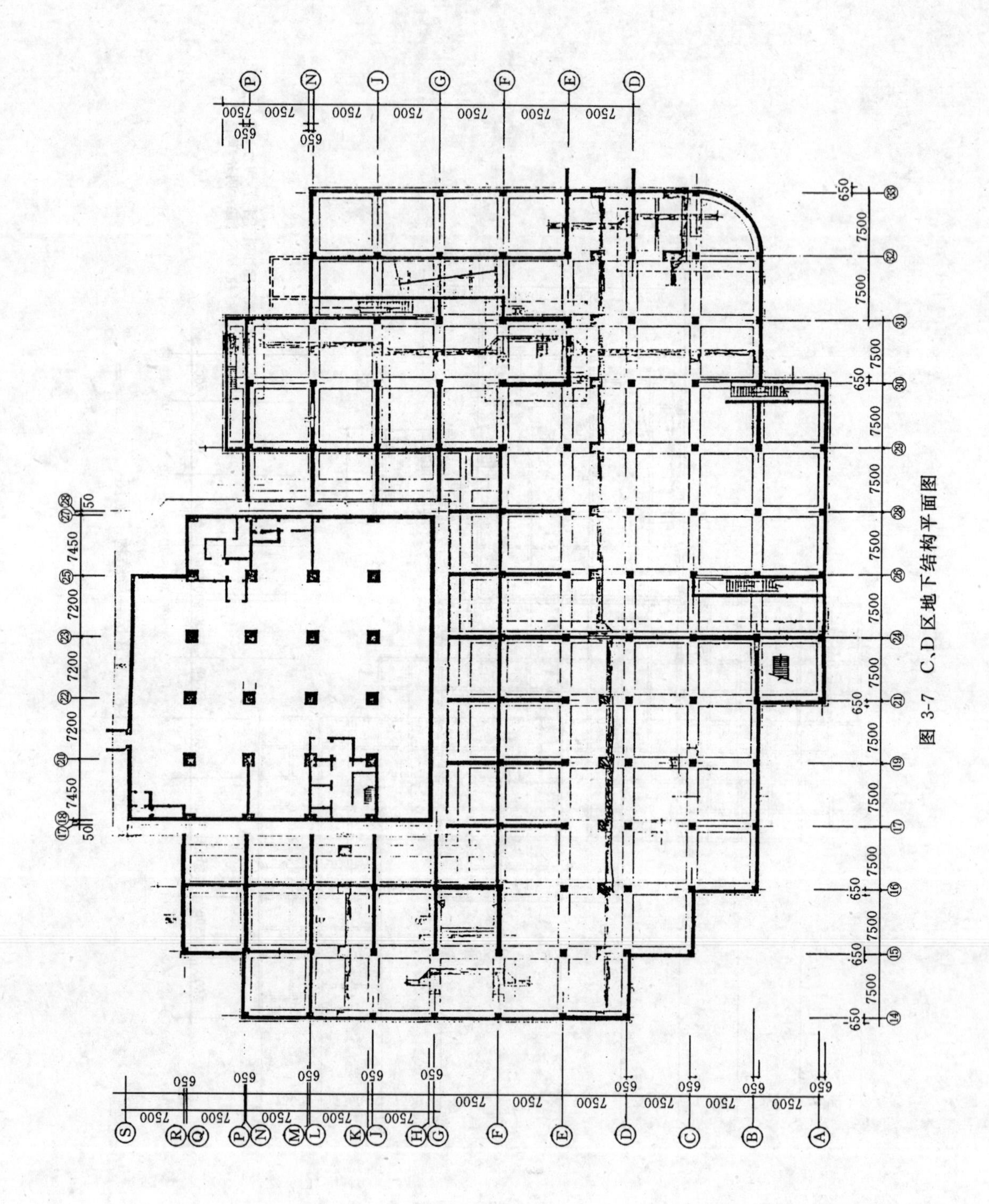

图 3-7 C、D区地下结构平面图

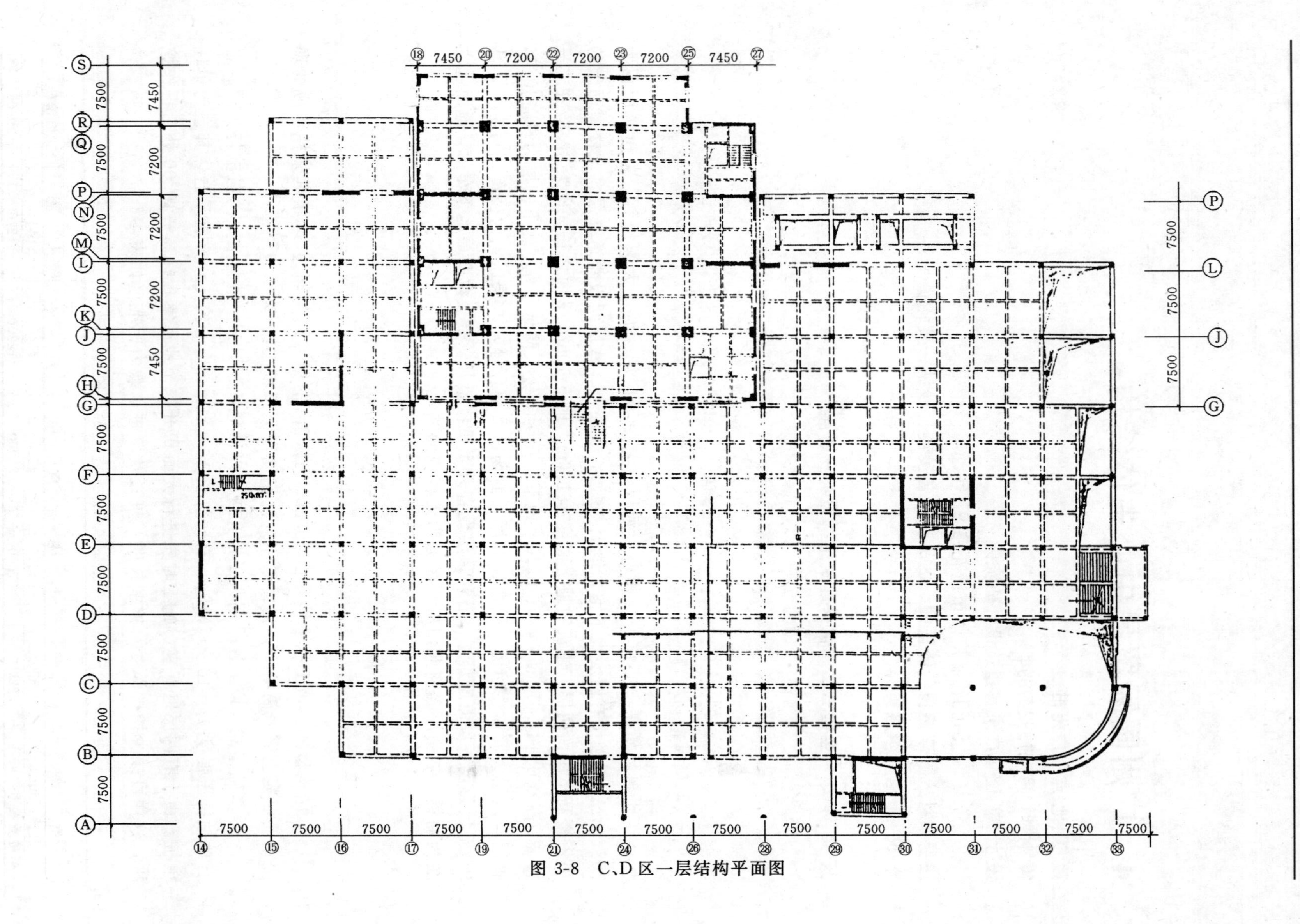

图 3-8 C、D区一层结构平面图

4 广州国际贸易中心主体结构

建设地点 广州市
设计时间 1992/1994
设计单位 广东省建筑设计研究院
[510010] 广州市流花路97号
主要设计人 李盛勇、陈茝媚、区品良、曾美英、沙纳、黄培德
本文执笔 李盛勇

获奖等级 全国第二届优秀建筑结构设计一等奖

一、工程概况

广州国际贸易中心位于广州市天河区，与中天广场、城市大厦相邻，总建筑面积为70873m²。主楼设有两层地下室，地上46层，并在七、八层间设管道夹层，主楼屋面上的小塔楼高出屋面两层。建筑物地上高度161.6m，地下10m。平面之长宽比为39.5/36.5=1.08，高宽比161.6/36.5=4.50。其中地下二层为五级人防地下室，地下一层为设备用房，首层至六层为商业性用房：厨房、餐厅、商场、展销厅等，八层以上为公寓式写字楼，其中27层为设备层兼避难层，塔楼顶层设直升飞机停机坪。裙楼设两层地下车库，地面上六层为商场、展销厅等商业用房，屋面为天台花园。

二、主体结构设计

1. 结构型式：该工程主楼是由15.2m×15.2m的中心筒与周边30根框架柱组成的现浇钢筋混凝土筒中筒结构；裙楼采用现浇钢筋混凝土框架结构。

2. 基础型式：该工程采用人工挖孔桩，以微风化粉砂岩（或砾岩）为桩端持力层，岩石单轴抗压强度 f_r=10～12MPa，有效桩长16～23m，中心筒下设多桩承台，其余为单柱单桩。由于有两层地下室，施工时先进行大面积开挖至地下室板标高－10.00处后再作挖桩，这样可减少挖桩深度及护壁长度。桩径及单桩承载力标准值如表4-1。

表 4-1

	主楼				裙楼	
位置	中筒	边柱	角柱	其它	中柱	边角柱
桩径（mm）	ϕ1800	ϕ2000	ϕ2200	ϕ1400	ϕ1400	ϕ1200
单桩承载力（kN）	22200	27500	33200	12700	12700	9900

3. 由于主楼与裙楼高度相差大、结构型式不同且建筑物总长度较大，因此在主楼与裙楼分界处设 150mm 分隔缝（伸缩缝兼防震缝）。

4. 混凝土的选用如表 4-2。

表 4-2

构件 \ 层次 \ 混凝土强度等级	C50	C45	C40	C35	C30	C25
主楼墙柱	−2～8	9～16	17～24	25～32	33～40	40 层以上
主楼梁板			−2～16	17～24	25～32	33 层以上

5. 主要构件截面（单位：mm）

a. 主楼柱载面（表 4-3）

表 4-3

层次 \ 构件	边柱	角柱	左上圆弧边角柱	右下内圈角柱	外圈圆柱
−2～2	1200×1000	1400×1400	1200×1100	1200×1200	ϕ1600
3～10	1200×900	1300×1300	1200×1000	1200×1100	ϕ1500
11～18	1200×800	1200×1200	1200×900	1200×1000	ϕ1400
19～26	1200×700	1100×1100	1200×800	1200×900	ϕ1300
27～34	1200×600	1000×1000	1200×700	1200×800	ϕ1200
35～42	1200×500	900×900	1200×600	1200×700	ϕ1100
43 层以上	1200×400	800×800	1200×500	1200×600	

b. 墙截面（中心筒部分）（表 4-4）

表 4-4

层次	−2～6	7～14	15～22	23～30	31～38	39～顶层
外壁厚	600	500	450	400	350	300
内壁厚	400	350	300	300	250	250

c. 框架梁截面（表 4-5）

表 4-5

构件 \ 层次	−2	−1	1	2～7	夹～8	9～26
周边梁	1800×1200	500×1000	500×1000	500×1500	500×3100	500×900
径向梁	500×1200	500×1000	500×800	500×800	600×600	600×600
构件 \ 层次	27	28	29～35	36～顶层	天面	
周边梁	500×900	400×2500	400×900	300×900	300×2500	
径向梁	600×600	600×600	600×600	600×600	600×800	

三、结构计算

本工程采用中国建研院编制的《多层及高层建筑结构空间分析程序（TBSA)》进行计算。由于本工程主楼是超高层结构，因而亦采用《多层与高层建筑结构动力时程分析程序(TBDYNA》进行补充计算。根据振型曲线、最大位移和层间位移包络图曲线，找出结构的薄弱层，并对其进行加强，以增强结构的受力性能。

1. 结构计算的基本数据

本工程计算总层数为48层，其中地下2层，地上46层；总高为171.6m，标准层面积为1212m²（8～34层)，1052m²（35～顶层）；设防烈度为7度，场地土为Ⅱ类，风荷载为0.45×1.1=0.50kN/m²。

主楼的框架和剪力墙之抗震等级为一级，地震力的调整系数TE=1.53（详TE的取值部分)；振型数取6。计算中考虑整体结构的扭转作用，模拟施工过程采用逐层加载法。

2. TBSA的计算结果：

(1) 周期与振型（表4-6)

表 4-6

周　期	T_1	T_2	T_3	T_4	T_5	T_6
X　向	2.779	0.703	0.324	0.192	0.127	0.094
Y　向	2.836	0.785	0.399	0.255	0.176	0.134

结构振型曲线如图4-11。

可以看出，由于X、Y向刚度相近且均匀变化，两个方向的周期与振型也较接近，周期也较为理想（$T_1=0.065\times43=2.8s$，$T_2=\frac{1}{4}T_1=0.70s$)，振型曲线光滑连续。

(2) 地震作用下结构的最大层间位移和顶点弹性位移（表4-7)

表 4-7

方　向	δmax (mm)	δmax/h	△max (mm)	△max/H
X　向	1.91	1/1675	67.63	1/2256
Y　向	1.96	1/1632	69.66	1/2190

(3) 底部剪力和弯矩（主楼总重为875616kN)（表4-8)

表 4-8

方　向	底部剪力 (kN)			底部弯矩 (kN·m)	
	地　震	风　荷	底部剪力系数	地　震	风　荷
X　向	16385	8229	0.0187	1543553	704573
Y　向	15492	7710	0.0177	1483159	667176

四、构造措施

1. 外框柱下桩承台形成封闭的环带（1800mm×1300mm）（如图 4-9 地下二层结构平面），这样可以使外框整体性加强，协调基础可能产生微量的不均匀沉降。

2. 首层，设备夹层、避难层、屋面的楼板给予加强，板厚 $h=180$mm，配筋也相应加强，设双层钢筋网。

3. 中央筒核心部分板厚各层也加强取 $h\geqslant150$mm，并设双向双层加强钢筋。

4. 在设备夹层（7～8 层之间）、避难层（27 层）及屋面层处设封闭加强梁（截面为 400mm×2500mm），这样在竖向上形成三道强劲的环形箍梁，约束主体结构变形，使外框有效地协同工作，对位移值的控制起了很大作用。

5. 本工程虽位于设防烈度 7 度区，但根据场地实测地震动参数，场地烈度介于 7 度～8 度之间，且偏近 8 度，按“钢筋混凝土高层建筑结构设计与施工规程”（JGJ3—91）表 5.1.2—2，故本工程主楼抗震等取为一级，截面设计计算及构造要求均按一级抗震处理。

五、非完全筒中筒结构

高层建筑应具有良好的抗侧作用能力，以承受较大的风荷载和地震作用，而且，由于超高层建筑结构设计常由侧力控制，不仅只需要依靠建筑物内部的抗侧力构件（如核心筒、内部剪力墙等）抵抗侧向荷载，而且更应由建筑物周边的构件（如外框筒）来抵抗侧力。通常是利用其内部的电梯井筒作为内筒，外围加以外框筒，形成筒中筒结构，这样可以提供较好的侧向刚度，适用于超高层建筑。但按《高规》筒中筒结构体系对梁截面、柱间距的要求较严格。很明显这只有在平面立面都很规则的情况下才能满足，如广东国际大厦（63 层）、深圳国际贸易中心大厦（50 层）。但由于这种要求对建筑设计限制较大，这对建筑的创作带来极大不便，是否可以找到一种与筒中筒结构受力性能相近以适合 50 层左右的超高层的结构体系呢？

基于这样概念，广州国际贸易中心在建筑方案阶段结构工种对结构体系进行调整，从筒中筒的概念出发，使结构体系近乎于筒中筒结构，该工程的柱距一般为 3.8m，梁高仅为 900mm，在较疏柱距的弧向一边（柱距为 6.2m）增设一排柱给予加强，并利用设备层，避难层，屋顶分段设加强层。计算分析表明结构抗侧刚度和强度都能满足有关要求，其空间受力性能较好。适用于 40～70 层的超高层建筑，其主要好处是给建筑的创作带来较大的灵活性。同时结构性能良好，刚度大，具有较好的经济性。

广州国际贸易中心以其独特别的平、立面耸立于广州天河区体育中心高层建筑群之中别具一格（如图 4-1）。由于其造型特别，虽装修材料用国产货，但毫不逊色于相邻用高级进口材料装修的中天广场（80 层）、城市大厦（48 层），这三幢建筑已成为广州市一景点（如图 4-2）。1996 年度被评为广东省建筑设计研究院建筑优秀设计一等奖，同时被评为广东省建筑优秀设计一等奖。评语中有“运用国产材料设计出高档次的建筑外观”，而灵活丰富的平、立面与结构体系的选择是密切相关的。

六、场地模拟地震波在本工程的应用

1. 场地地震动参数的测定：

虽然广州市地震烈度属7度区，但由于广州国际贸易中心属超高层建筑，为了更确切地了解场地的实际地质情况，为工程的抗震设计提供较科学的地震动参数，以确保工程的抗震安全，投资经济合理，特委托广东省地震科技咨询服务中心对工程场址的地震动参数进行实测，主要成果如下：

1）场址覆盖层厚介于10～18m，平均剪切波速略少于250m/s，属中硬场地土，建筑场地类别为Ⅱ类。

2）场址的地面脉动卓越周期为：

南北向 $T_{N-S}=0.2s$，东西向 $T_{N-W}=0.2s$，竖直向 $T_{N-D}=0.08s$。

3）地震动参数：50年期间，多遇地震，中等地震和罕遇地震三种不同概率的地面最大加速度度值分别的53Gal，137Gal和230Gal。并测得场地地震波（人工波）时程曲线。

4）场地地震影响系数为：

$$\alpha(T)=\begin{cases}0.122\ (0.1/T)^{-0.8} & 0.04\leqslant T\leqslant 0.1s\\ 0.122 & 0.1<T<0.32s\\ 0.122\ (0.32/T) & 0.32\leqslant T\leqslant 1.6s\\ 0.02 & T>1.6s\end{cases}$$

场地地震影响系数曲线，如图4-12，可以看出，场地地震烈度介于7度～8度之间。

2. 地震力调整系数 TE 的取值

一般情况下，$TE=0.8\sim1$，通过它可以调整结构的安全度，当 $TE>1$ 时，计算机有警告信息，但仍执行命令计算。为此，本工程作以下简化处理以满足程序计算需要。

采用TBSA计算时，仅能按7度Ⅱ类场地土计算。因此要满足场址的地震影响系数曲线 $\alpha(T)$，在计算上通过调整 TE 取值的方法来达到设计之要求。根据初算的结构周期，通过两个反应谱（图4-12）可以分别找出 $T_1\sim T_6$ 对应7度Ⅱ类土的 α 值和场地土实际 α 值及其比值如表4-9。

表 4-9

结构周期	T_1	T_2	T_3	T_4	T_5	T_6
7度Ⅱ类土 α 值（A）	0.016	0.0346	0.067	0.08	0.08	0.08
场地土 α 值（B）	0.0244	0.052	0.108	0.122	0.122	0.122
B/A	1.52	1.50	1.61	1.52	1.52	1.52

很明显 B/A 值即为 TE 值，综合后取其平均值 $TE=\dfrac{\Sigma B/A}{6}=1.53$，这样的计算处理，即该工程相应的地震作用效应（弯矩、剪力、轴向力和变形）比7度Ⅱ类土的计算结果放大1.53倍。

当然，亦可按8度Ⅱ类场地土计算，这时同样可求出 $TE=0.765$，计算结果是一样的。

所以，高层建筑设计计算时，对于场地烈度介于7度～8度之间时，应通过分析，选取合理的地震力调整系数TE，以符合场地的烈度要求，保证结构的安全度。

3. 时程分析

1）动力时程分析

本工程采用建研院TBDYNA程序进行计算，建立分层模型，把各楼层的质量集中在楼层处，形成一个多质点体系，把结构作为弹性系统，然后，输入场地之地震波（数字化地震地面运动加速度）如图4-18时程分析分层模型，该系统的基本动方程为：

$$[M]\{\ddot{x}\}+[C]\{\dot{x}\}+[K]\{x\}=-[M]\{\ddot{x}_0\}$$

式中　$[M]$、$[C]$、$[K]$ 分别为结构的质量矩阵，阻尼矩阵及刚度矩阵。

$\{\ddot{x}\}$、$\{\dot{x}\}$、$\{\dot{x}\}$ 分别为结构的加速度，速度和位移列阵，$\{\ddot{x}_0\}$ 为地面运动加速度（输入水平地震加速度记录）对基本动方程采用逐步积分法，即可得出结构各点的位移、速度和加速度反应。

2）TBDYNA的计算结果

由于TBDYNA程序为TBSA之后续程序，质量矩阵、刚度矩阵由TBSA程序传递，计算时输入地震波对结构进行时程分析，便可得出结构在地震波作用下的状态和破坏过程及有关位移、速度和加速度反应，由位移反应计算结构的内力。

该工程输入地震波为场地人工模拟地震波和与该波相近的兰州人工波（2）（LAN2—2）共两个波。按7度地震Ⅱ类土进行弹性动力分析，最大地面运动加速度为53gal，时距为0.02s，第一、二周期阻尼比为0.045，计算结果如下（由于X、Y两方向地震反应相近，这里仅择其大者）：

1）图4-13　水平位移包络图
2）图4-14　楼层剪力包络图
3）图4-15　层间位移包络图
4）图4-16　水平地震作用包络图
5）图4-17　楼层弯矩包络图
6）图4-19　顶点位移时程曲线
7）图4-20　顶点速度时程曲线
8）图4-21　顶点加速度时程曲线
9）图4-22　场地地震波（人工波）时程曲线

在图4-13～图4-22中

用户输入波（User）计算结果用①、$\triangle_U$、Q_u、δ_u、F_u、M_u 等表示

LAN2—2波的计算结果用②、$\triangle_L$、Q_L、M_L 等表示

拟静力法计算（SRSS法）结果用③、$\triangle s$、Q_s、M_s 等表示

从图4-13～22可以看出：

①用时程分析法计算所得的结果明显小于拟静力法计算（SRSS法）所得的结果，所以不必再作进一步的计算。这表明本工程按TBSA程序用拟静力法计算结果可以满足设计要求。

②沿高度分布的层剪力，在地震时由于有各个振型的影响，所有的剪力不会同时达到最大值，所以按静力法计算的层弯矩会估算过高。

③图4-15层间位移包络图中，局部位移突变与层高有关，分别为夹层（2.2m），26层（5.0m），38层（5.0m），同时明显地看出在这三处因设置强劲的箍梁（400×2500），和加强板厚，对约束主体结构的变形、内外框有效地协同工作、位移值的控制起了很大的作用。

七、新材料的应用

1. 高强混凝土的应用

高强混凝土的重要特点是耐久、强度高、变形小，能适应现代工程向大跨、重载、高耸发展。

由于该工程抗震等级为一级，柱的轴压比控制值根据筒与框所承担的总弯矩、总剪力、短柱等因素，决定它应满足的轴压比为0.65。由于轴压比的限制，如用低强度混凝土，柱截面就要很大才能满足，以角柱为例，轴力N_{max}=30000kN，如用低强度混凝土C40，所需柱截面为1550mm×1550mm，改用高强混凝土C50后，截面仅为1400mm×1400mm两者比值为1.21。

采用高混凝土不仅可以达到减少竖向结构尺寸(减少结构负重)，减少基础负担的目的。而且可以增大有效的使用面积和有效空间，节约钢材（因为高层结构柱的配筋一般为构造配筋）。虽然高强混凝土在材料选用和施工管理的特殊性对施工要求较高，造价也比一般混凝土高得多，但其总体效益是显著的，况且现阶段我国的施工单位完全有能力做到C50或以上混凝土。故在高层或超高层建筑设计时，应尽量使用高强混凝土，逐步普及和提高高强混凝土的使用范围。

2. 冷轧带肋钢筋的应用

对新材料的推广应用，是设计人员的责任。该工程设计过程中，楼板采用了冷轧变形钢筋，并在图纸上实现，这样避免了以往用圆钢与冷轧带肋钢筋在施工时互换的做法，设计时能做到更合理更经济，为国家节约大量钢材。

由于冷轧带肋钢筋的冷加工及其特殊形状，提高了其抗拉强度、钢筋刚度与混凝土的握裹力，所以达到节约钢材、方便施工、提高经济效益的目的。仅采用冷轧带肋钢筋一项就节约钢材达30%以上，经济效益显著。

此外，该工程还采用了微膨胀混凝土、轻质墙体、埋弧对焊钢筋等新技术新材料。

八、合理的技术经济指标

结构设计的目的是在保证建筑物安全，技术上可行的前提下，以最经济的手段来实现预期的效果，建筑物在经济上合理与否，取决于设计的合理和优化，特别是超高层建筑，设计上的每一环节，每一步都可以挖掘出巨大经济效益，本工程一开始就作为本院创优工程，在设计过程中进行如下优化：

1. 通过选型，对不同基础方案进行比较，选用人工挖孔桩基础，施工时先挖地下室再作挖桩减少挖桩深度及打护壁。

2. 结构体系是通过对筒—框结构和筒中筒结构方案的调整比较后，采用筒中筒结构的，这样，使结构既满足建筑的平面、立面要求，又能使结构整体受力合理，安全可靠。宏观上，周期、位移值理想，微观上每一构件受力和配筋合理。

3. 平面布置合理，内外筒间的梁采用宽梁(600mm×600mm)使得层高能控制为3.2m。

4. 采用新技术，新材料，如高强混凝土、冷轧钢筋、埋弧焊等。

由于精心设计，在有五级人防地下室，且结构抗震等级为一级的情况下，有关技术经济指标合理，由建设单位提供的结算如表 4-10：

表 4-10

位　置	面　积	钢筋用量 (t)	每 $1m^2$ 钢筋用量 (kg/m^2)	混凝土用量 (m^3)	每 $1m^2$ 混凝土用量 (cm/m^2)
±0.000 以下（包括首层、基础，承台等）	10928.29	1049.33	96.02	9844.86	90.10
±0.000 以上	59944.75	4513.24	75.29	26189.67	43.69
综　合	70873.04	5562.57	78.49	36039.53	50.85

九、结语

1. 本工程主楼为橄榄形，由 15.2m×15.2m 的中心筒和周边 30 根柱组成，由于周边柱间距及楼面梁尚未满足《高规》对于筒中筒要求，但由于采取了合理的措施，使其能起筒中筒的作用，此种结构体系对于 48 层的建筑物来说是合适的，同时也为建筑设计带来灵活性。

2. 本工程场址实测地震动参数表明，地震烈度介于 7 度～8 度之间，设计时十分慎重地考虑了 TBSA 计算时地震影响系数 TE 的取值，保证结构设计的合理，安全可靠。

3. 为确保外框柱和中心筒的协同作用，与建筑工种协调在竖向设置了三道强劲的环形加强箍梁，对位移值控制和结构的空间协同起了很大的作用。

4. 结构体系的优化和设计过程中的精益求精，不仅带来合理的设计，而且经济技术效果也明显。

在图 4-13～图 4-22 中

用户输入波（User）计算结果用①、$\triangle_U$、Q_u、δ_u、F_u、M_u 等表示；

LAN2—2 波的计算结果用②、$\triangle_L$、Q_L、M_L 等表示；

拟静力法计算（SRSS 法）结果用③、$\triangle_s$、Q_s、M_s 等表示。

图 4-1 广州国际贸易中心外观

图 4-2 与周围建筑物的关系

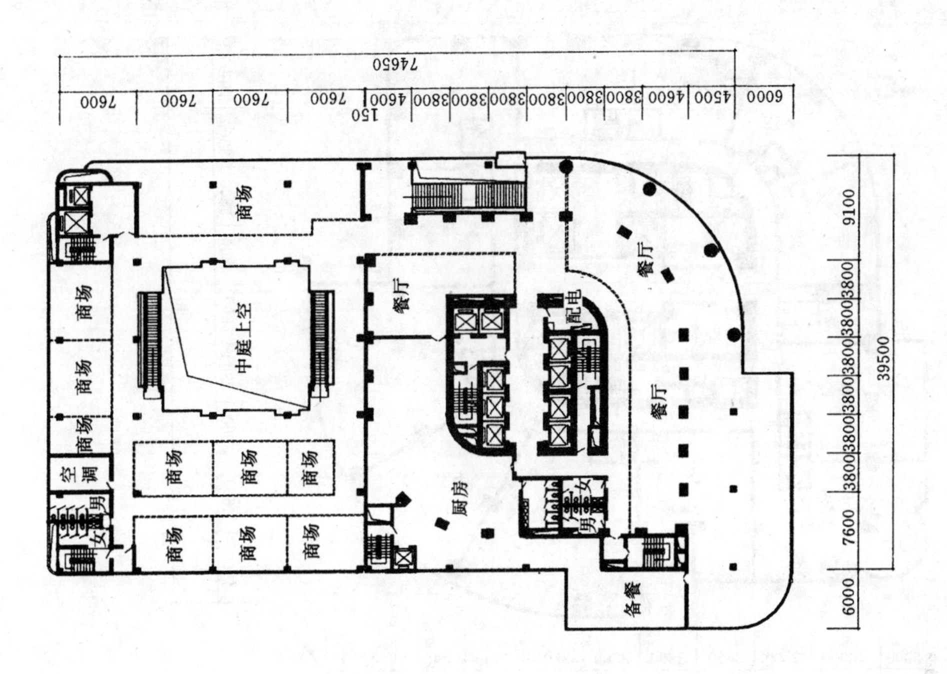

图 4-4 三层平面

图 4-3 首层平面

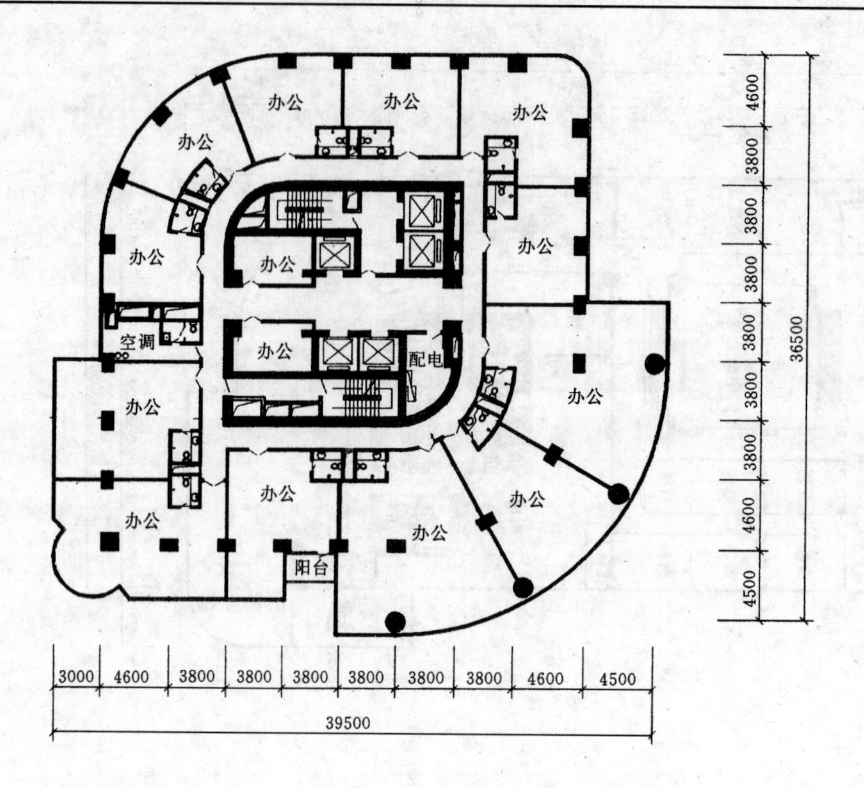

图 4-5　28—33 层平面

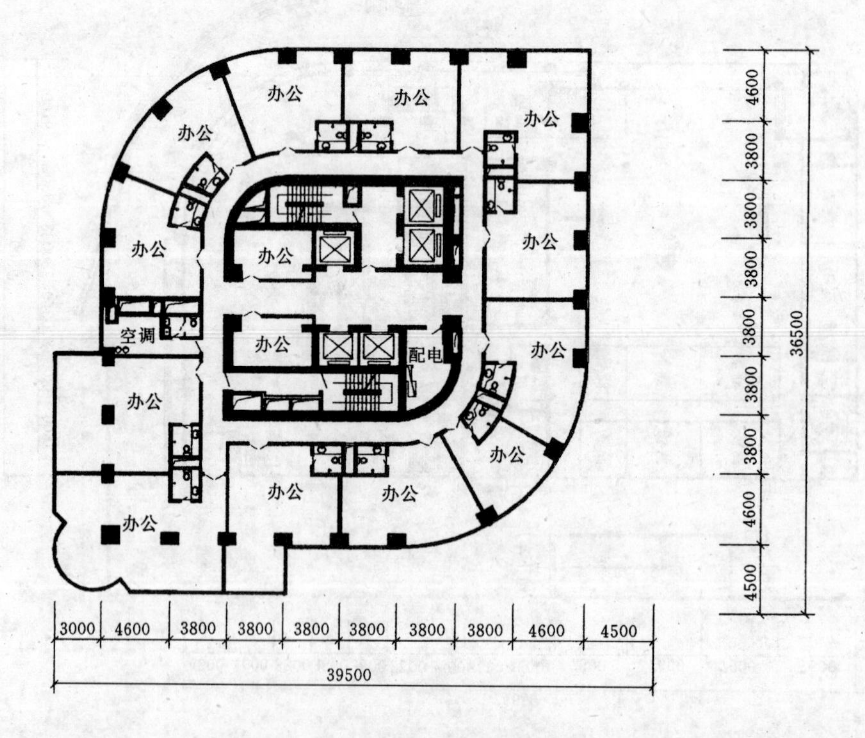

图 4-6　35—42 层平面

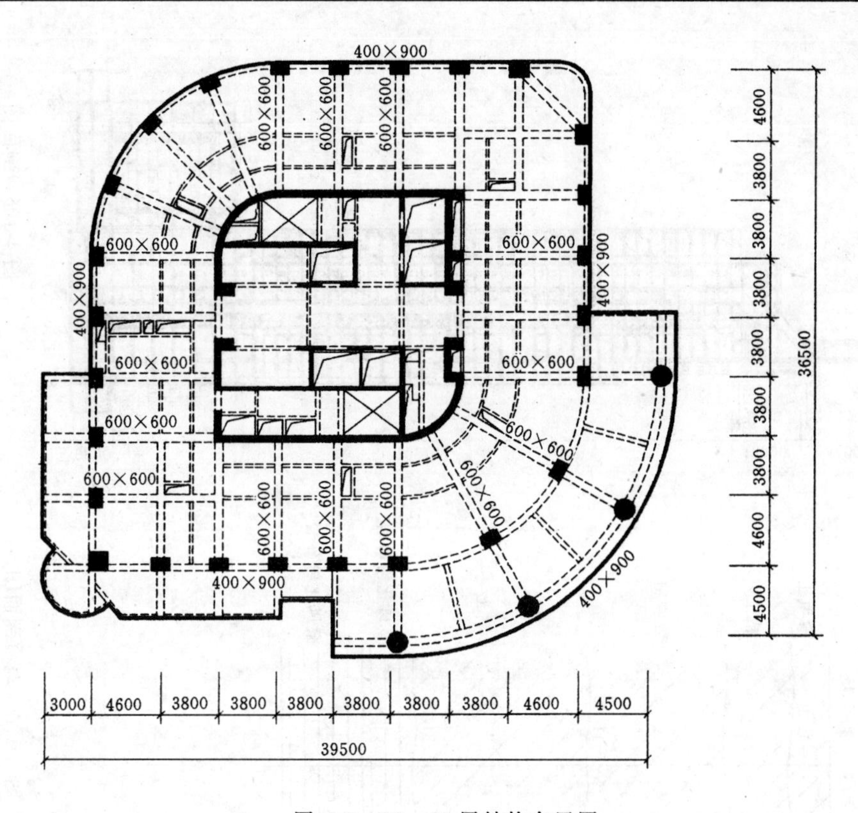

图 4-7 28—33 层结构布置图

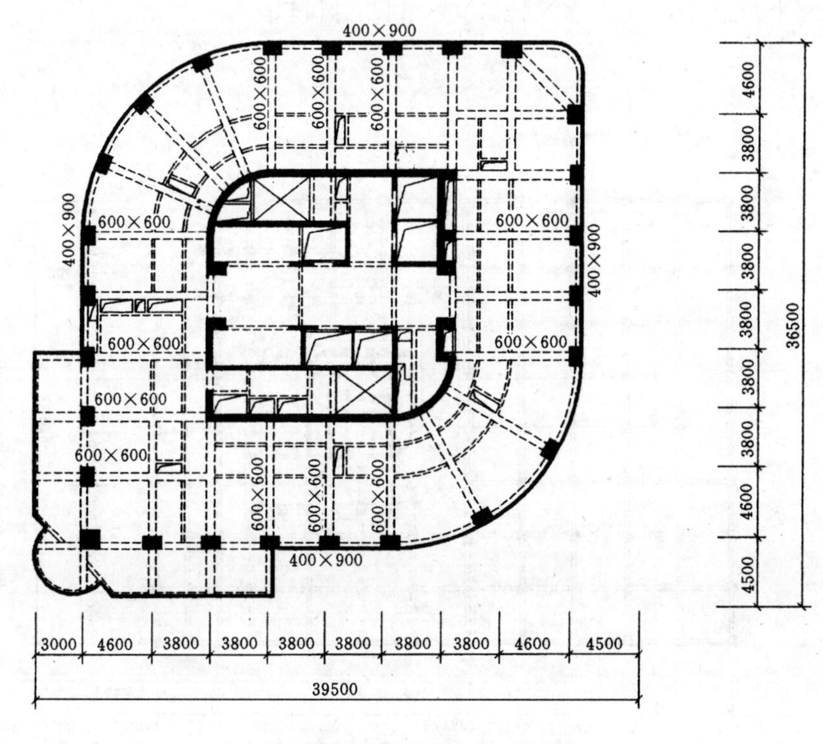

图 4-8 35—42 层结构布置图

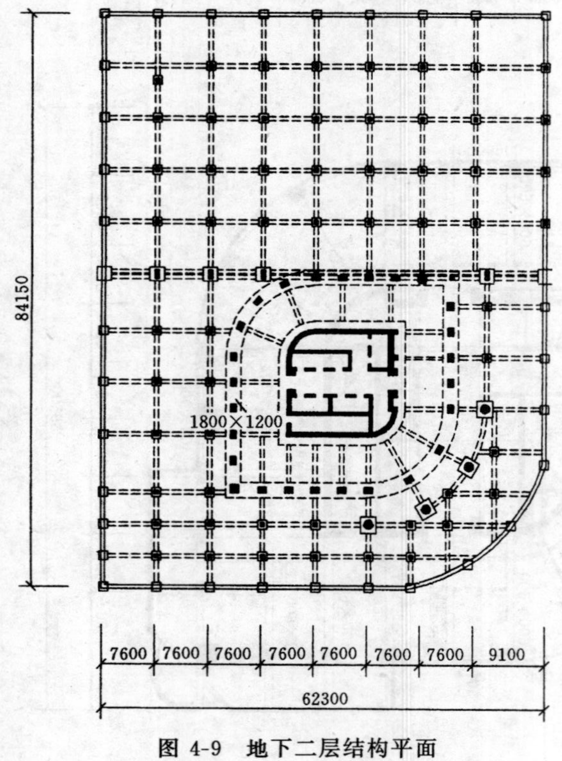

图 4-9　地下二层结构平面

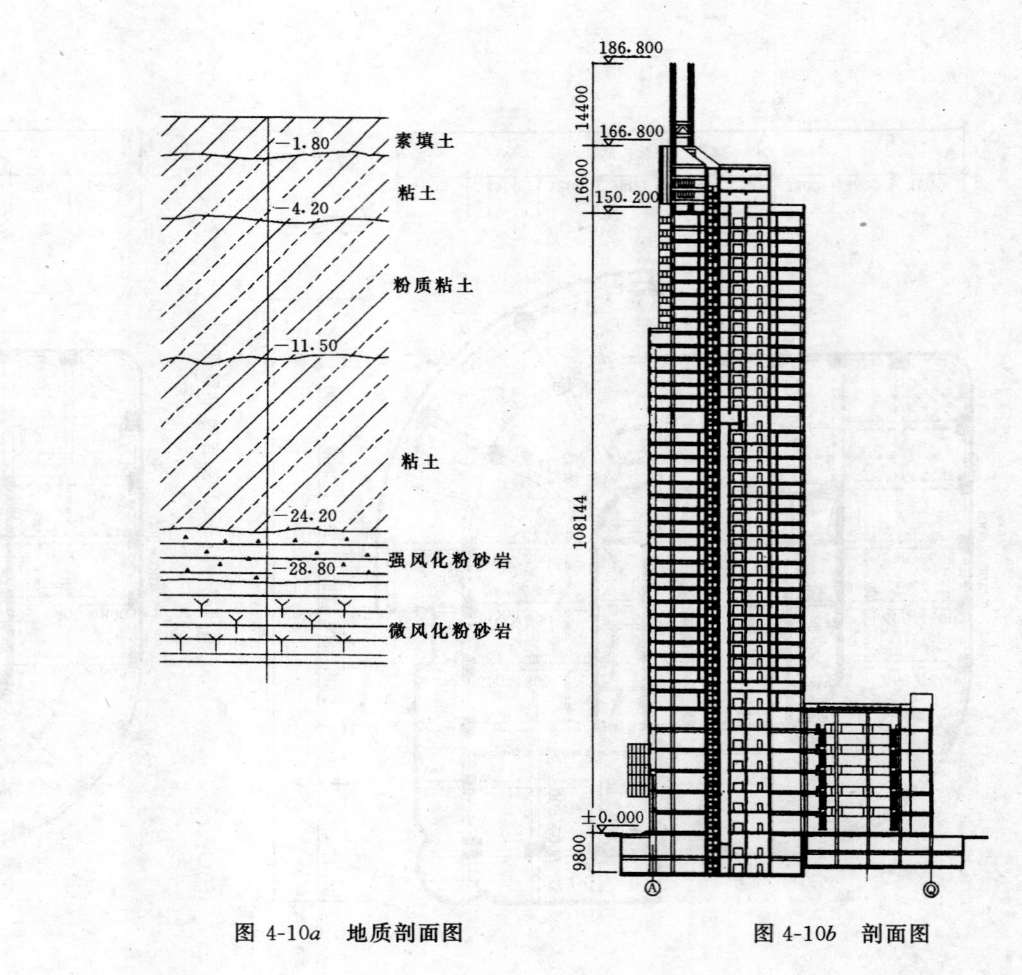

图 4-10a　地质剖面图

图 4-10b　剖面图

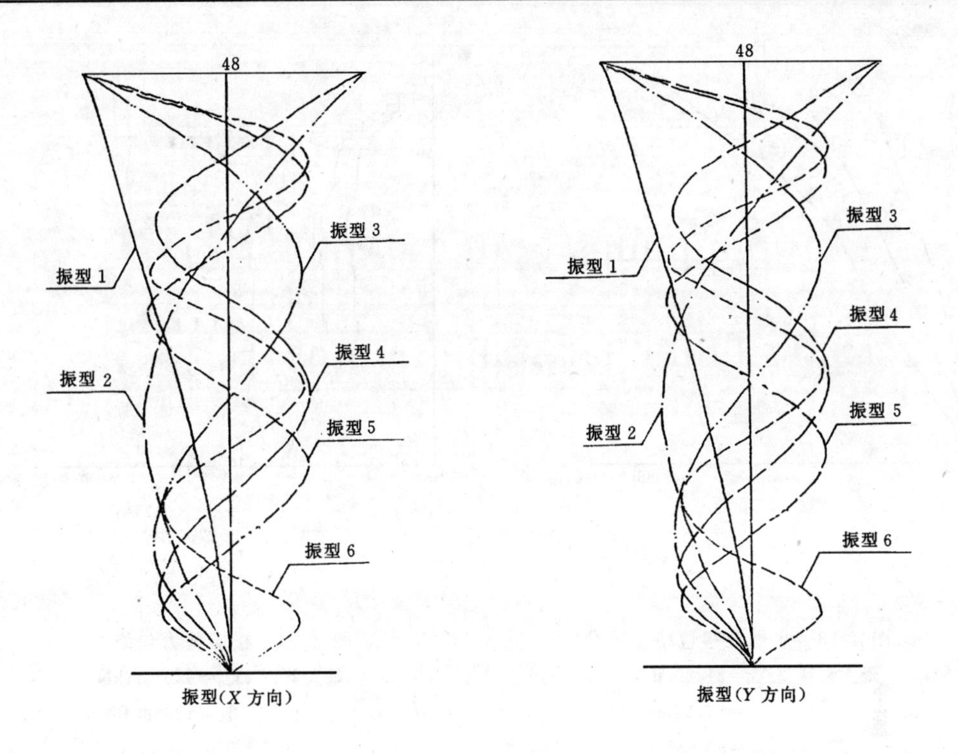

图 4-11 结构振型曲线

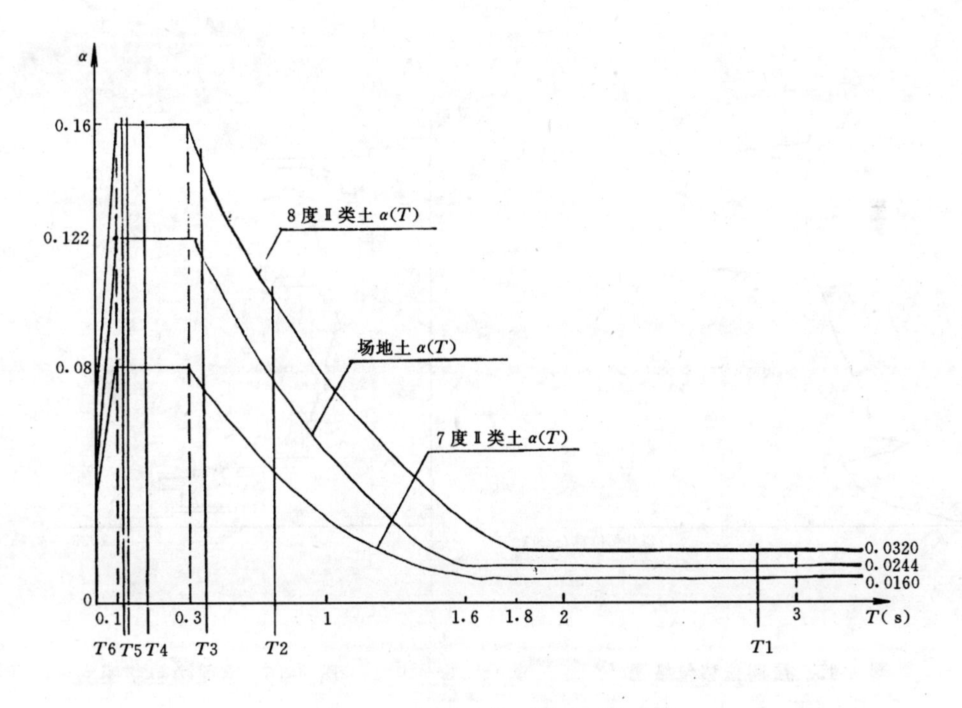

图 4-12 场地土地震影响系数曲线

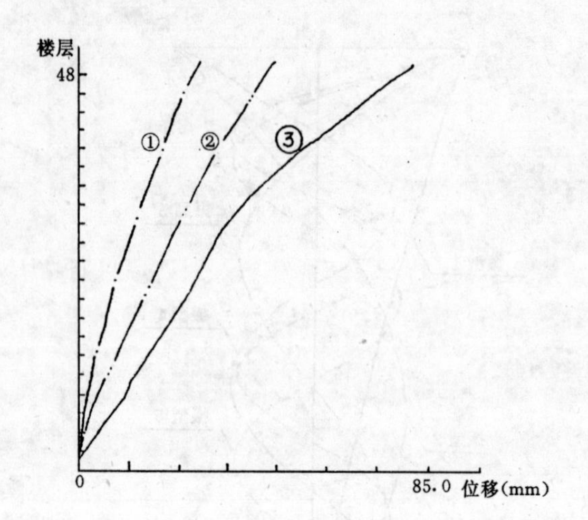

图 4-13 水平位移包络图

最大位移 $\triangle_u=31.36$mm

$\triangle_L=47.92$mm

$\triangle_s=69.66$mm

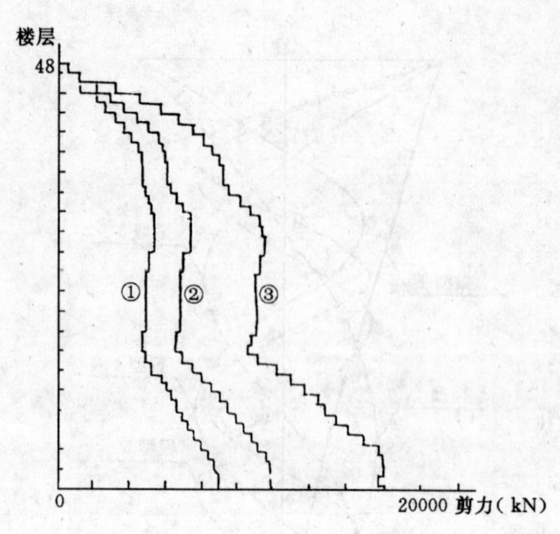

图 4-14 楼层剪力包络图

最大剪力 $Q_u=9325.17$kN

$Q_L=12099.40$kN

$Q_s=16385.40$kN

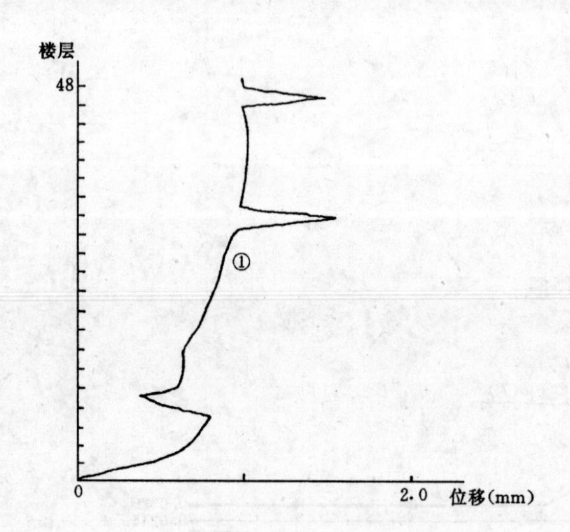

图 4-15 层间位移包络图

最大位移 $\delta_u=1.56$ mm

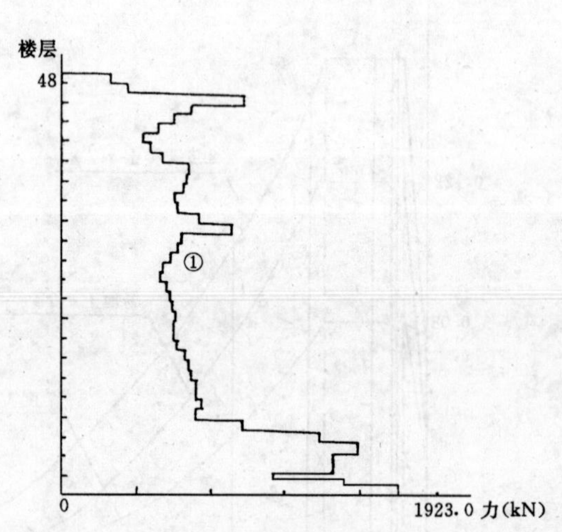

图 4-16 水平力包络图

最大力值 $F_u=1823.13$ kN

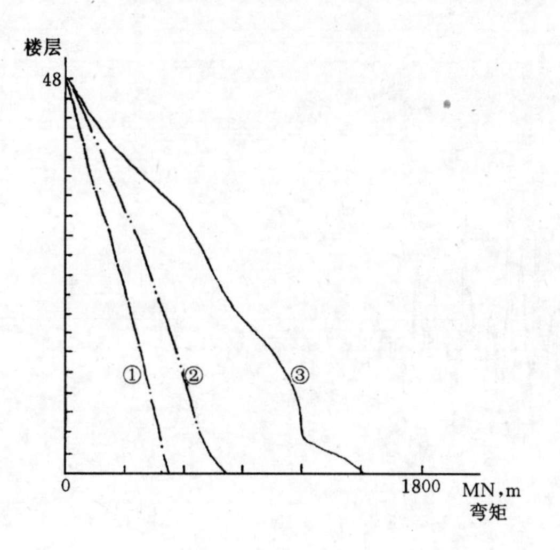

图 4-17 楼层弯矩包络图

最大弯矩 $M_u=528.11$ MN·m

$M_L=781.22$ MN·m

$M_s=1543.55$ MN·m

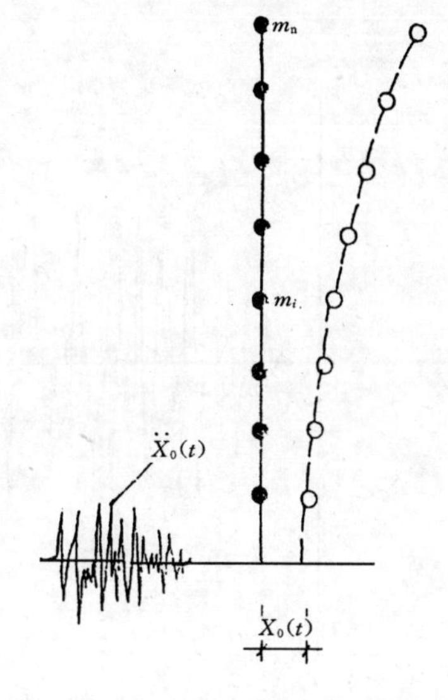

图 4-18 时程分析分层模型

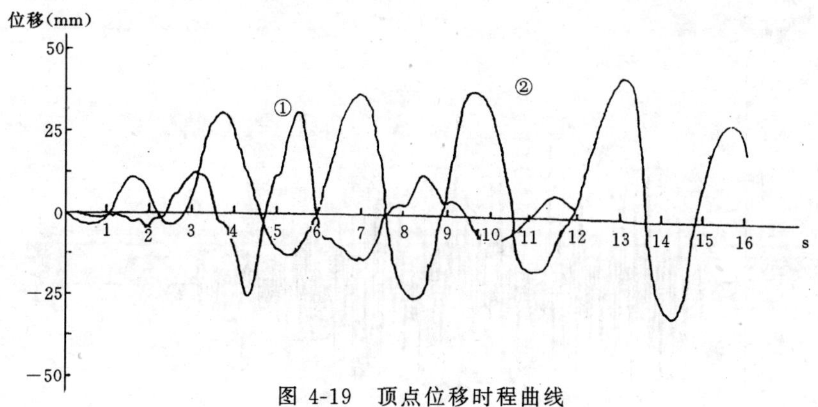

图 4-19 顶点位移时程曲线

最大位移 $\triangle_u=31.36$ mm

$\triangle_L=47.92$ mm

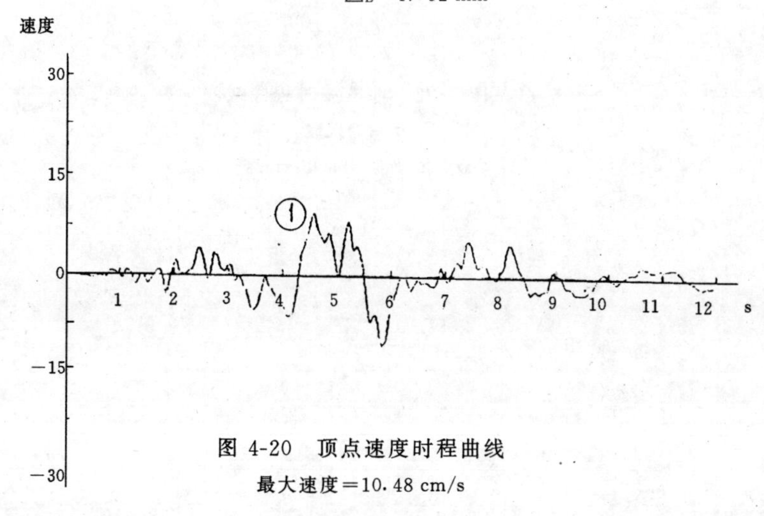

图 4-20 顶点速度时程曲线

最大速度=10.48 cm/s

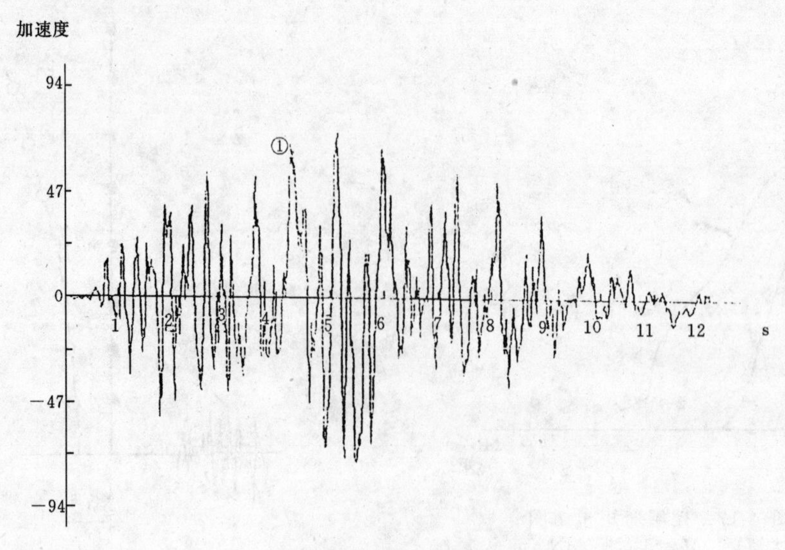

图 4-21　顶点加速度时程曲线

最大加速度＝74.28 cm/s^2

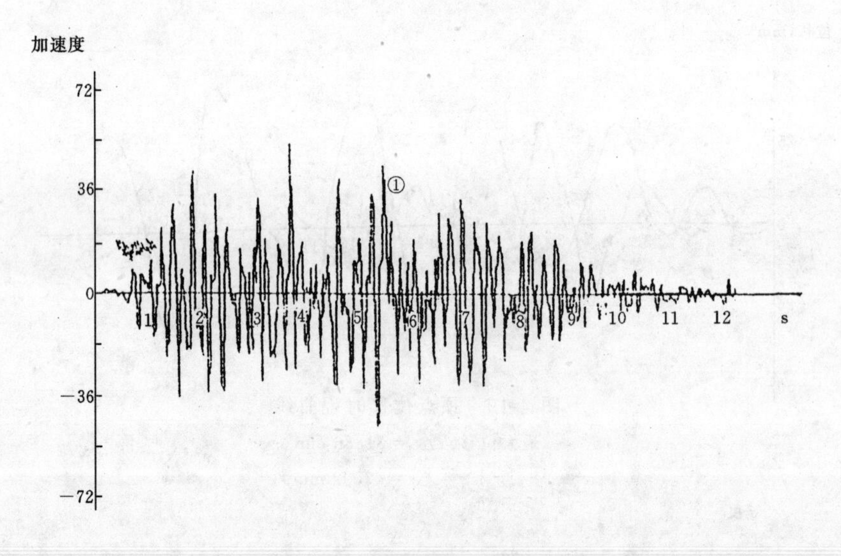

图 4-22　地震波时程曲线

用户输入波

最大加速度＝53.00 cm/s^2

5　新世纪大厦主楼结构

建 设 地 点　上海市虹桥开发区
设 计 时 间　1992/1993
设 计 单 位　上海建筑设计研究院
　　　　　　［200041］上海市石门二路258号
主要设计者　宁蓓蕾、蔡兹红、龚扬林、曲宏
本 文 执 笔　宁蓓蕾

获 奖 等 级　全国第二届优秀建筑结构设计二等奖

一、工程概况

新世纪大厦位于上海虹桥开发区中心，是一座广场式建筑，由一幢20层的公寓大厦和大厦南面开阔的广场组成（图5-1、5-2）。大厦平面呈圆弧形，立面在中部开洞。洞高40m（十二层），洞宽上部12m，下部20m，形成门式结构。设地下室一层。地面以上大楼总高度65.3m，建筑面积约$48000m^2$。建筑造型古朴典雅，结构布置新颖别致。大厦北部紧贴圆弧形背面设游泳池一座，由直径26m的球形网壳覆盖，与大厦相交。

大厦南面的大型广场锲入弧形建筑，广场临街最大宽度近200m，最大进深约80m。广场下为大型地下二层车库，其地下一层与大厦地下室的车库相通。

由于建筑功能要求，20层大楼的地下室和上无建筑的北侧半地下室间不设沉降缝连成整体（图5-3）。半地下室北端距大楼最大距离近40m。两者间存在巨大的荷载差异，因此如何控制大楼的沉降量就成为桩基持力层选择的首要因素。

分析地勘报告，进行方案技术经济优化，最终选择第⑨层灰色粉细砂作为桩基持力层。经沉降分析，差异沉降值约为3cm。

为了避免打桩挤压对周围建筑及市政设施的影响，同时也避免噪声对周围居民的干扰，选用ϕ800mm桩长为64.5m的钻孔灌注桩。

大楼地下室底板厚1800mm，北侧连成整体的半地下室底板厚1150，两者间以斜坡过渡。大楼中部立面上开去透空大洞，仅4根ϕ1800大柱，受力集中，此处局部基础板厚为2200。中部设后浇带一道，大楼和北侧半地下室之间亦设后浇带二道，以避免混凝土收缩裂缝和减少沉降差异。

二、设计特点

新世纪大厦是一座 20 层的钢筋混凝土框架-剪力墙结构。平面呈圆弧形。总宽度为 136.8m，对应的圆心角约为 136°。径向剪力墙左右相应对称。圆弧方向剪力墙结合建筑布局主要设置在北面的外弧线一侧。结构的刚度中心和质量中心基本吻合，以减小地震作用下的扭转效应。

地上建筑在 12 层以下分为互不相联的两部分，13 层以上两部分连成整体，形成一个在建筑中部开有 40m 高，上部宽 12m，底部扩大为 20m 的大孔洞的门式结构。大门洞以上设置相当于一层层高的井格梁过渡层，以支承上部 7 层高的过街楼，同时抵抗左右两部在地震作用下可能发生相对错动所造成的不利受力状态（图 5-5、5-6）。

新世纪大厦作为一座平面和立面都具有特点的弧形门式结构，不仅在结构受力上会产生强烈的三维空间效应，在水平地震作用时，孔洞附近的结构也将因内力传递上的曲折而出现较大的内力，因此，有必要进行较详细的结构抗震分析。此外，平面为圆弧形的布置将使风压的分布与一般的板式结构有明显的不同，加上孔洞效应和周围高层的遮挡和干扰，有必要通过风洞试验以正确的测定结构的风载以及风压分布，也为局部墙面的玻璃幕墙设计提供依据。同时，也可测定孔洞附近的局部风环境。

1. 结构的抗震分析

在建立计算模型上，由于 TBSA 采用了楼层平面内刚度为无穷大的假定，当用于分析带孔洞的门式结构时对于孔洞附近的构件会带来较大的误差。为了使计算模型能较正确地反映结构的特点，1 至 12 层楼面采用独立的两块平面内刚度为无限大的板，13 至 19 层用弹性板将两块板连接以考虑开孔的影响。同时将剪力墙用等代柱模拟形成一个简化的三维空间结构计算模型，（图 5-7），计算中还考虑了现浇楼板对梁刚度的影响。

抗震分析采用SAP84 程序，对计算模型作了有限元静动力计算。自振特性计算了 15 个振型。图 5-8、图 5-9 表示前五阶基本振型。可以看出，由于孔洞的效应，左右两部分将容易发生反向的振动，第一振型是反对称的。

由于结构平面呈圆弧形，以径向对称轴为 y 轴，是最不利的地震作用方向。同时又计算了 x 方向（沿弦向）以及 45°共三个方向的地震反应。

门式结构孔洞上方弹性板将左右两块刚性板带连成一体，由于左右板块间存在反向振动，因此必然在该区域楼板内产生很大的剪力。当地震力沿 y 方向作用时，剪力最大。图 5-10 是门洞上方各楼层的剪力分布图。从图中可见，开洞对楼面的影响主要在洞口上方的三层内。

根据抗震分析结果，采取了一些具体的抗震措施，如：在 13 层的大门洞上方设置了相当于一层层高的井格梁作为过渡层，以承受上部过街楼的荷载和地震作用下的附加荷载。又根据抗震分析可知井格梁和左右两板块的连接外为应力集中区域，因此对该区域和相邻的二跨板进行了加强；在不影响建筑功能要求情况下，尽量靠近孔洞，设置了二道径向剪力墙；孔洞附近的柱及四根 ϕ1800mm 的大柱受力较为复杂，柱箍筋间距适当加密，加密区长度适当加大。

2. 结构风洞试验和抗风分析

新世纪大厦的风洞试验模型采用了1/140缩尺比，用有机玻璃制作，外形与实物保持几何相似，(图5-11)。在风向角0°和180°(即对称轴线y轴的南北向)的上下风还安装了模拟邻近建筑物的模型。

在左右模型上共布置了172个测压孔，试验在均匀风场中进行，模型放置在转盘上，试验风向角Yaw为0°、45°、90°、135°、180°、225°、270°、315°共八个工况。试验风速有15m/s两种工况，以检验模型的雷诺数效应。图5-12表示主楼模型的测量布局。

将仅有大厦模型的“单楼试验”和安装有邻近建筑物的“群楼试验”(图5-13)结果进行对比，以考察周围建筑物的遮挡和干扰效应对大厦风载，风压分析和风环境的影响。

图5-14表示在风速$v=15$m/s的均匀风场中测得的五个气动力系数随风向角Yaw的变化情况。若取基本风压为550Pa，则大楼的静风载为：$Fy=9.1\times10^3$kN。风载体型系数1.4。

图5-15为典型的压力系数曲线，(Yaw=0)，可根据基本风压算出大楼表面压力的实际分布在+850Pa～−1540Pa之间。在背风面有较大的负压区。门洞处的风速有所增加，但不会对出入口的风环境产生不利的影响。

图 5-1 新世纪大厦外观

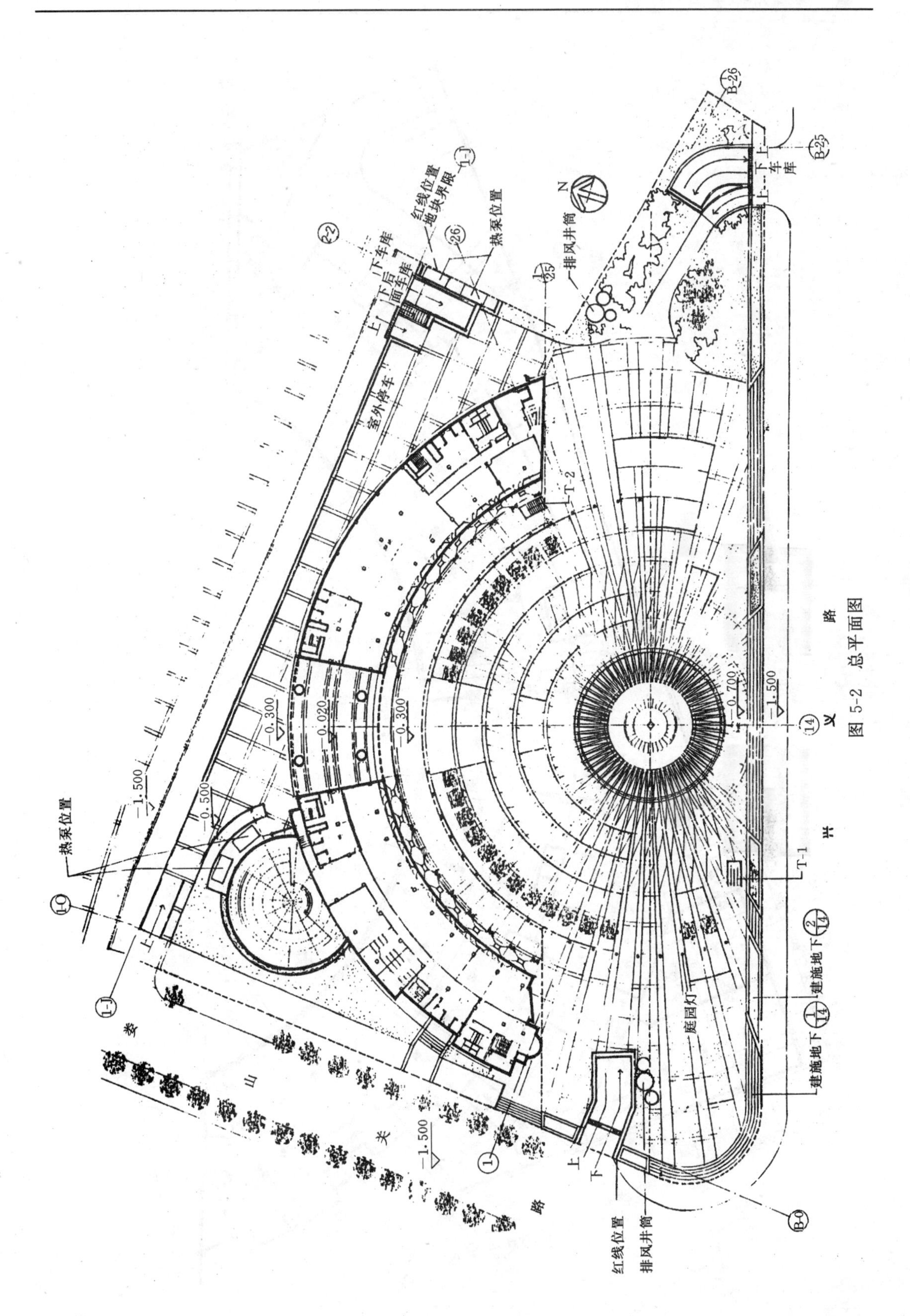

热泵位置
室外停车
红线位置
地块界限
下车库
排风井筒
庭园灯
建施地下
娄山关路
兴义路
-1.500
-0.500
-0.300
-0.020
-0.700
T-1
T-2

图 5-2 总平面图

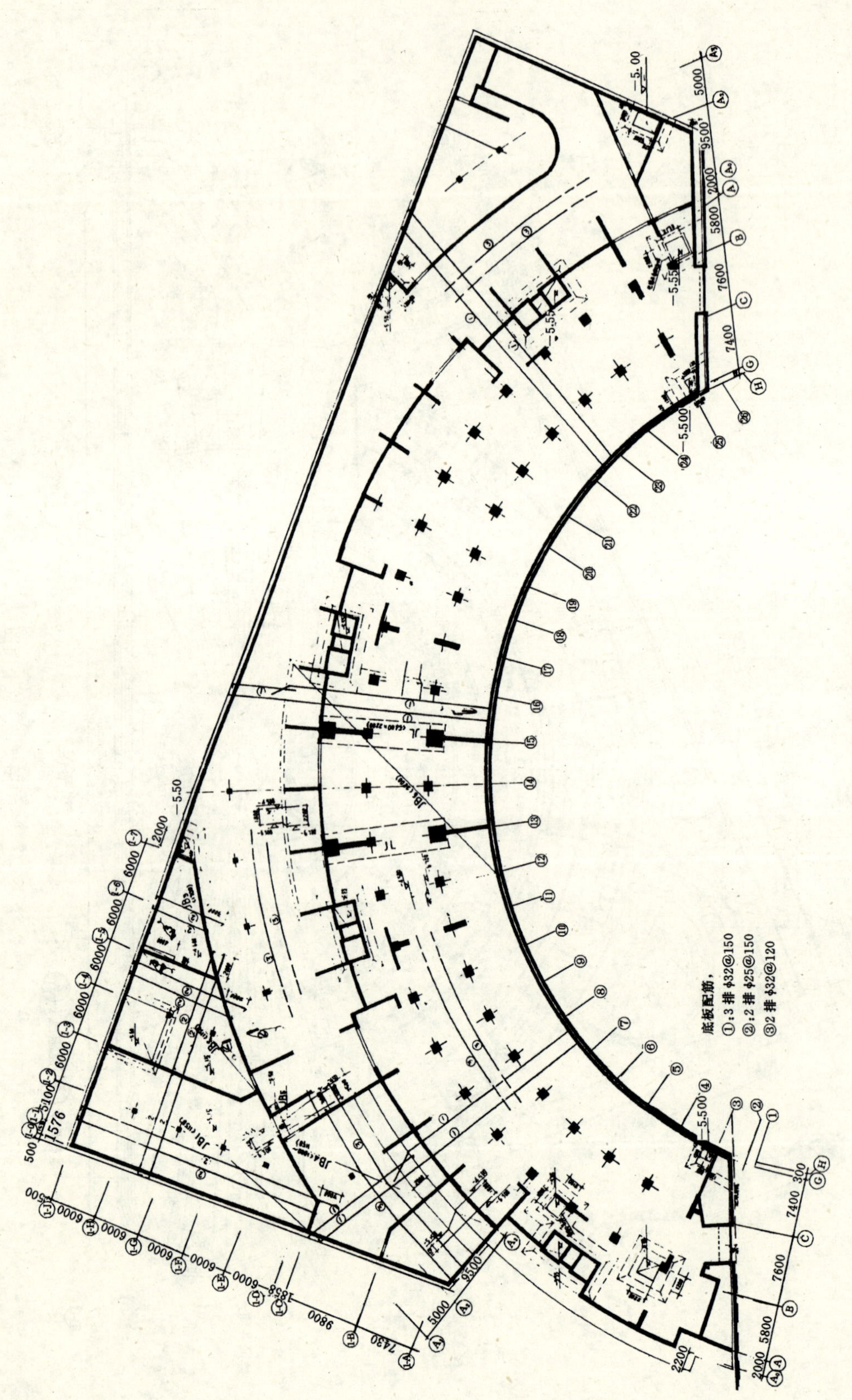

图 5-3　地下室基础平面图

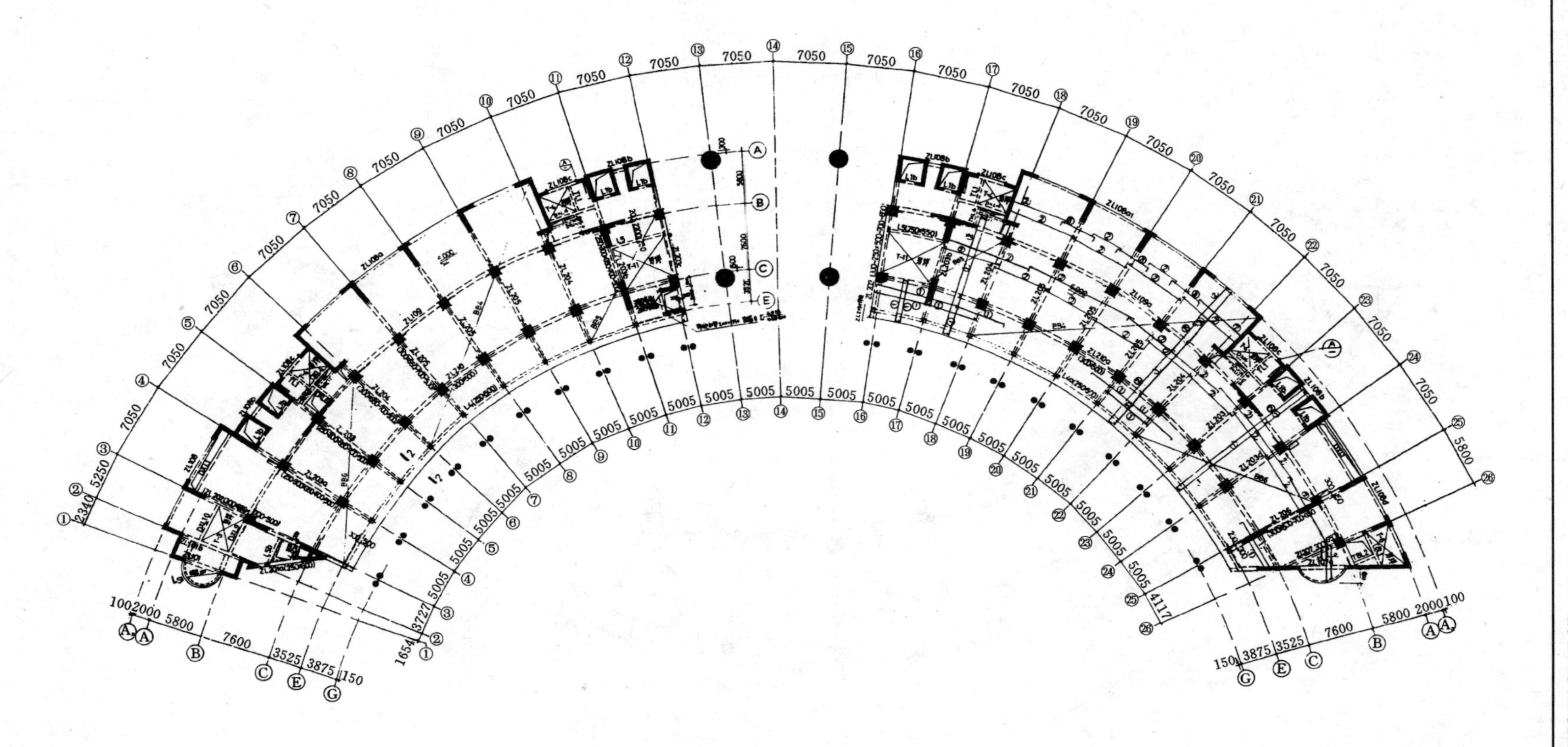
7050
5005
5800
7600
3525
3875
150
100
2000
4117
5250
2340
1654
3727

图 5-4 二层平面

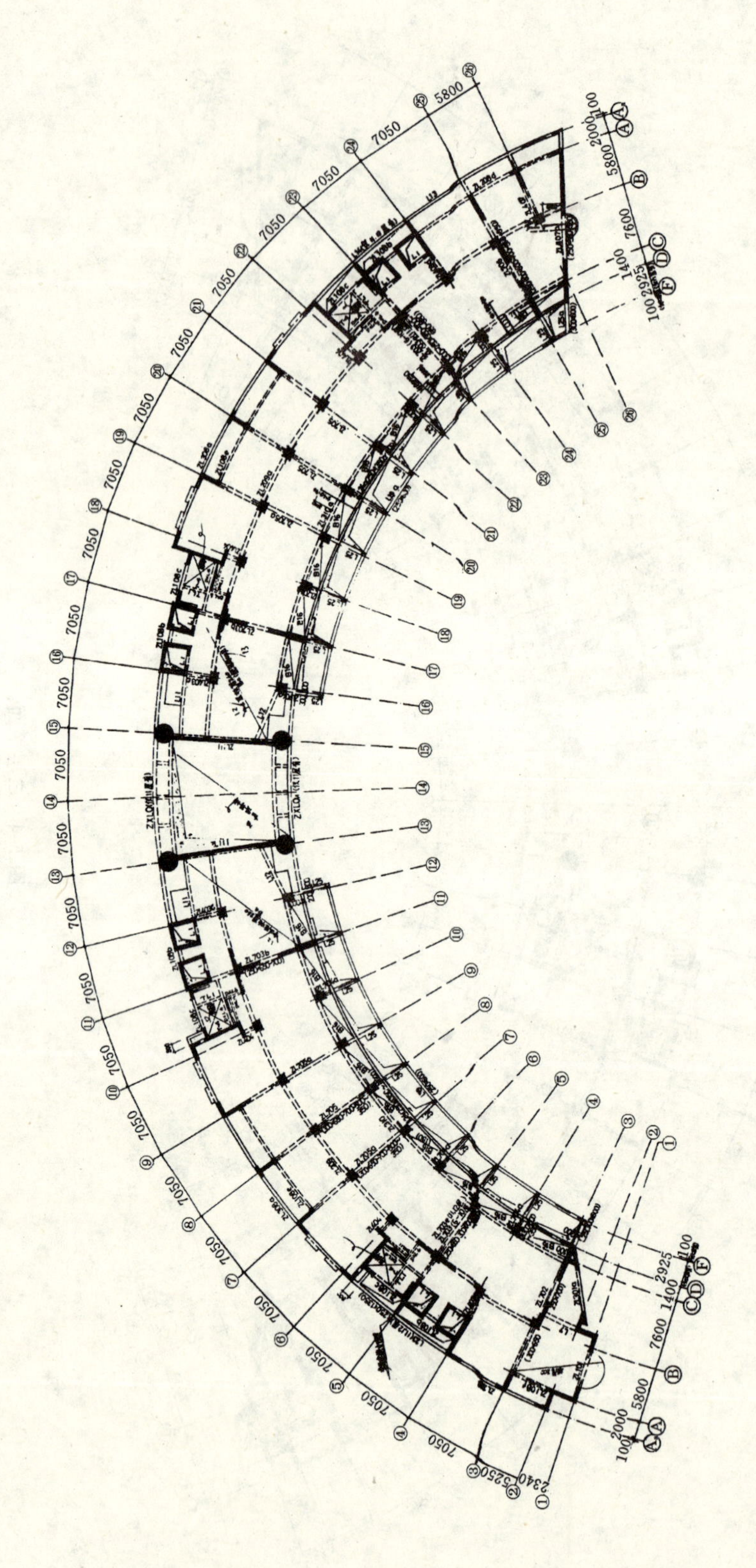

图 5-5 6—12层平面

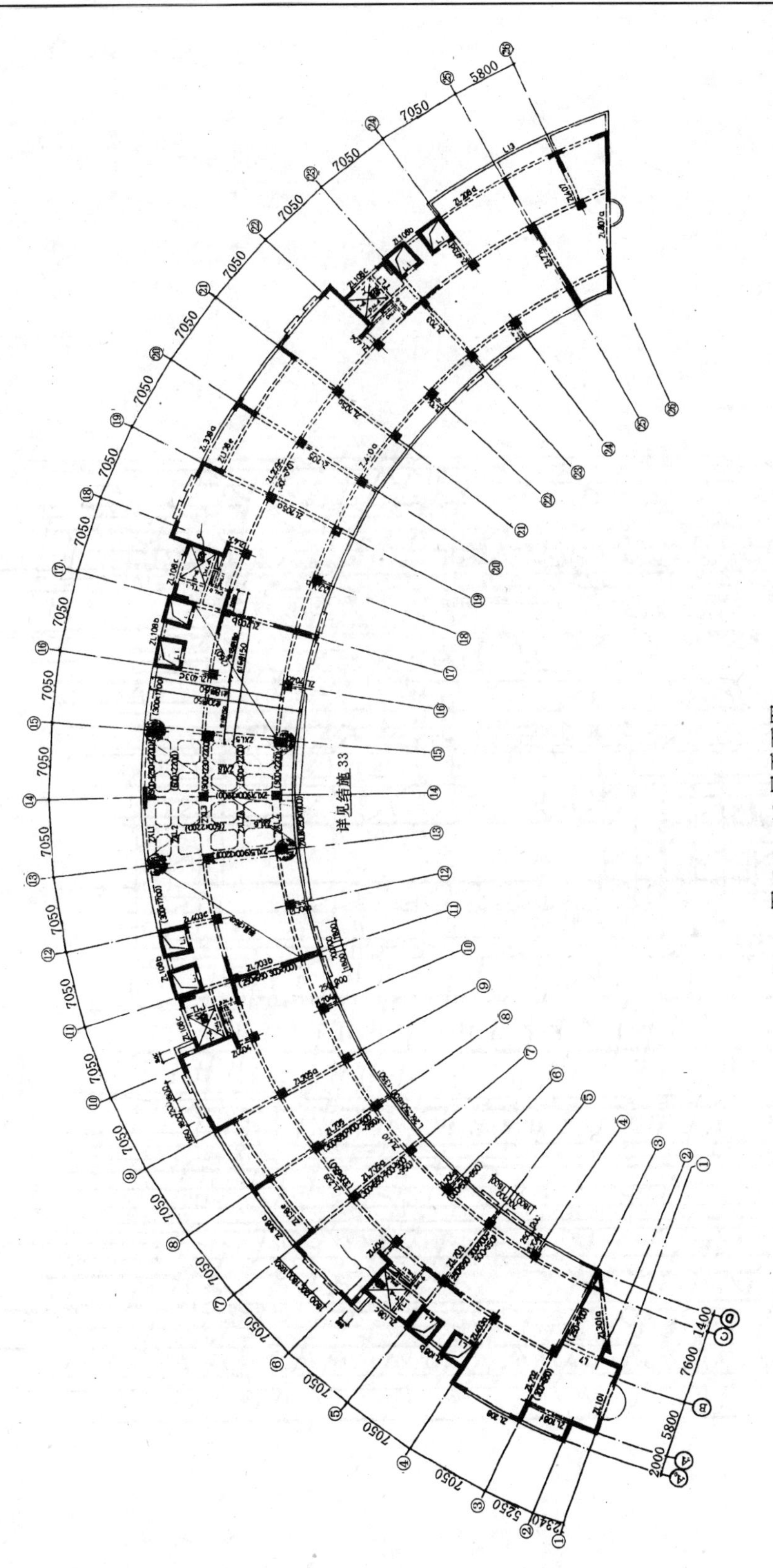

图 5-6 13层平面图

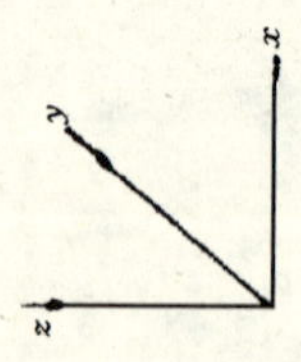

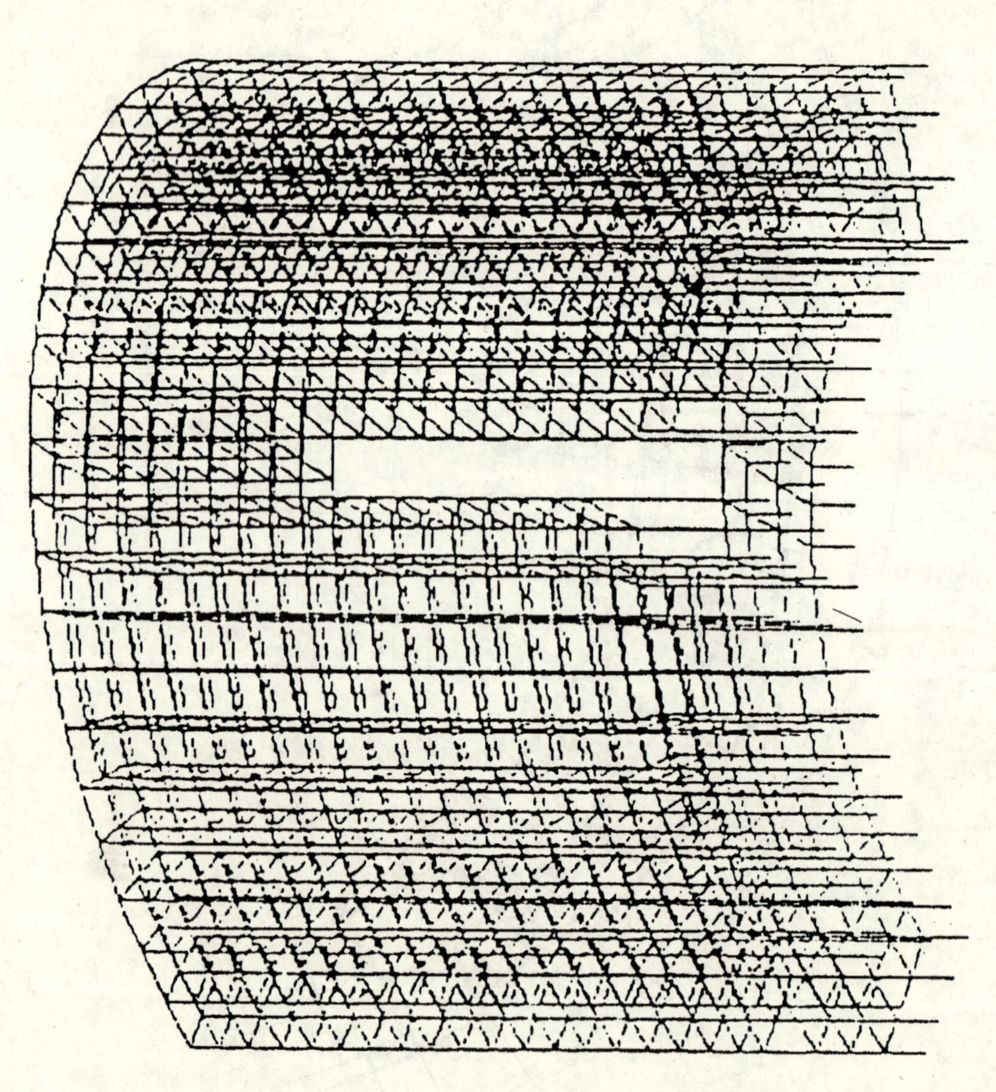

图 5-7　三维空间计算模型

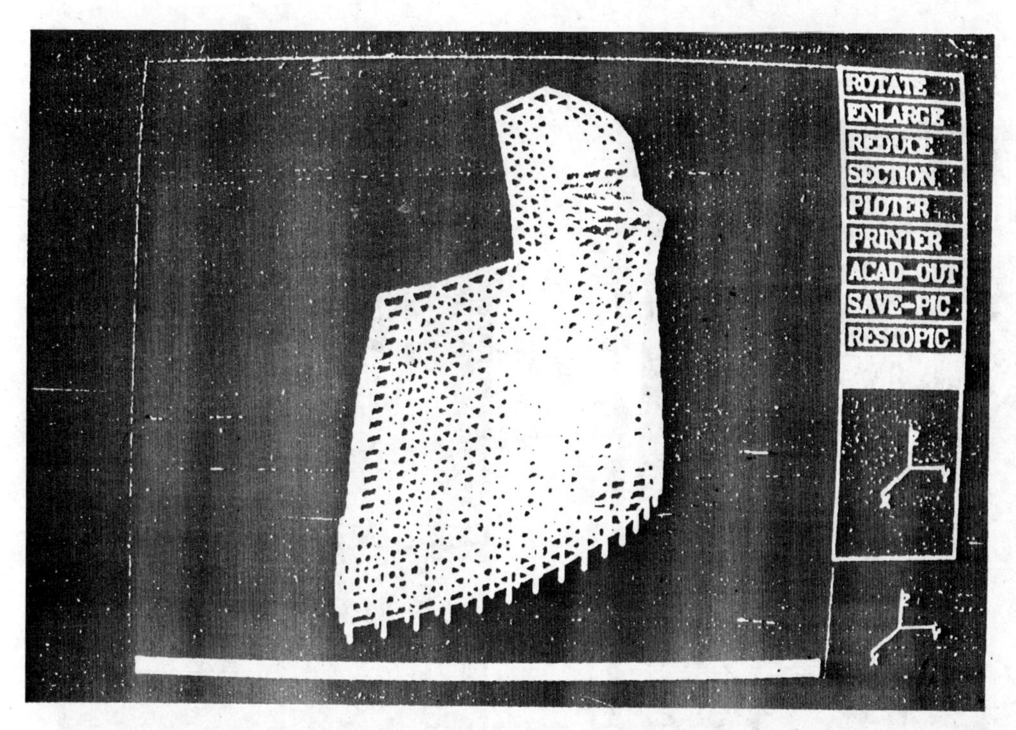

a. 第一振型

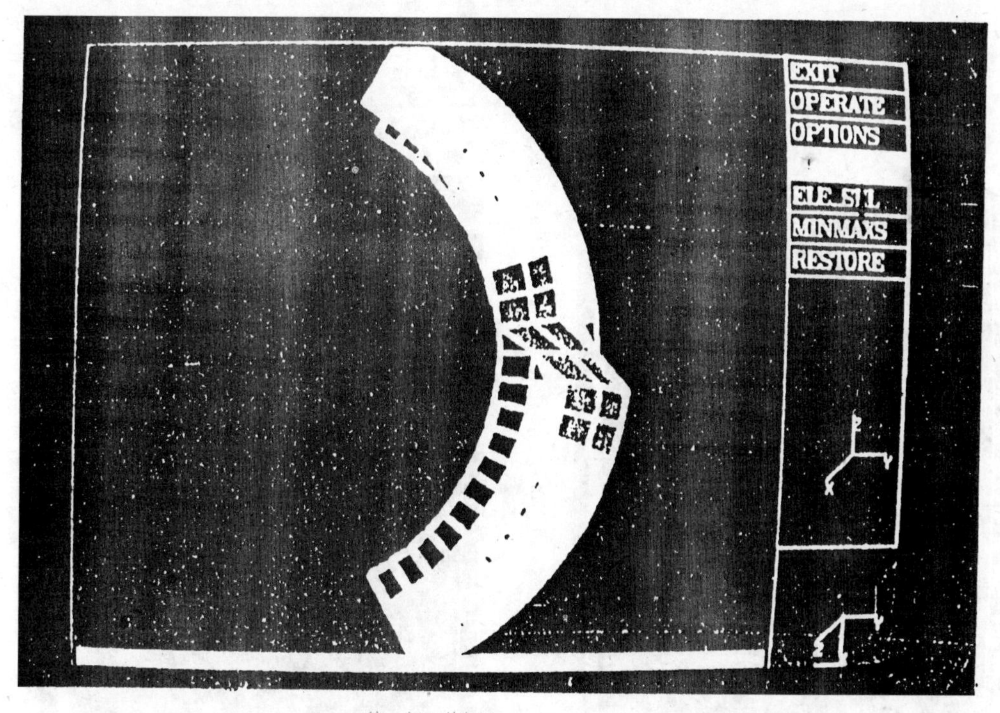

b. 第一振型俯视图

图 5-8

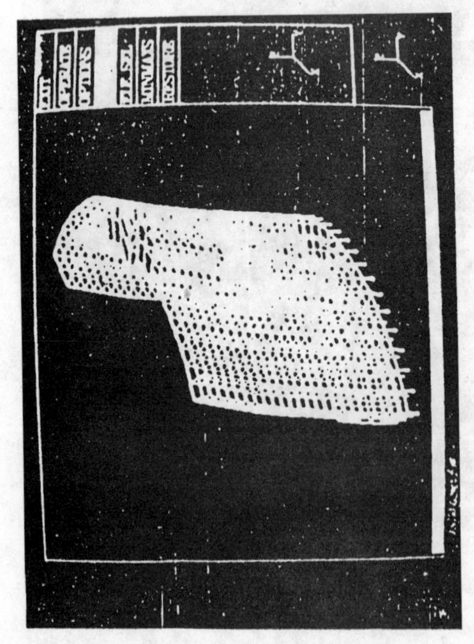

a. 第二振型

b. 第三振型

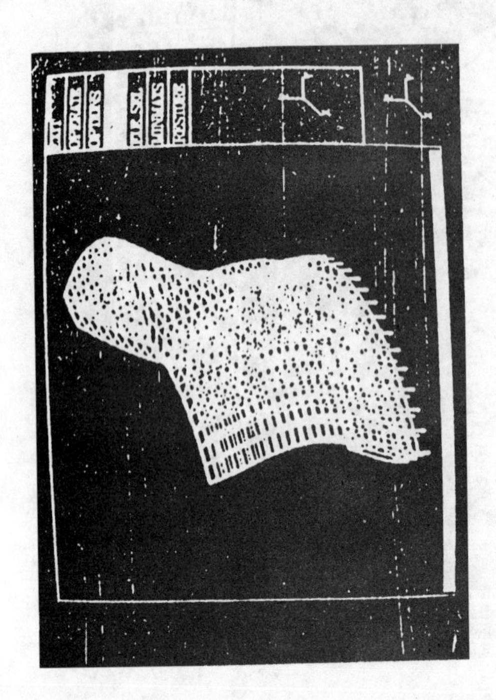

c. 第四振型

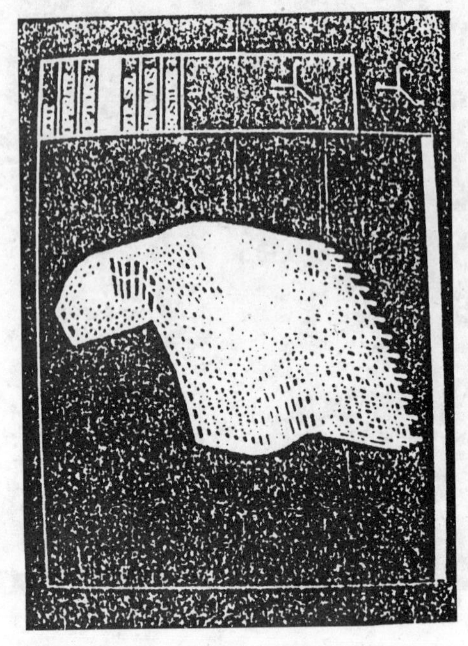

d. 第五振型

图 5-9

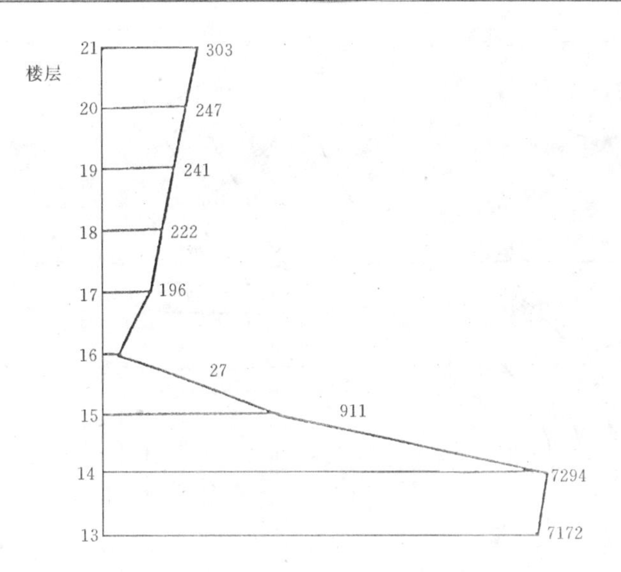

图 5-10 板中部截面最大剪力 (kN)
沿高度分布图 (Y 方向)

图 5-11 风洞试验模型

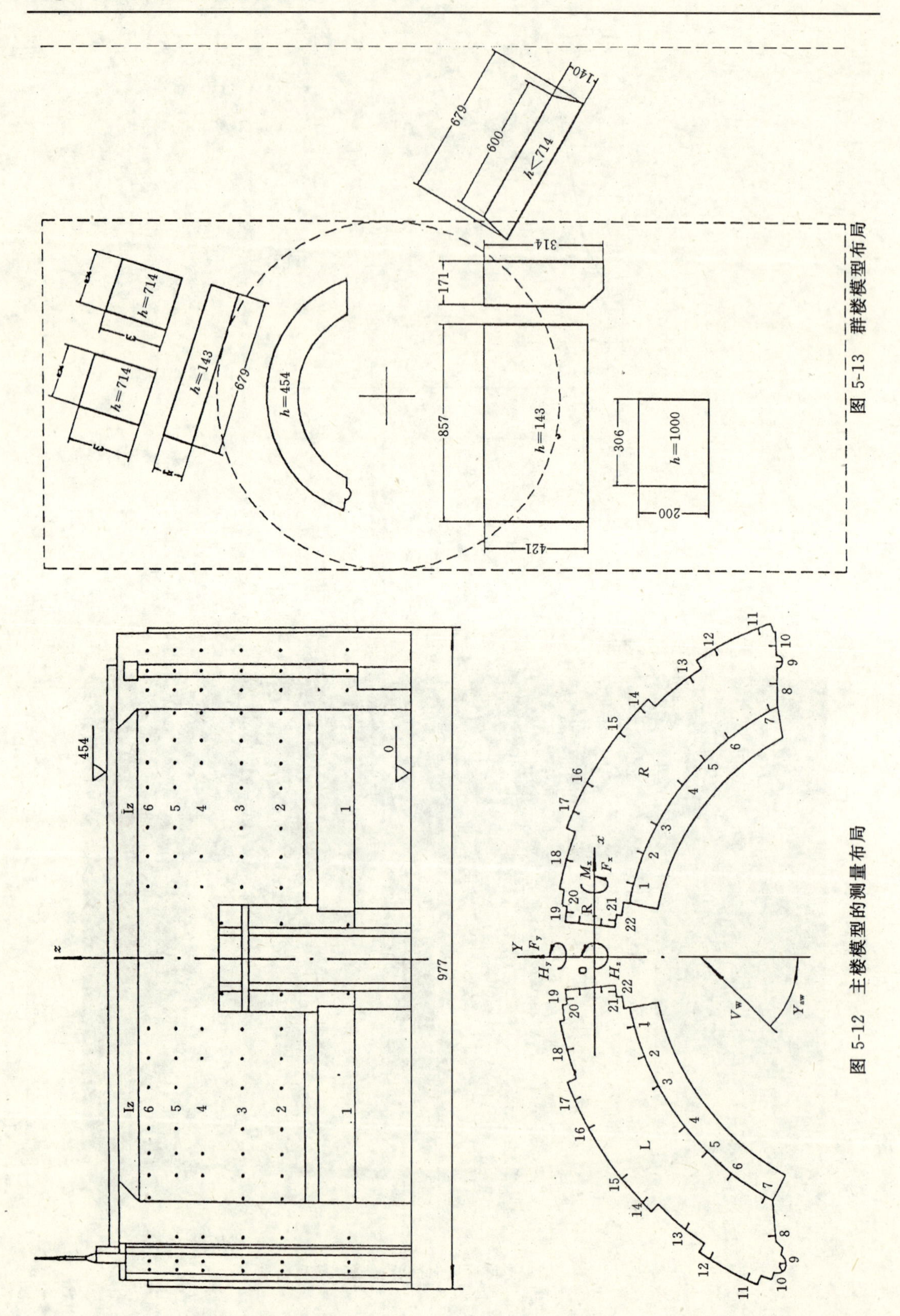

图 5-13 群楼模型布局

图 5-12 主楼模型的测量布局

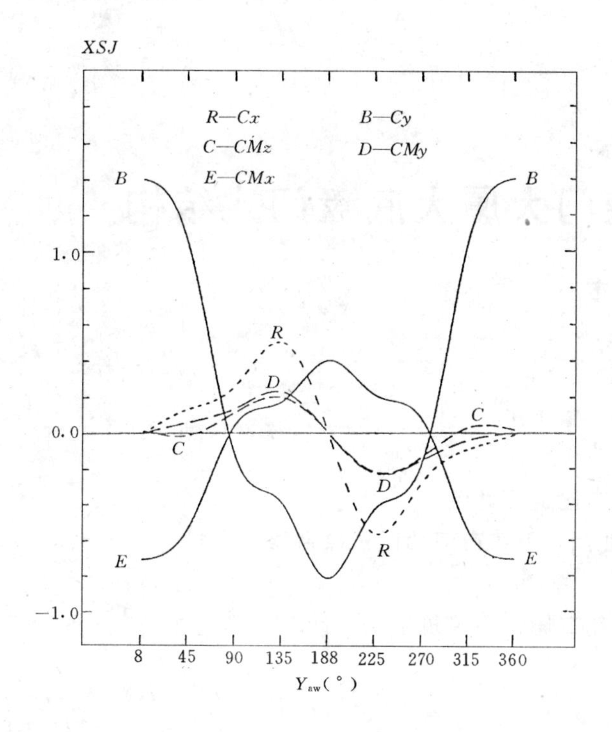

图 5-14 气动力系数曲线

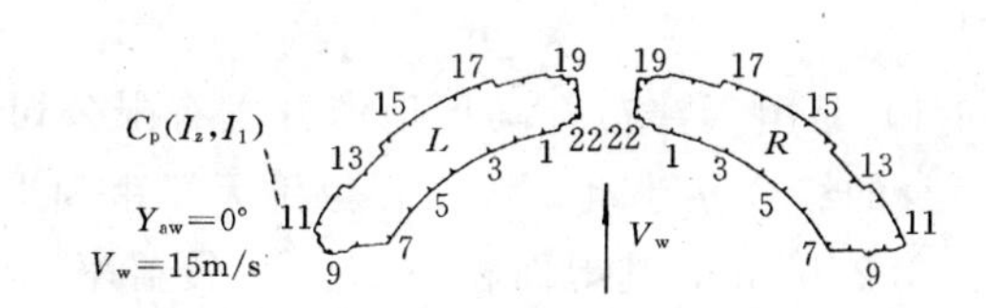

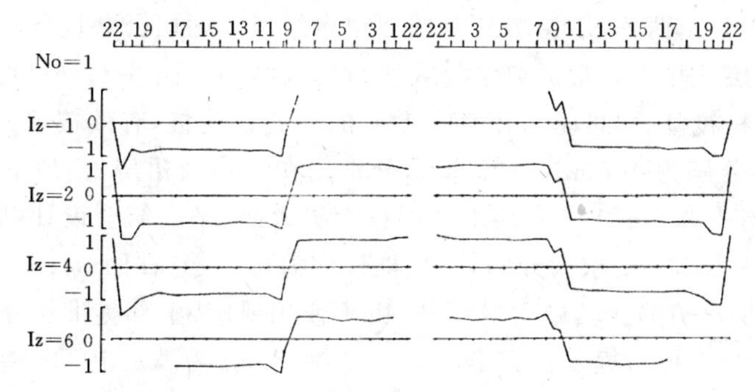

图 5-15 压力系数曲线

6 天津凯旋门大厦大底盘门式结构

建设地点： 天津市
建设时间： 1993
竣工日期： 1996
主要设计人： 王杨 董乐民
本文执笔： 王杨
设计单位： 天津市建筑设计院
[300074] 天津市河西区气象台路 95 号

获奖等级： 全国第二届优秀建筑结构设计二等奖

一、工程概况

天津凯旋门大厦（图 6-1）是由天津市金马房地产开发有限公司投资兴建的一座集商业、娱乐、居住、办公于一身的综合性建筑。该工程位于天津市和平区南京路与徐州道交汇处（图 6-2）。总建筑面积 5.2 万 m^2，基地面积 4995m^2，覆盖率 58.19%，容积率 9.07，总高度 100m。本工程由两栋 31 层塔楼及四层裙房组成。两层公共地下室，其中两栋塔楼在 21 层及 29～31 层处相连，形成典型的大底盘门式结构（图 6-3、6-4）。

本工程地下为桩筏基础，桩基采用直径 800 的钻孔灌注桩，有效桩长分别为 43m、19m，单桩承载力标准值分别为 4000kN、1800kN，分别用在主体及裙房处；地下两层作为车库及设备用房使用，层高为 3.6m、4.5m，地下 2 层按六级人防，平战结合设计（图 6-5、6-6）；1～4 层为商业用房，层高 4.5m，要求大开间，采用框架剪力墙结构，柱网 8.1m×8.1m，钢筋混凝土井字梁楼板(图 6-7～10)。其中主塔部分，由于使用要求，上部标准层外筒剪力墙无法落地，形成框支结构(图 6-11)，框支柱为 1400mm×1400mm，为满足上、下楼层刚度比要求，将中间落地筒体墙体加厚至 600mm，混凝土 C50；5 层为设备用房，即结构转换层，层高 2.2m，沿楼层外墙，设 5 根 800mm×2100mm 的框支梁，支承上部剪力墙，根据有限元分析结果，在局部剪力较大处，采取加腋措施。为加强转换层整体刚度，在该层内、外筒之间设 8 道 600mm×1000mm 大梁，且楼板加厚至 200mm，构成一有效的传递水平荷载体系(图 6-12)；6～28 层为标准层，层高 2.8m，利用建筑外墙及中间楼、电梯间墙体承受荷载形成筒中筒结构，采用预应力混凝土楼板(图 6-13)；29～31 层为办公层，层高 3.6m(图 6-14)。

该工程 1993 年初，由建设单位委托天津市建筑设计院开始设计；1993 年 10 月，开始桩基施工；1996 年 12 月，交付使用，现已成为天津市标志性建筑之一。

二、地基基础设计——后浇带与减沉桩的应用

由于建筑使用上的要求，本工程整个地下室未设沉降缝，根据以往工程经验：如何调整高层主体与多层裙房之间的沉降，是完成本工程基础设计的关键，尤其在天津地区这样较典型的软土地区，这一问题更显重要，而且在本工程以前，天津还没有成功的工程经验以供借鉴。经与勘测部门密切配合及经过多种方案计算分析，并根据以往工程观测数据，决定本工程采用：减沉桩布桩方案与设置后浇带相结合的方法以解决这一课题。

首先，在主体与裙房之间设置宽 800 的后浇带，待主体竣工或根据沉降观测完成大部分（60%～70%）沉降后，再封后浇带。同时，根据计算结果，考虑多层裙房处高度 1～4 层不等，平面不规则，连同地下两层地下室，局部存在抗浮问题，天然地基无法满足设计要求，决定采用桩基础，但为尽量减小两者的沉降差，经多种布桩方案计算比较，决定在裙房柱下采用单柱单桩超承载力布桩方案（减沉桩），即每根柱的实际荷载超过柱下桩的承载力，以加大裙房处沉降量，其中超出承载力的大小，根据沉降及底板受力分析确定，桩位布置图详见图 6-15。

经实践证明，上述方案及措施是行之有效的，根据到目前的使用情况及沉降观测结果，表明整个建筑物使用良好，沉降均匀、稳定，达到了预期目的并节约了大量投资。

三、主体结构计算分析

本工程主体结构为大底盘门式结构，单塔为框支筒中筒剪力墙结构，由于体型特殊，受力复杂，计算时采用了多程序、多模型、多方案综合分析、比较方法，以期准确反映该类型结构受力规律。

1. 首先利用中国建研院结构所编制的 TAT 与 TBSA 程序对该工程单塔结构进行受力分析，以此作为单塔有限元程序计算时的简化依据。然后利用 TAT 程序计算门式结构的性能，对双塔门式结构进行了受力分析，共进行了 12 个振型的计算，并利用 TAT—D 进行了弹性阶段的时程分析，共采用了 10 条地震波，其中前三条为 Elcentro. NS（Elc-3）波、W. Washington（Oly1-3）波、Courthouse（Cou-3）波；后七条采用了天津抗震所根据该场地所作的人工波：其中进行截面验算时，远震时输入人工波 1、2、3，加速度峰值调至 38.0cm/s^2，远震时输入人工波 6，加速度峰值调至 38.0cm/s^2；进行变形验算时，近震时输入人工波 4，加速度峰调至 14.9cm/s^2，远震时输入人工波 7，加速度峰值调至 175cm/s^2。

计算结果：单塔、双塔 1、2 受力分析前六个周期，详见下表 6-1。

双塔 1、2 受力分析前六个振型曲线，详见图 6-16、6-17。

双塔 1、2 输入前三条地震波时程分析结果，详见图 6-18～6-23。

其中：图 6-18 为双塔 1 在 Elc-3 波的时程分析结果，图 6-19 为双塔 2 在 Elc-3 波的时程分析结果，图 6-20 为双塔 1 在 0ly1-3 波的时程分析结果，图 6-21 为双塔 2 在 0ly1-3 波的时程分析结果，图 6-22 为双塔 1 在 Cou-3 波的时程分析结果，图 6-23 为双塔下在 Cou-3 波的时程分析结果。

表 6-1

计算前提	T_1 (s)	T_2 (s)	T_3 (s)	T_4 (s)	T_5 (s)	T_6 (s)
单塔结构	1.556	1.455	0.650	0.423	0.374	0.212
双塔结构 1*	1.552	1.526	0.970	0.414	0.394	0.307
双塔结构 2**	1.553	1.530	0.998	0.417	0.401	0.325

注：* 指双塔楼不考虑门式结构特点；

** 指双塔楼且考虑门式结构特点。

2. 考虑薄壁杆件程序的模型限制，本工程设计时，同时采用了美国 ALGOR 公司的有限元分析程序 SUP-SAP（91 版），对门式结构进行了分析计算。分析时，对该工程进行了模型上的简化，简化后用梁元模拟梁、柱构件、用平面应力有限元模拟剪力墙、用弯曲板元模拟楼板，对门式结构进行了 12 个振型的模态、静力、动力分析。考虑模型简化的影响，对 29～31 层局部受力敏感区，对其进行了局部受力详细分析，以解决 29～31 层大梁、剪力墙对受力精度的要求。

计算结果：模态分析前六个周期，详见下表 6-2。

动力分析前六个振型曲线，详见图 6-24、图 6-25。

表 6-2

SUP-SAP (91)	T_1	T_2	T_3	T_4	T_5	T_6
双塔门式结构	1.555	1.378	1.164	0.491	0.459	0.416

3. 该工程建设后期，采用南京 CAD 技术开发中心研制的 BDS 程序（BDS/SCN97）对该工程同时进行了薄壁杆件、墙元、刚性楼板、弹性楼板等多种模型的验算，几种模型的周期计算结果详见表 6-3。

表 6-3

模型描述		T_1 (s)	T_2 (s)	T_3 (s)	T_4 (s)	T_5 (s)	T_6 (s)
薄壁杆件模型	刚性楼板	1.594	1.586	0.943	0.445	0.441	0.309
	弹性楼板	1.586	1.577	0.927	0.441	0.437	0.304
墙元模型	刚性楼板	1.596	1.587	0.998	0.446	0.441	0.325
	弹性楼板	1.586	1.578	0.982	0.442	0.438	0.321

由以上计算结果可知，模型的区别对本工程计算结果影响较小，TAT、SUP-SAP 的计算结果是可靠的。

4. 经以上计算分析，可以看出：

a. 该工程 1、2 振型时，两塔楼振型基本相同，但在高振型下两者相差较大，尤其扭效应极其明显。设计时应尽量使两塔楼刚度相同，以减小两者振幅差异。

b. 大多数墙肢受力仍为 1、2 振型控制，个别墙肢受高振型控制。

c. 由于 21 层连桥的存在，使各项内力在该处发生剧变，设计时应予特别处理。

d. 由于 29～31 层连桥的存在，使内力分布发生变化，设计时应注意调整此处刚度，以满足整体受力要求。

四、连桥设计

本工程在21层及29～31层设有两处连桥，将两主塔楼水平连接。根据计算结果，决定采用连桥与主塔楼刚性连接方案，设计时有意识调整连桥设计刚度，使其小于主塔刚度但不至于相差太大。由于两处连桥所处位置及使用功能的区别，两处连桥分别采用了不同的结构方案。

1. 21层处连桥

本层连桥层高为2.8m，跨度15.7m，由于该层为预应力混凝土楼板，连桥边梁无法与标准层梁相连，计算结果表明该层连桥整体刚度较弱，但内力急剧增加，连桥与主塔连接节点设计极为重要，经研究决定该层连桥主梁采用钢骨混凝土结构，连桥钢骨混凝土梁（图6-26）与主塔切角处暗柱内型钢通过焊接形成刚性节点（图6-28），暗柱内型钢向上、下各伸一层，以解决局部承压及荷载传递问题。在连桥两道主梁之间设置两道钢骨混凝土次梁（图6-27），跨度11m，与主梁通过高强螺栓形成铰接节点（图6-29）；同时为有限传递水平荷载，将连桥处楼板加厚至220mm，双向双层配筋，并深入主塔楼板内。

2. 29～31层连桥

29～31层连桥作为办公层使用，层高3.6m，由于造型要求，29～31层连桥为倒梯型布置（图1b），使29层连桥跨度为15m，30层为19m，31层为24m。由于跨度较大，受层高限制，连桥大梁无法伸入主塔形成连续梁，且通过计算发现，29～31层主塔受功能、剪力墙厚度等构造要求限制，与连桥刚度相差较大，节点等无法满足设计要求，应适当降低连桥刚度，不宜采用剪力墙结构。

为解决上述困难，经与建筑专业密切配合、多次计算，决定此处连桥采用钢筋混凝土结构，将建筑平面切角处剪力墙挑出，形成29～31层连续三层，层层伸出的倒梯形悬挑剪力墙，内设暗柱、暗梁，使连桥荷载逐阶传至28层大暗柱；并利用此墙作支点，将三层连桥跨度均减至15m，将连桥大梁变为连续结构，并伸入主塔与主体连成一体，既满足连桥受力要求，又达到节点设计要求，且较好的起到了抗扭转作用。悬挑墙局部模板图详见图6-30。

总之，此处连桥设计出发点为，充分利用其连续三层的空间效应，将大梁、剪力墙、塔楼三者之间的平面问题转化为空间受力问题，加大超静定次数，增强安全储备；同时有意识控制连桥刚度，使其满足整体受力要求。

现在，主体使用后两年观察，连桥处使用良好，未发现任何裂缝，达到了设计预期要求。

五、标准层楼板—后张无粘结预应力混凝土楼板的采用

1. 结构方案：

本工程规划限高100m，经多方研究，决定在百米高度内建31层，这样建筑标准层层高必须定为2.8m。结合设备专业要求，结构专业经过主、次梁，厚板，密肋模壳，预应力楼板等多方案比较分析，决定标准层楼板采用后张无粘结预应力混凝土楼板。

结构布置时，在建筑标准层平面内、外筒之间设置四道1500mm×350mm的预应力梁，梁跨8.1m，将标准层楼板分成四块8.1m跨的单向板，板厚220mm，预应力筋采用天津预应力钢丝一厂生产的7ϕ5普通无粘结钢丝束，fptk=1570N/mm^2，预应力筋曲线布置，张拉控制应力系数0.75，取消超张拉，锚具为中国建研院结构所研制的“细牙斜夹片锚具”，张拉端设在外筒，固定端在内筒，混凝土C40。平面布置详见图6-31。

2.计算分析：

本工程预应力楼板、梁计算时分别采用平衡荷载法及预应力度法进行了分析计算，两者计算结果对比如表6-4。

表 6-4

8.1m单向板	平衡荷载法		预应力度法	
	*系数=0.6	*系数=1.0	*系数=0.6	*系数=1.0
应　　力	2.30	3.86	2.21	4.28
预应力度	0.78	0.63	0.79	0.59
抗裂系数	1.19	1.04	1.20	1.00
拉应力限制系数	0.54	0.90	0.52	0.998
延米预应力筋根数	2.84	2.29	2.87	2.14
延米实配根数	3.0	2.5	3.0	2.5
实配钢筋间距	300	400	300	400

注：“*系数”指拉应力限制系数。

结合规范、规程要求及施工、设计条件，本工程采用预应力筋间距300mm。

由以上计算结果可知：平衡荷载法及预应力度法两者是相通的；两种计算方法的区别在于对拉应力的考虑，即拉应力限制系数的取值。

3.实测结果：

本工程在施工过程中，安装了多组力学传感器，测定内力分布，可知：

(1) 本工程为筒中筒结构，由传感器实测知：外墙承受压力较大，内墙压力较小，结构平面垂直不变，应力效果较明显。

(2) 预应力筋伸长值测定：本工程张拉时预应力筋实测伸长值、按传感器所测平均应力所计算伸长值、按预应力筋与外包之间摩擦损失所计算伸出值，均在规范、规程要求范围内，说明实测值与计算值基本吻合，其中后两者相差较小。

4.现该工程已使用两年，根据观察预应力楼板使用良好，由于为平板结构，在层高2.8m的情况下，建筑净空达2.55m，为使用带来了较大的便利。同时由于采用预应力楼板，在百米限高情况下，使主体建至31层成为可能，较采用其他结构多出两层，产生了较大的经济效益和社会效益。

六、小结：经本工程实践，我们感到：

1.在软土地区，高层建筑主体与裙房之间，通过采取适当措施，不设沉降缝是可行的，减沉桩的采用，既起到了控制沉降的作用，又节省了大量投资，具有较广泛的实用价值。

2. 对于门式结构等此类特殊体型结构，设计时宜采用相应程序进行计算，一般程序无法准确反映其内力重分布情况。TAT 等程序的整体内力分析结果是可信的，但由于模型简化的限制，对局部对受力精度要求较高及内力分布较复杂的部位，无法满足设计要求，采用有限元程序进行详细补充计算是十分必要的。

3. 设计门式结构时，宜尽量简化两主体塔楼的平面布置，减小扭转效应的影响；且连桥刚度的控制对整体设计十分重要。

4. 预应力楼板在高层建筑设计中有着广泛前景。根据计算、实测结果认为：高层建筑中预应力楼板的采用对整体抗震设计的影响可不予考虑；预应力楼板的设计中，拉应力限制系数的取值十分重要，对计算结果影响较大，应认真对待。

图 6-1　天津凯旋门大厦外观

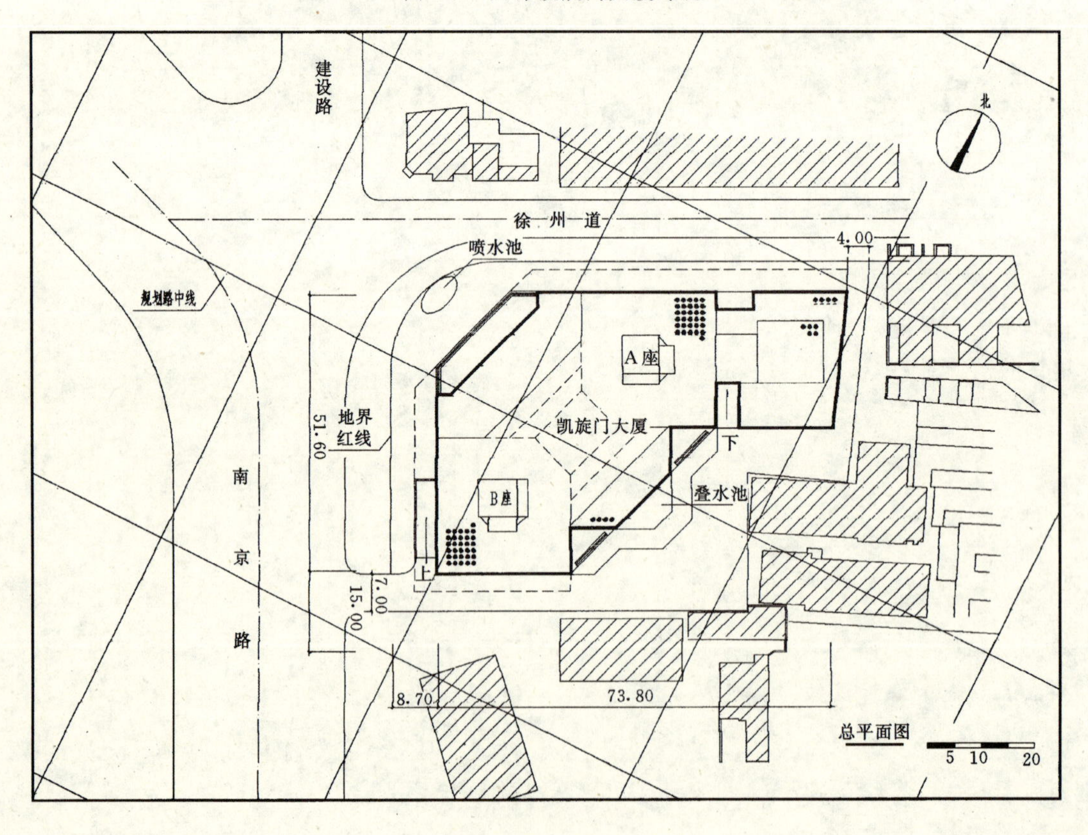

图 6-2

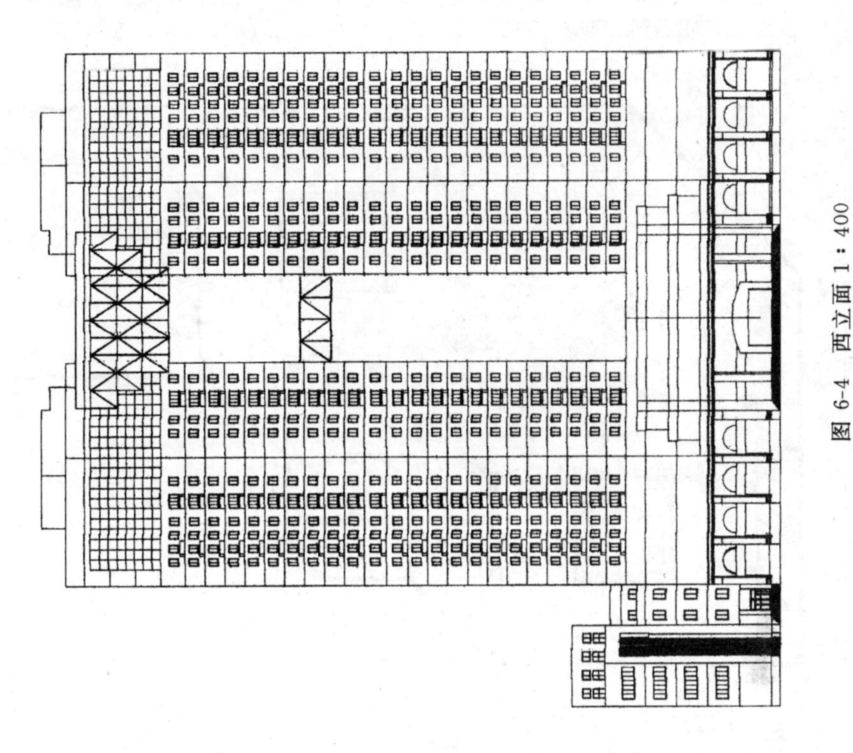

图 6-4 西立面 1：400

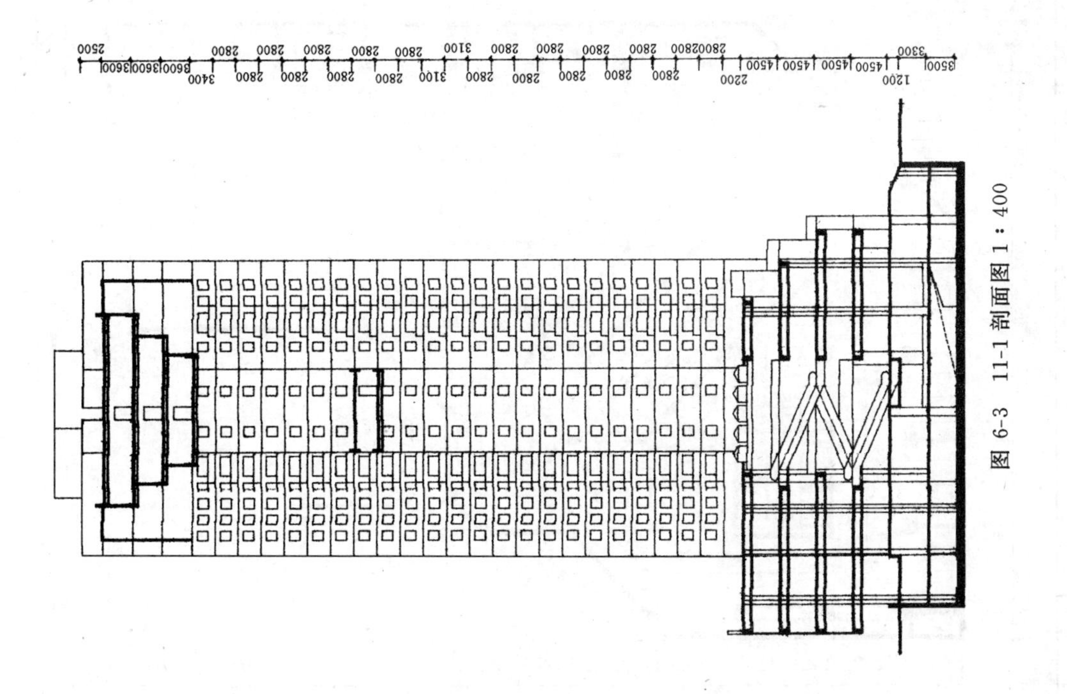

图 6-3 11-1 剖面图 1：400

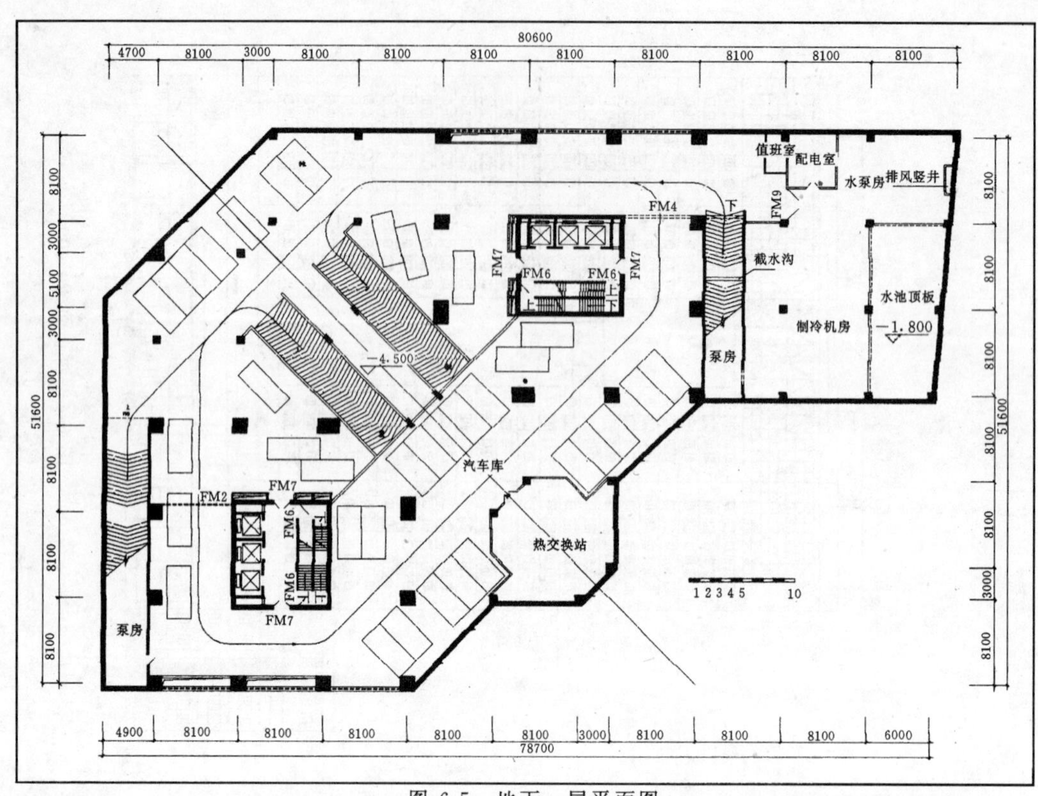

图 6-5 地下一层平面图

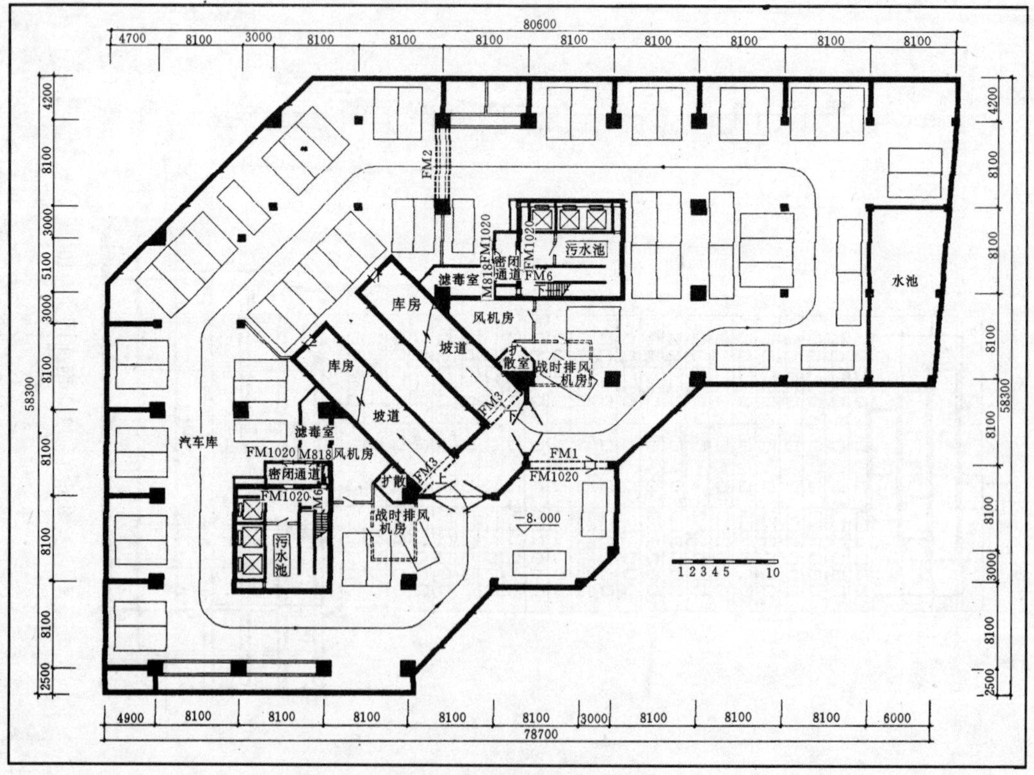

图 6-6 地下二层平面图

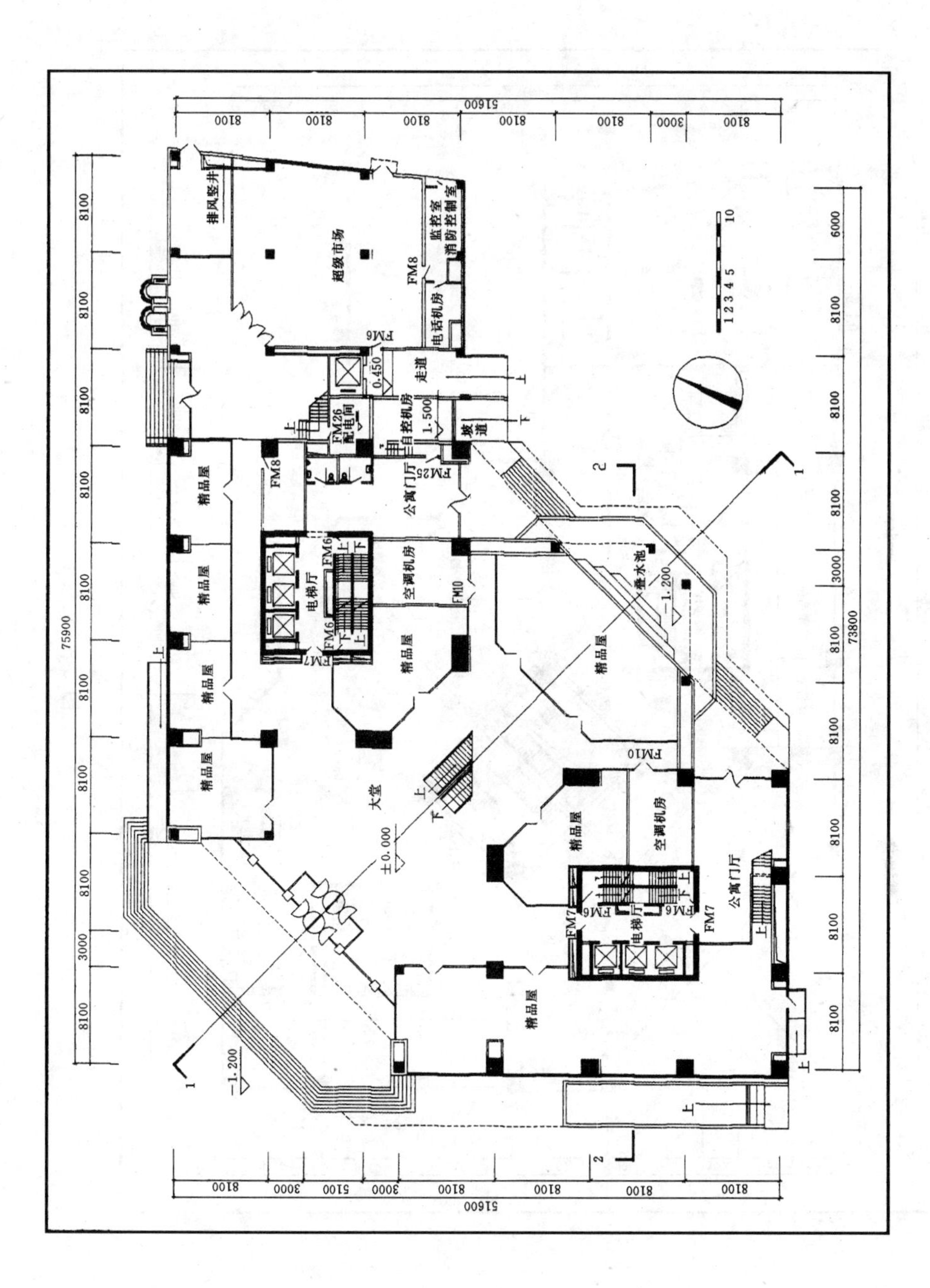
超级市场
排风竖井
监控室
消防控制室
电话机房
走道
配电间
自控机房
坡道
公寓门厅
精品屋
电梯厅
空调机房
叠水池
大堂
±0.000
−1.200
0.450
1.500
51600
75900
73800
8100
3000
6000
5100

图 6-7 首层平面图

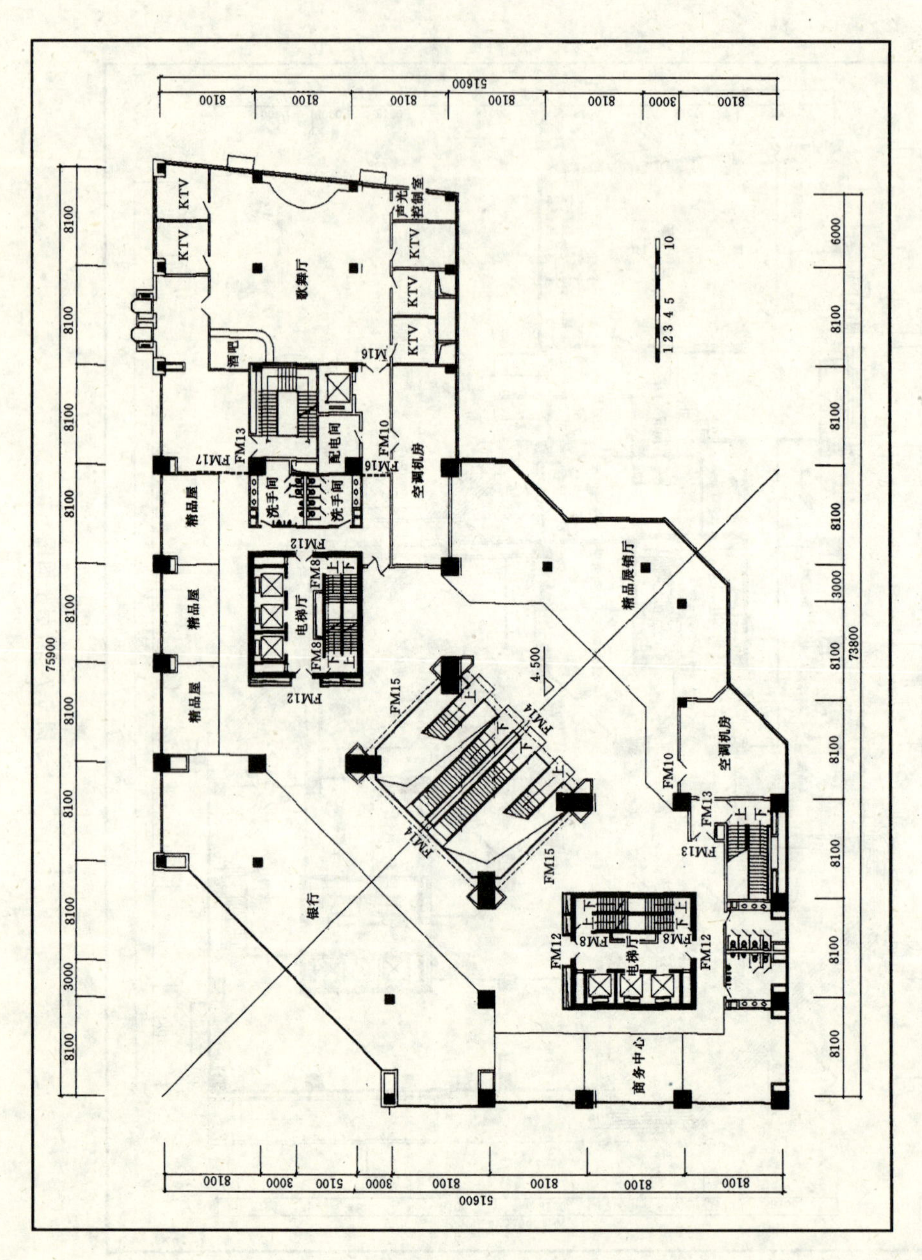
KTV
歌舞厅
酒吧
声光控制室
配电间
洗手间
空调机房
精品屋
电梯厅
精品展销厅
银行
商务中心
51600
75900
73800
4.500

图 6-8 二层平面图

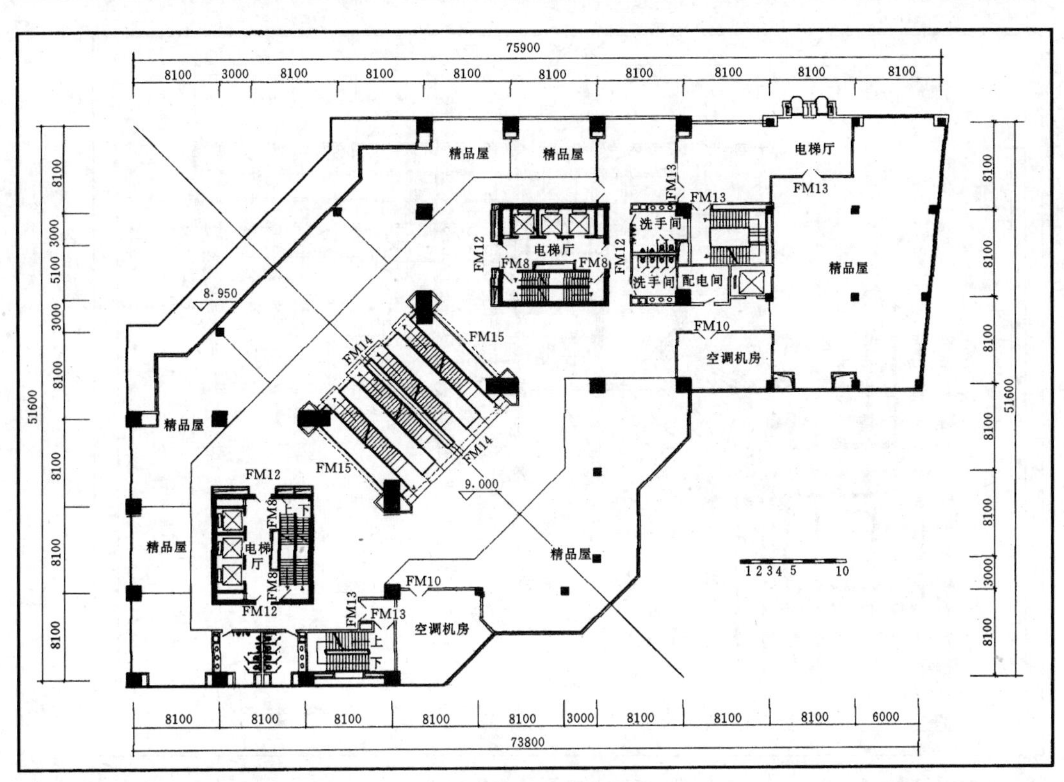

图 6-9　三层平面图

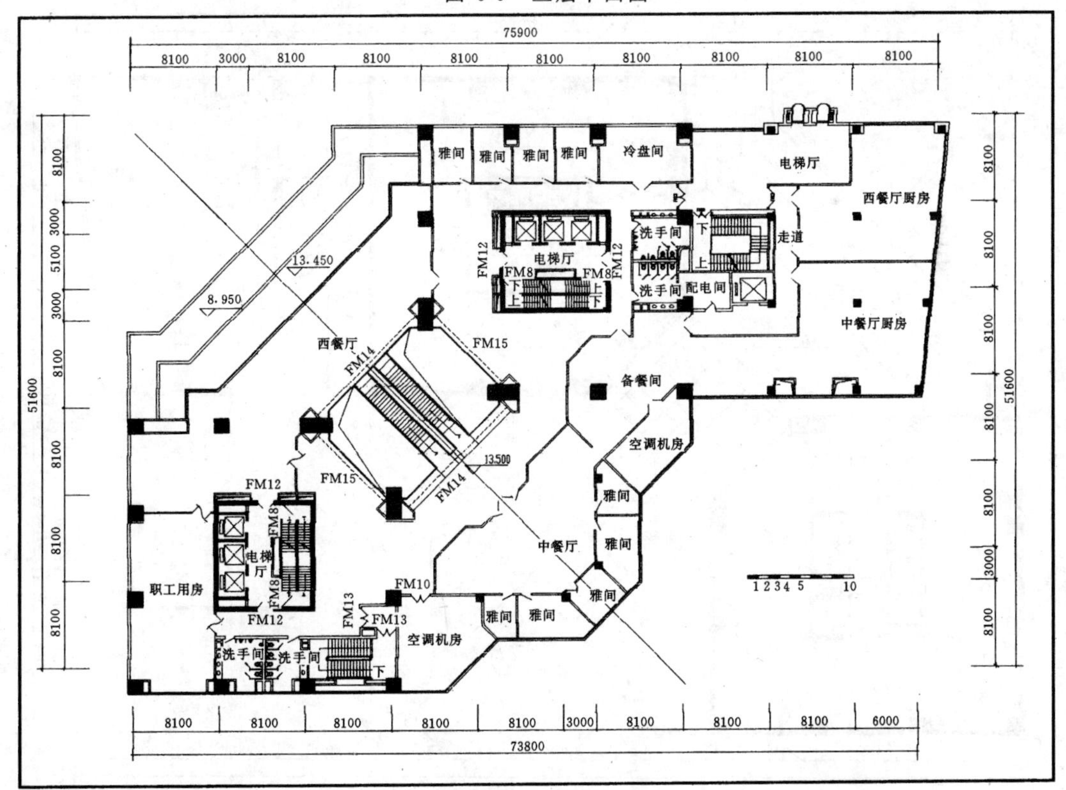

图 6-10　四层平面图

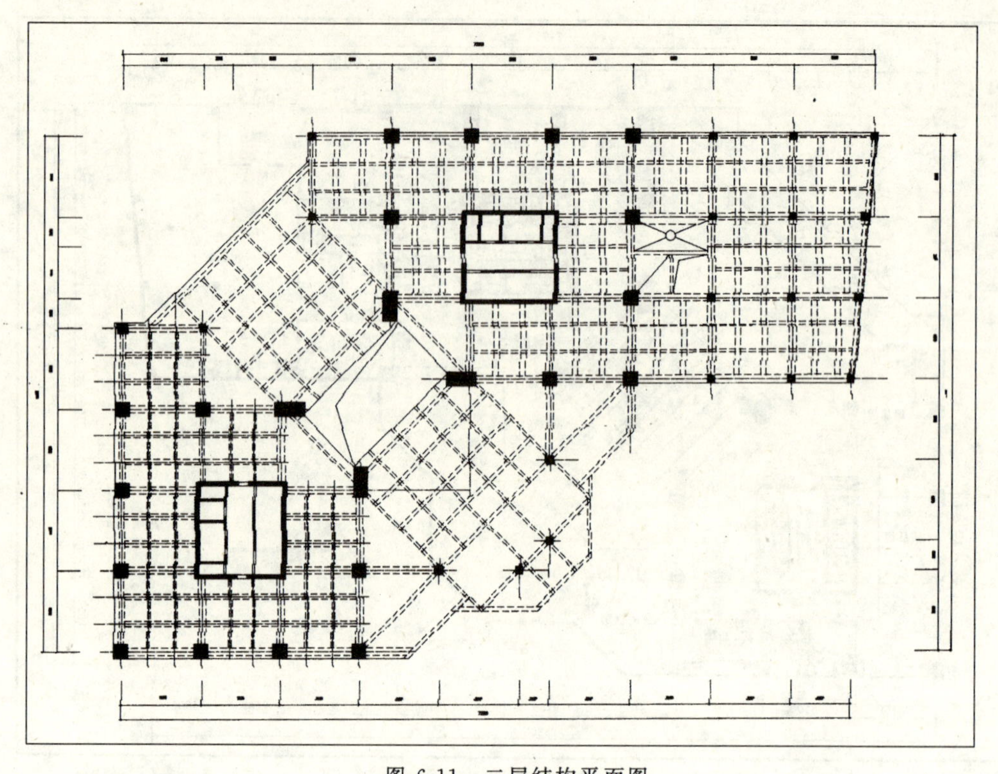

图 6-11　二层结构平面图

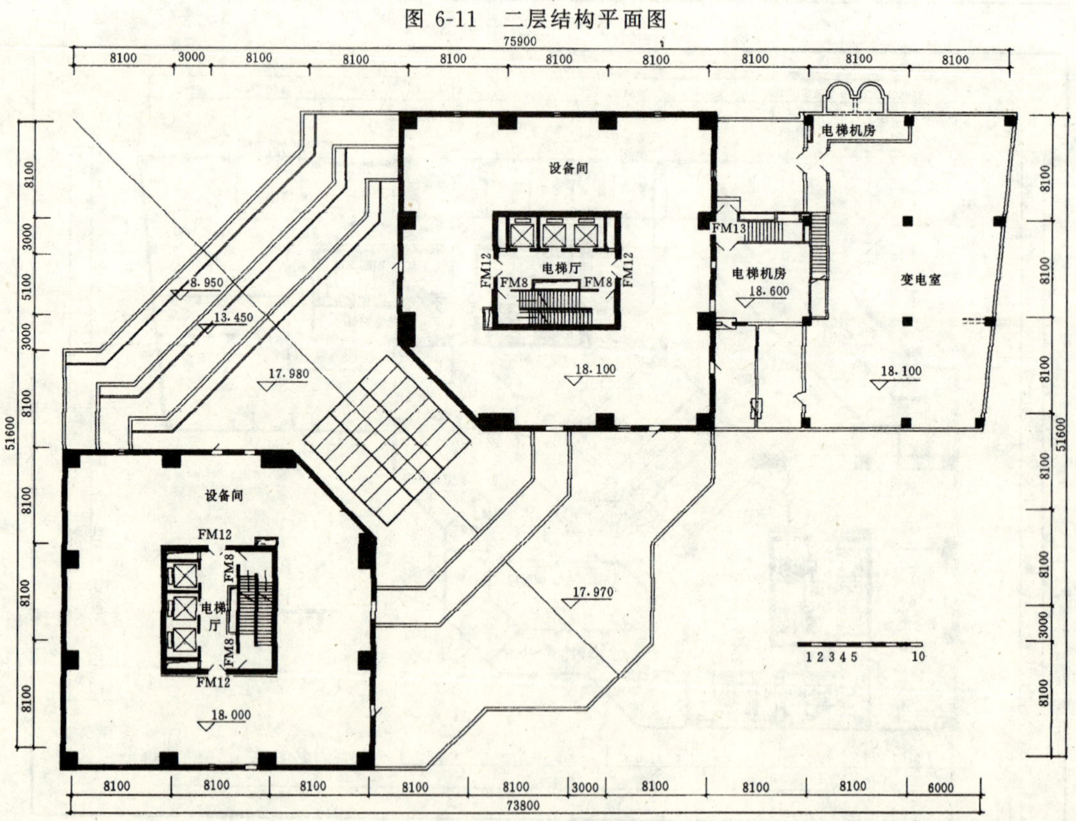

图 6-12　五层平面图

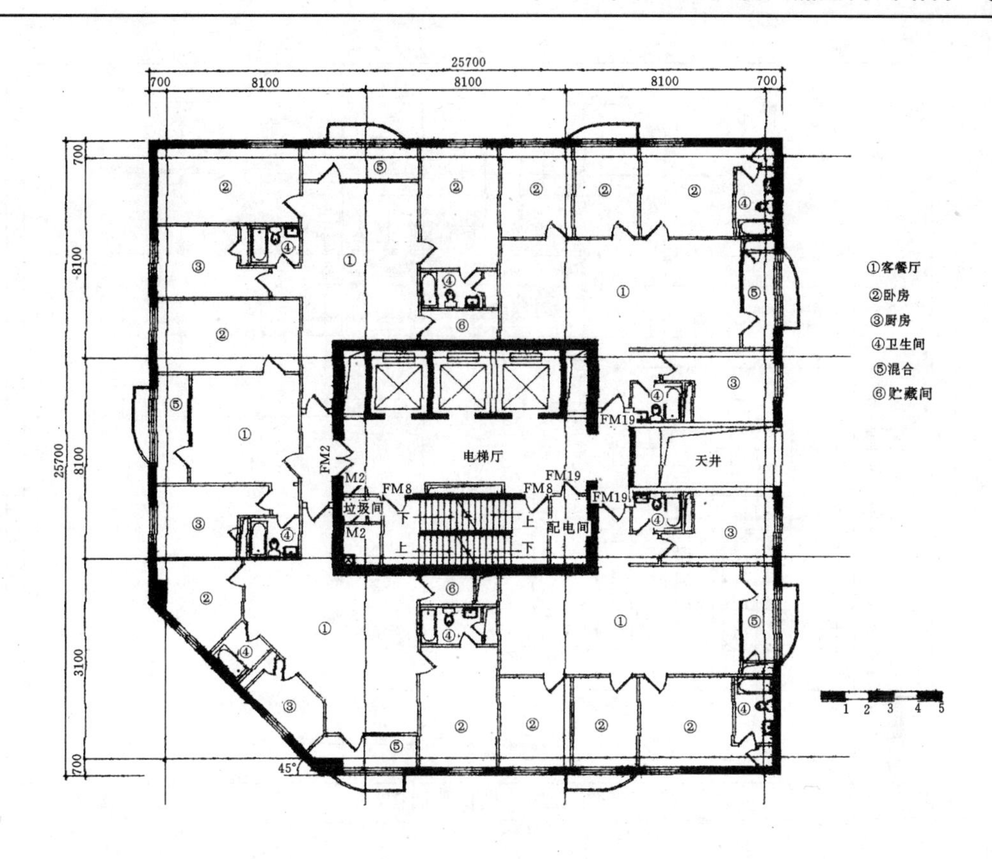

图 6-13 A 区标准层平面图

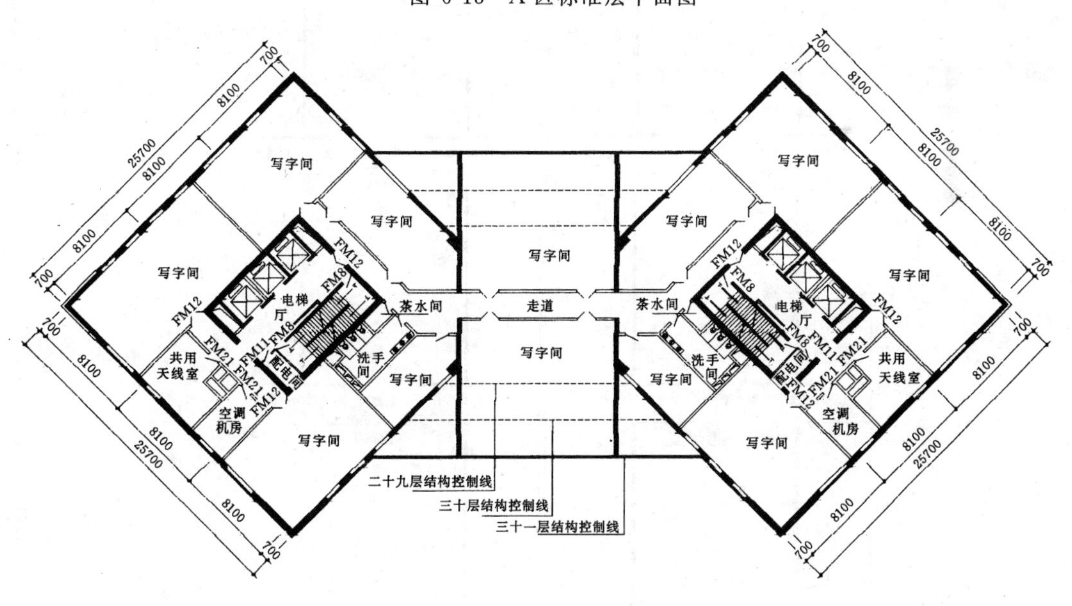

图 6-14 二十九—三十一平面图

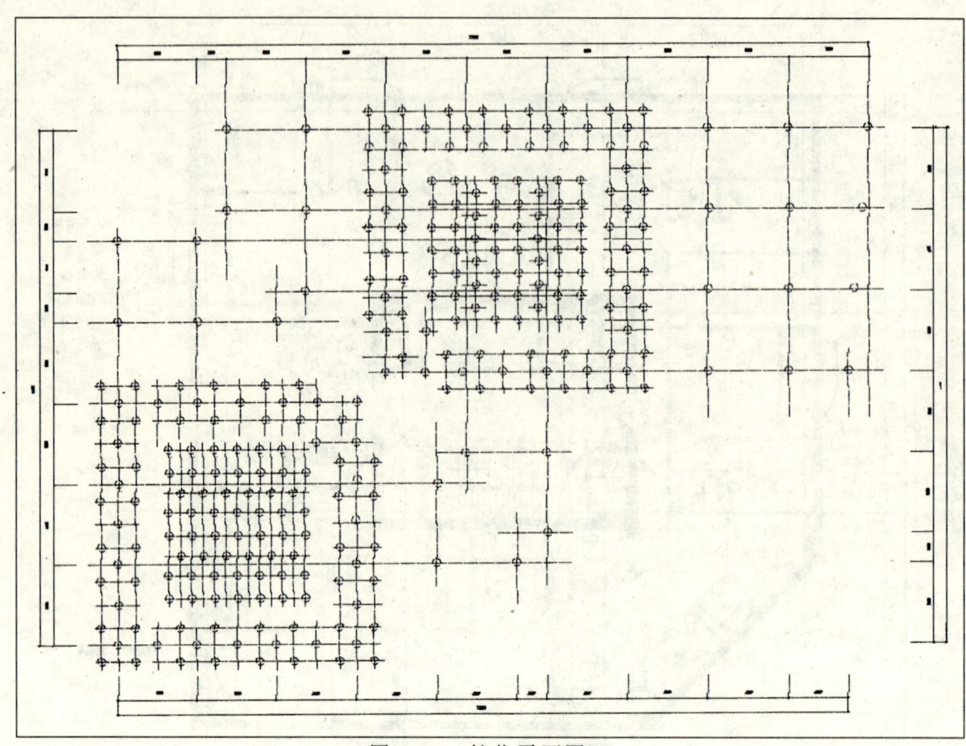

图 6-15　桩位平面图

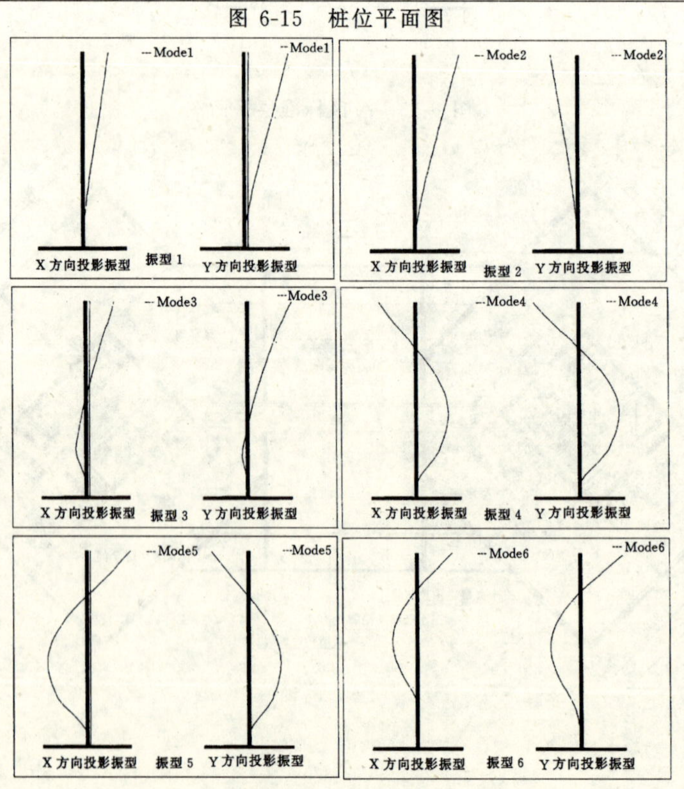

图 6-16　（双塔 1）

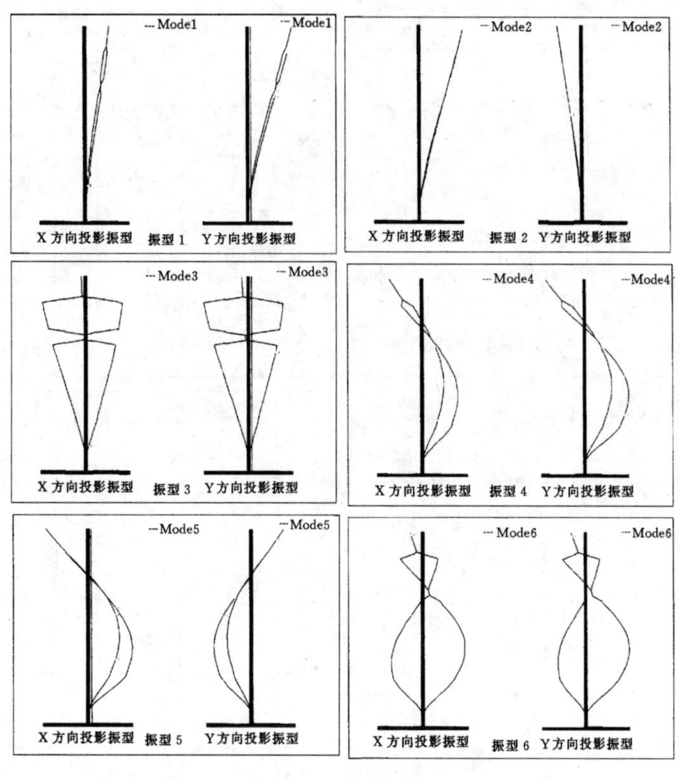

图 6-17 （双塔 2）

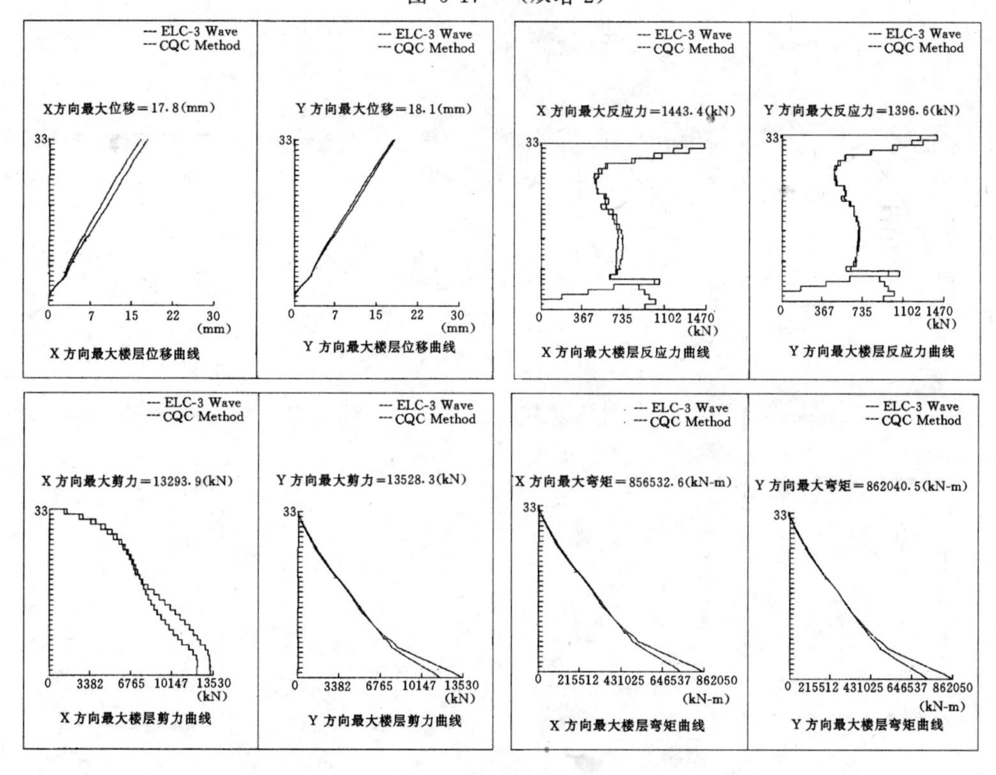

图 6-18

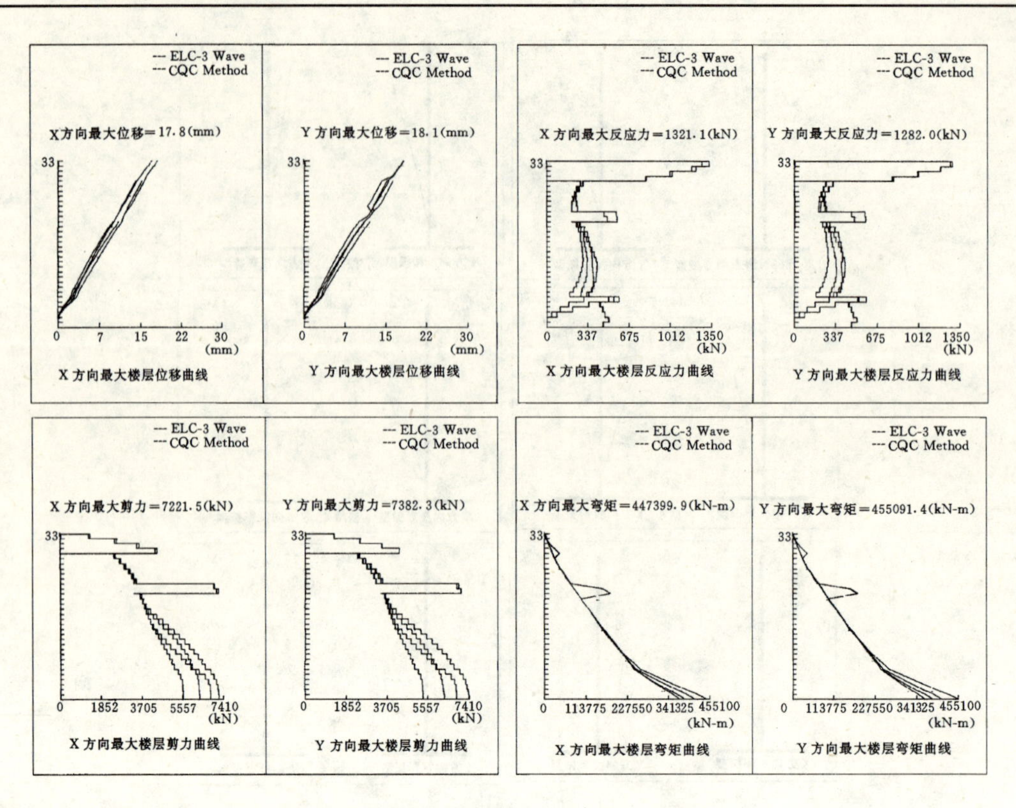

--- ELC-3 Wave
--- CQC Method
X方向最大位移=17.8(mm)
X方向最大楼层位移曲线
Y方向最大位移=18.1(mm)
Y方向最大楼层位移曲线
X方向最大反应力=1321.1(kN)
X方向最大楼层反应力曲线
Y方向最大反应力=1282.0(kN)
Y方向最大楼层反应力曲线
X方向最大剪力=7221.5(kN)
X方向最大楼层剪力曲线
Y方向最大剪力=7382.3(kN)
Y方向最大楼层剪力曲线
X方向最大弯矩=447399.9(kN-m)
X方向最大楼层弯矩曲线
Y方向最大弯矩=455091.4(kN-m)
Y方向最大楼层弯矩曲线

图 6-19

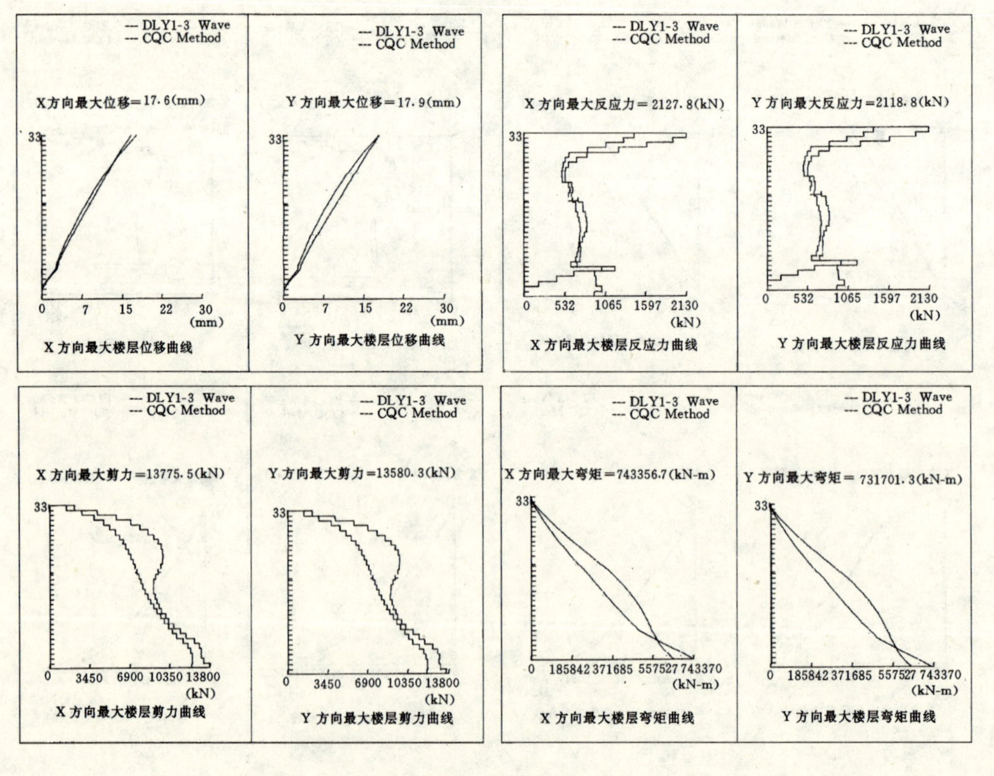

--- DLY1-3 Wave
--- CQC Method
X方向最大位移=17.6(mm)
X方向最大楼层位移曲线
Y方向最大位移=17.9(mm)
Y方向最大楼层位移曲线
X方向最大反应力=2127.8(kN)
X方向最大楼层反应力曲线
Y方向最大反应力=2118.8(kN)
Y方向最大楼层反应力曲线
X方向最大剪力=13775.5(kN)
X方向最大楼层剪力曲线
Y方向最大剪力=13580.3(kN)
Y方向最大楼层剪力曲线
X方向最大弯矩=743356.7(kN-m)
X方向最大楼层弯矩曲线
Y方向最大弯矩=731701.3(kN-m)
Y方向最大楼层弯矩曲线

图 6-20

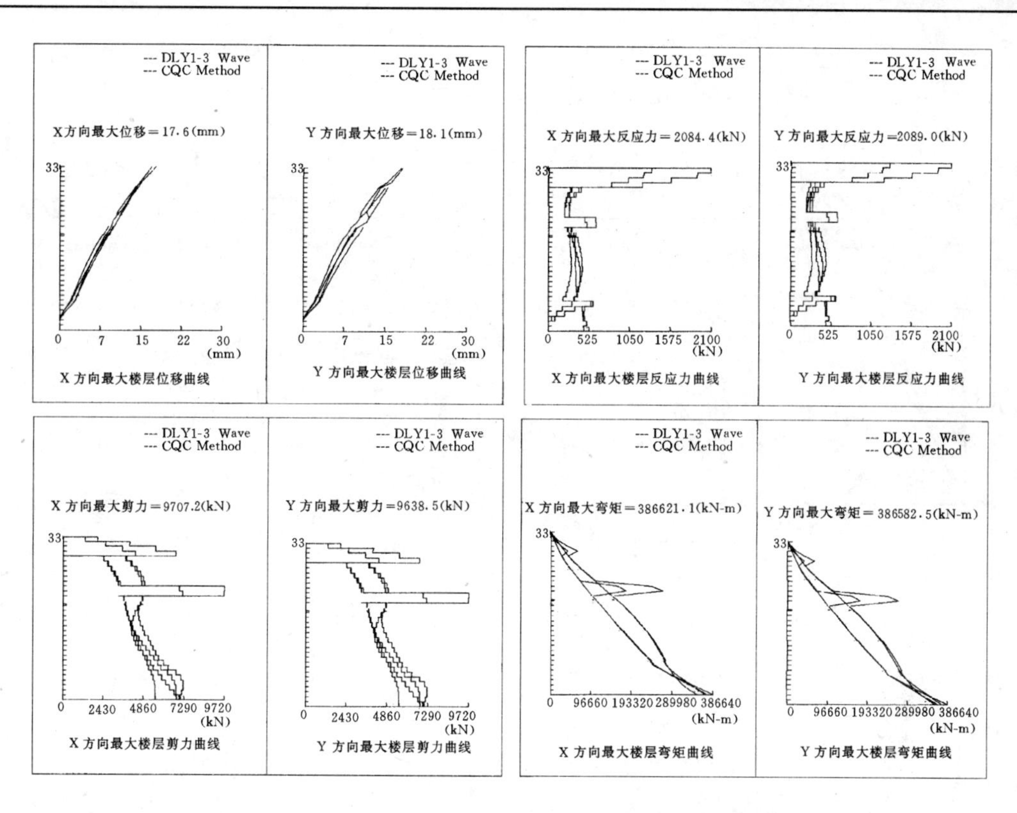
--- DLY1-3 Wave
--- CQC Method
X方向最大位移=17.6(mm)
X方向最大楼层位移曲线
Y方向最大位移=18.1(mm)
Y方向最大楼层位移曲线
X方向最大反应力=2084.4(kN)
X方向最大楼层反应力曲线
Y方向最大反应力=2089.0(kN)
Y方向最大楼层反应力曲线
X方向最大剪力=9707.2(kN)
X方向最大楼层剪力曲线
Y方向最大剪力=9638.5(kN)
Y方向最大楼层剪力曲线
X方向最大弯矩=386621.1(kN-m)
X方向最大楼层弯矩曲线
Y方向最大弯矩=386582.5(kN-m)
Y方向最大楼层弯矩曲线

图 6-21

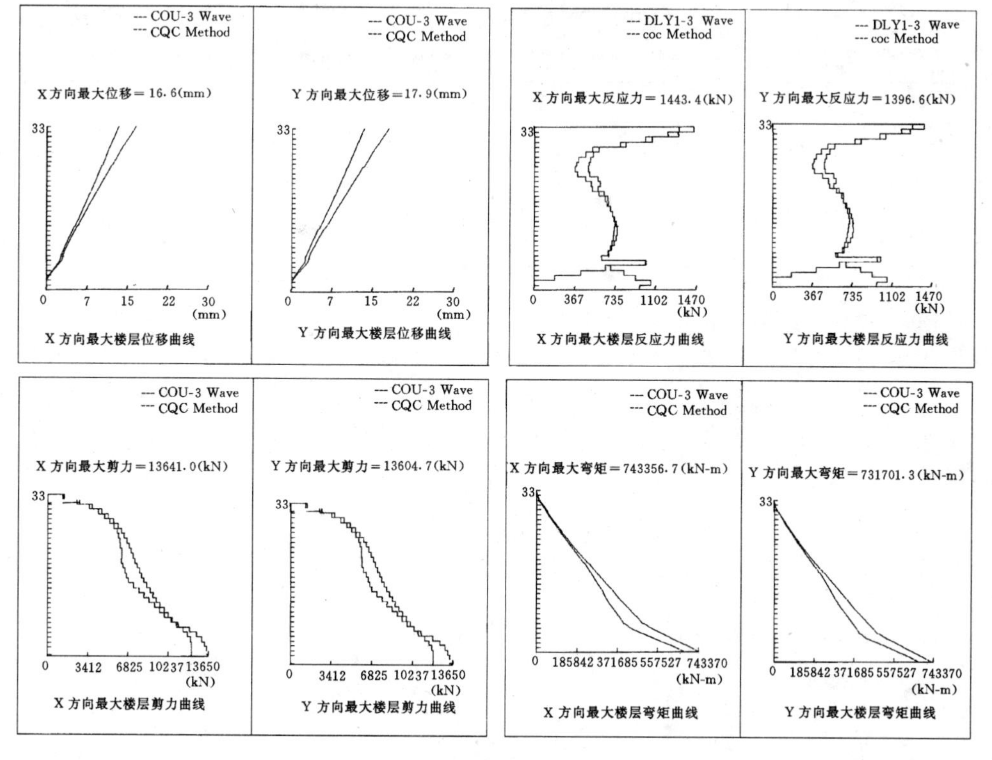
--- COU-3 Wave
--- CQC Method
X方向最大位移=16.6(mm)
X方向最大楼层位移曲线
Y方向最大位移=17.9(mm)
Y方向最大楼层位移曲线
--- DLY1-3 Wave
--- coc Method
X方向最大反应力=1443.4(kN)
X方向最大楼层反应力曲线
Y方向最大反应力=1396.6(kN)
Y方向最大楼层反应力曲线
X方向最大剪力=13641.0(kN)
X方向最大楼层剪力曲线
Y方向最大剪力=13604.7(kN)
Y方向最大楼层剪力曲线
X方向最大弯矩=743356.7(kN-m)
X方向最大楼层弯矩曲线
Y方向最大弯矩=731701.3(kN-m)
Y方向最大楼层弯矩曲线

图 6-22

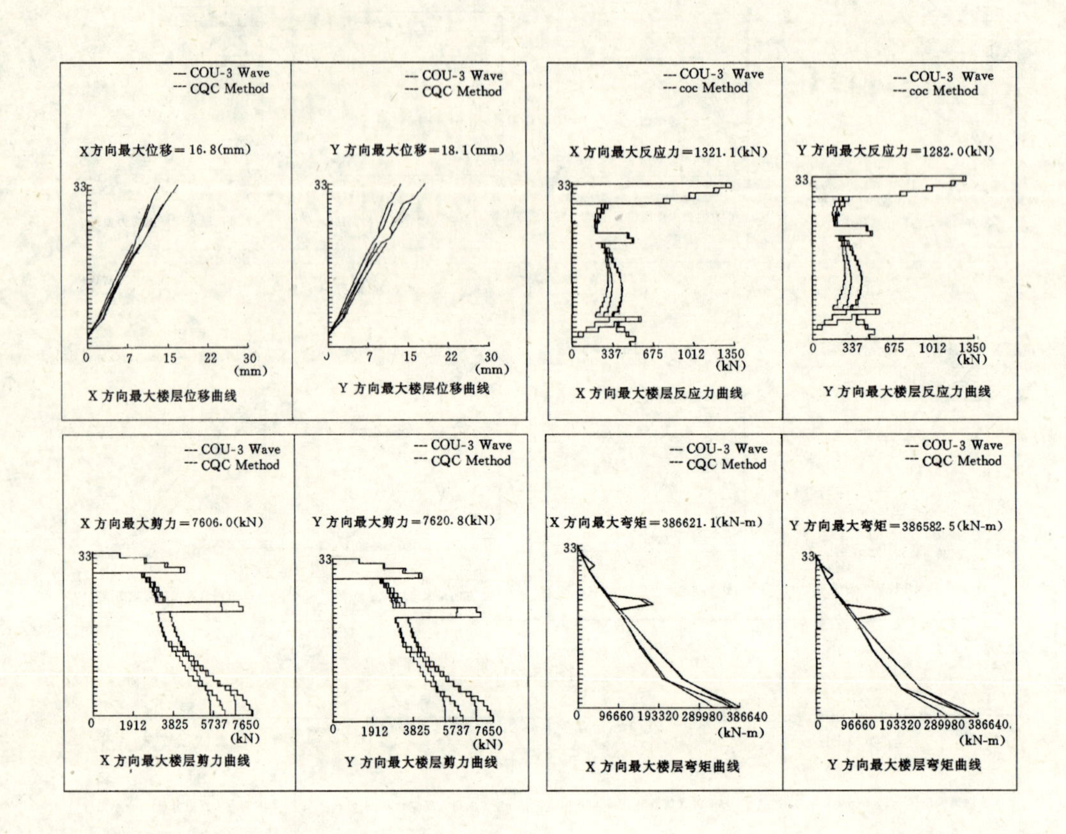

--- COU-3 Wave
--- CQC Method
X方向最大位移=16.8(mm)
X方向最大楼层位移曲线
Y方向最大位移=18.1(mm)
Y方向最大楼层位移曲线
--- coc Method
X方向最大反应力=1321.1(kN)
X方向最大楼层反应力曲线
Y方向最大反应力=1282.0(kN)
Y方向最大楼层反应力曲线
X方向最大剪力=7606.0(kN)
X方向最大楼层剪力曲线
Y方向最大剪力=7620.8(kN)
Y方向最大楼层剪力曲线
X方向最大弯矩=386621.1(kN-m)
X方向最大楼层弯矩曲线
Y方向最大弯矩=386582.5(kN-m)
Y方向最大楼层弯矩曲线

图 6-23

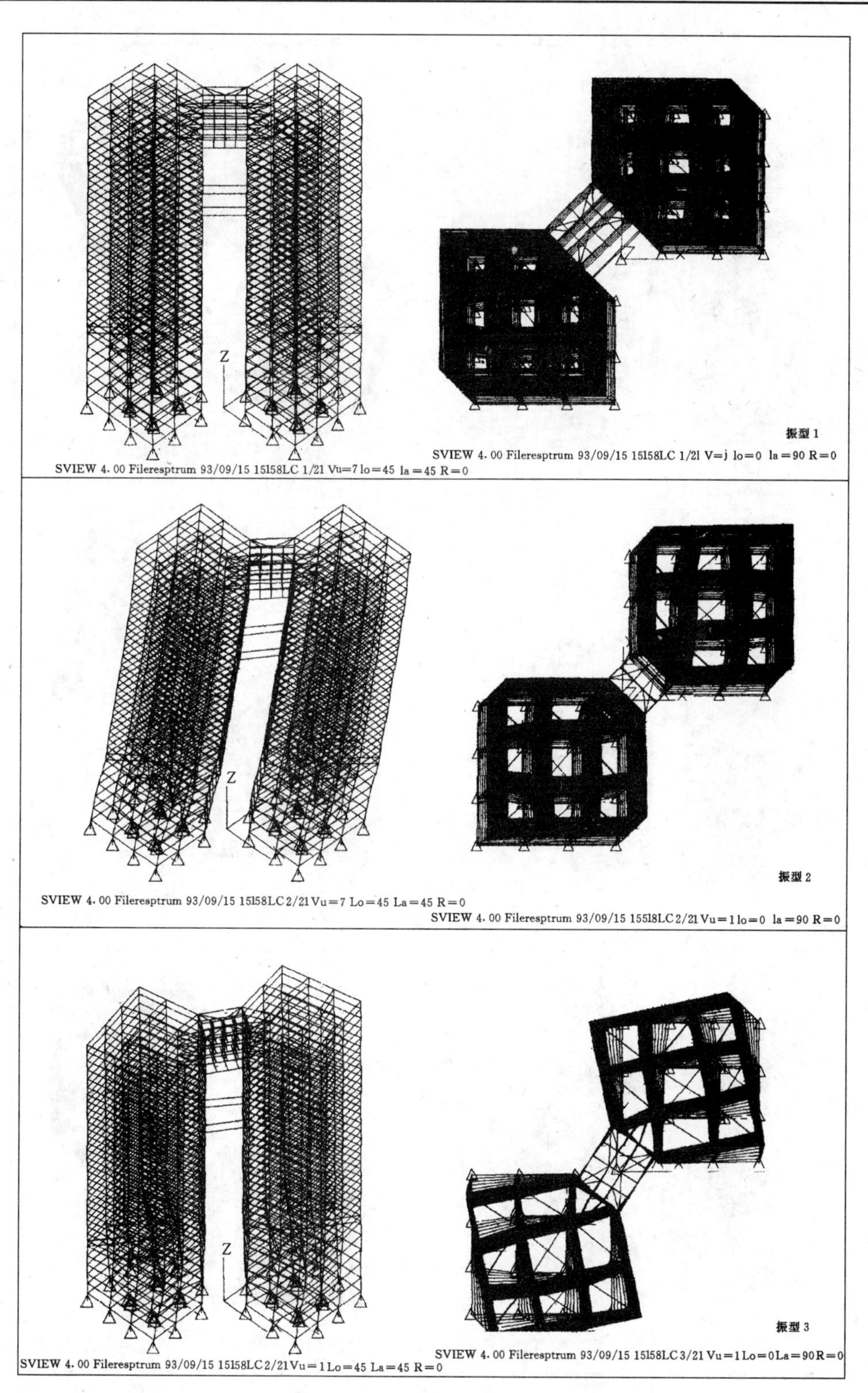
Z
振型 1
SVIEW 4. 00 Fileresptrum 93/09/15 15158LC 1/21 V=j lo=0 la=90 R=0
SVIEW 4. 00 Fileresptrum 93/09/15 15158LC 1/21 Vu=7 lo=45 la=45 R=0
Z
振型 2
SVIEW 4. 00 Fileresptrum 93/09/15 15158LC 2/21 Vu=7 Lo=45 La=45 R=0
SVIEW 4. 00 Fileresptrum 93/09/15 15518LC 2/21 Vu=1 lo=0 la=90 R=0
Z
振型 3
SVIEW 4. 00 Fileresptrum 93/09/15 15158LC 3/21 Vu=1 Lo=0 La=90 R=0
SVIEW 4. 00 Fileresptrum 93/09/15 15158LC 2/21 Vu=1 Lo=45 La=45 R=0

图 6-24

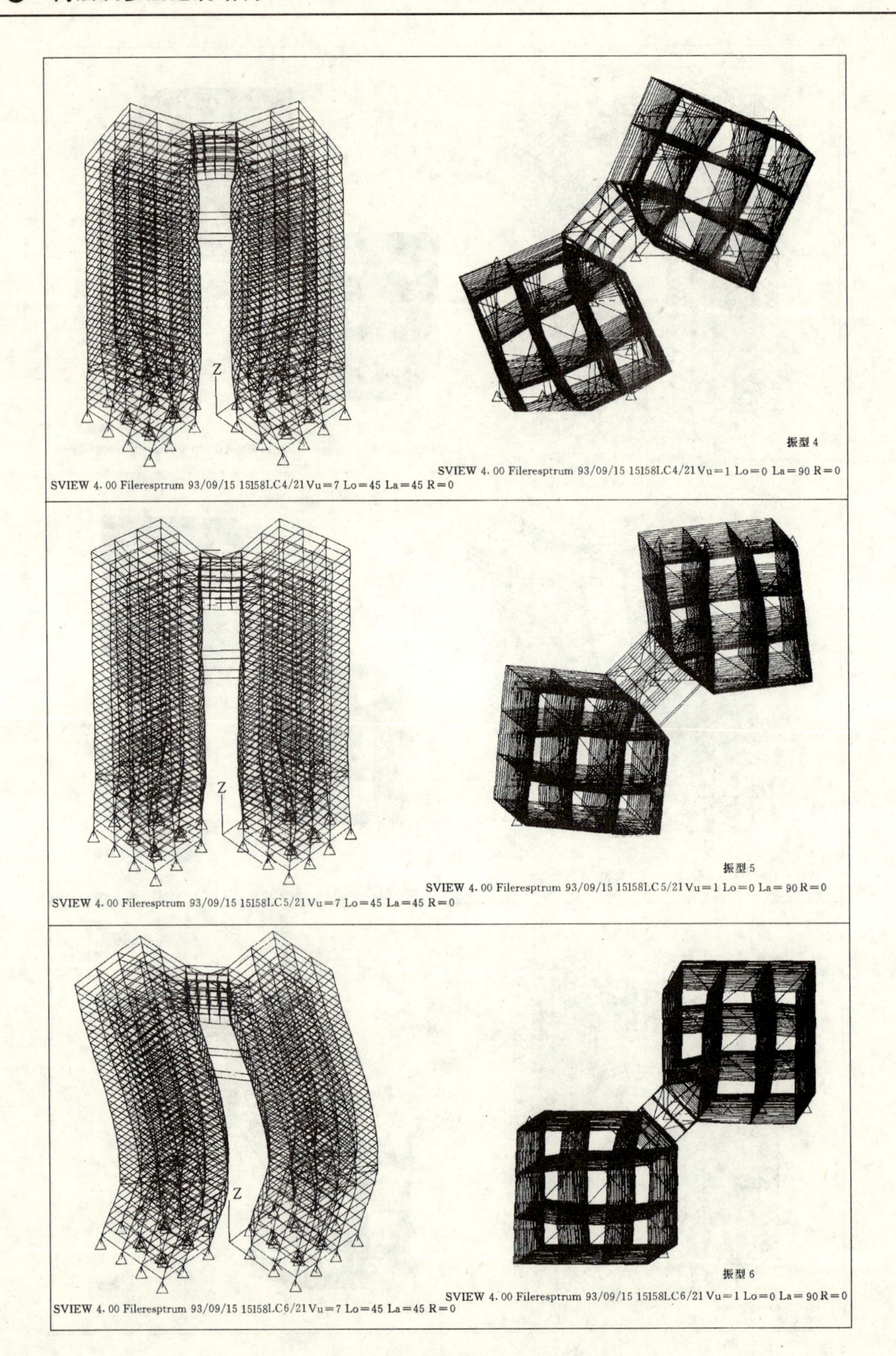
振型 4
SVIEW 4.00 Filerespstrum 93/09/15 15158LC4/21 Vu=1 Lo=0 La=90 R=0
SVIEW 4.00 Filerespstrum 93/09/15 15158LC4/21 Vu=7 Lo=45 La=45 R=0
振型 5
SVIEW 4.00 Filerespstrum 93/09/15 15158LC5/21 Vu=1 Lo=0 La=90 R=0
SVIEW 4.00 Filerespstrum 93/09/15 15158LC5/21 Vu=7 Lo=45 La=45 R=0
振型 6
SVIEW 4.00 Filerespstrum 93/09/15 15158LC6/21 Vu=1 Lo=0 La=90 R=0
SVIEW 4.00 Filerespstrum 93/09/15 15158LC6/21 Vu=7 Lo=45 La=45 R=0

图 6-25

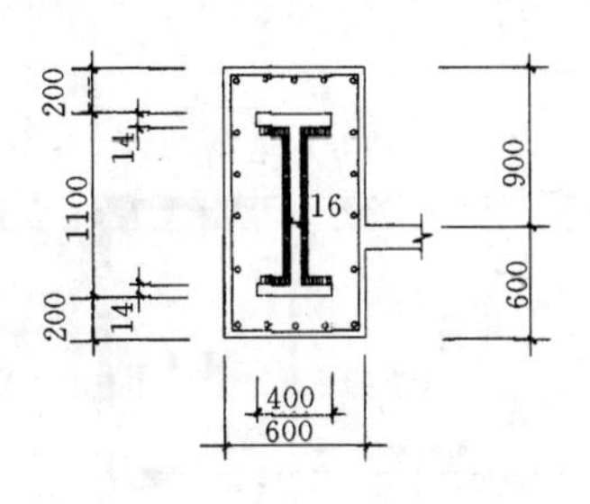

图 6-26 主梁截面示意

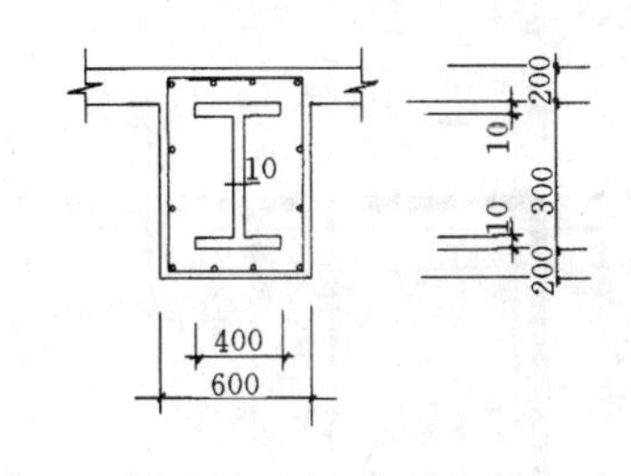

图 6-27 次梁截面示意

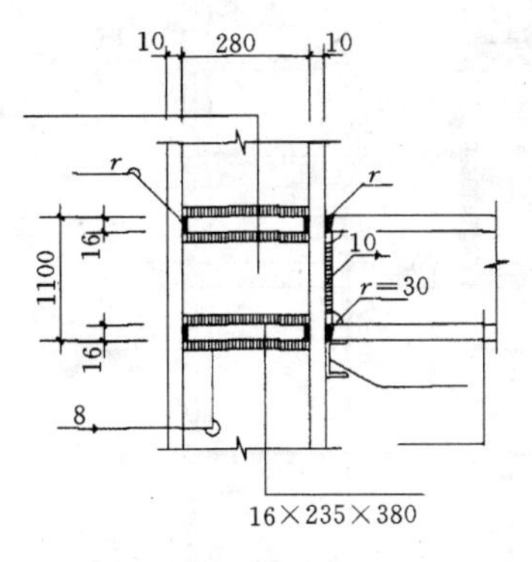

图 6-28 主梁与暗柱节点

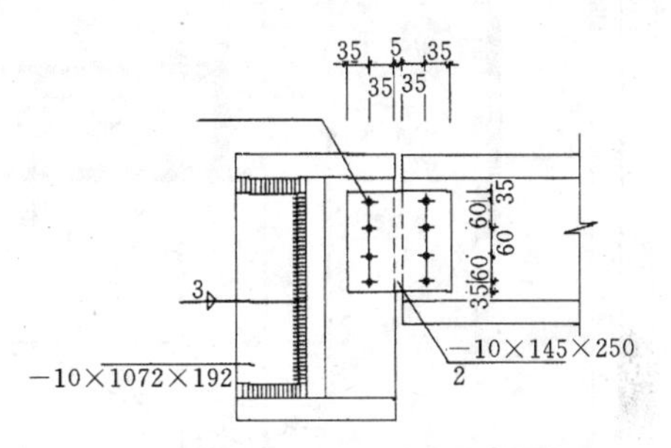

图 6-29 主梁与次梁节点

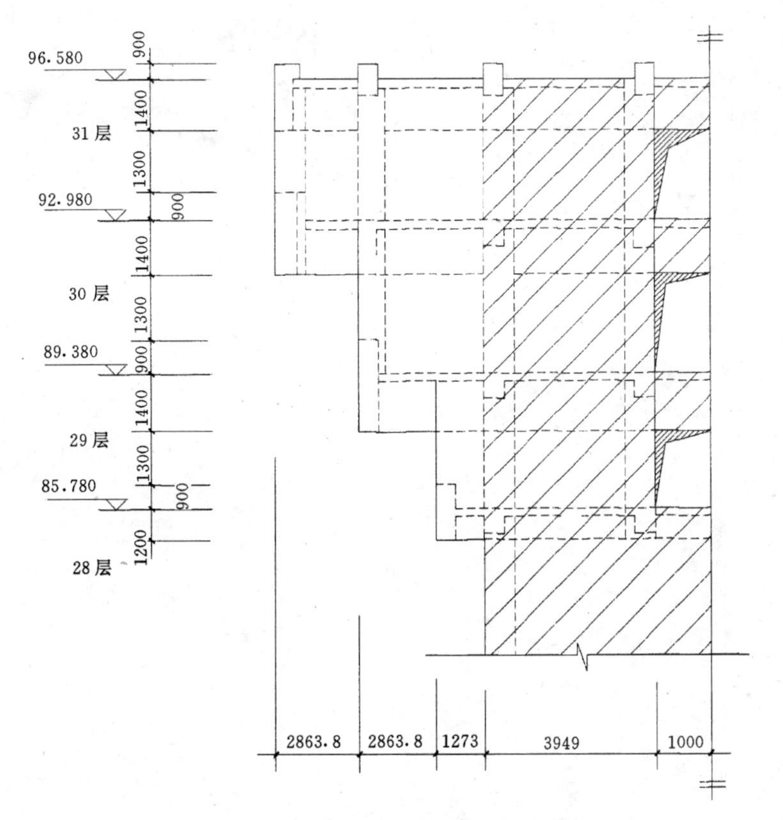

图 6-30 29～31 层悬挑剪力墙剖面

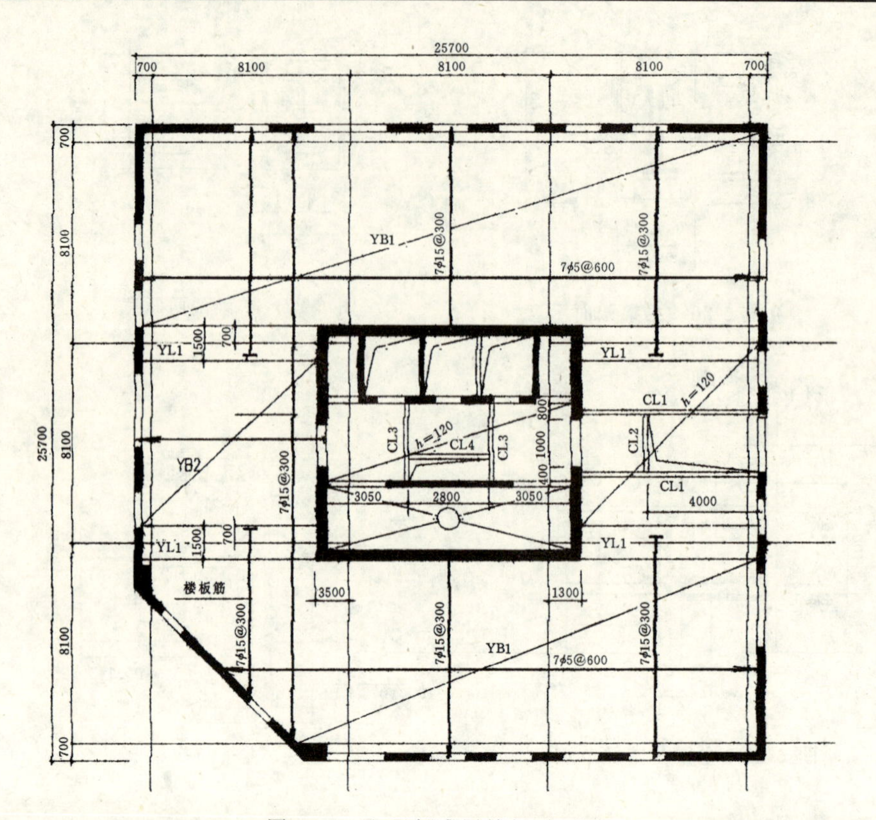

图 6-31 A 区标准层楼板平面图

7. 湖南国际金融大厦结构设计

建设地点 长沙市
设计时间 1992/1993
设计单位 长沙有色冶金设计研究院
[410011] 长沙市解放中路 147 号
主要设计者 钟 铧 孔庆海 孙英俊 徐晖 杨晓燕
本文执笔 钟 铧 孔庆海

获奖等级 全国第二届优秀建筑结构设计二等奖

一、工程简介

湖南国际金融大厦（图 7-1）位于长沙市芙蓉路与八一路交汇处东北角，是集金融、商贸、酒店、娱乐于一体的多功能公共建筑，占地面积 14000m^2，总建筑面积 126000m^2（图 7-2）。地下三层，地上裙楼 6 层、主楼 44 层，直升机停机坪标高 163.6m（图 7-3～5）。

地下三层为车库、银行金库，设备用房等；裙楼 6 层为金融、商场、餐饮、娱乐设施的营业场所；主楼 9～22 层为写字楼，24～39 层为客房，顶部设观景层、机房、水箱及停机坪等。

二、结构设计概况

建筑场地属湘江Ⅲ级阶地，上部为第四系冲积层，残积层所覆盖，岩层埋深 11m，基础埋深 16m，嵌入风化泥岩（f_K=700kPa，E_0=58MPa）5m，建筑场地按Ⅰ类考虑。长沙地震基本烈度六度，本工程为超高层建筑，按七度抗震设防。

地下室 100m×102m，采用桩筏联合基础，自防水结构，不设伸缩缝。地面建筑 96.5m×76.5m，呈 L 形，用伸缩缝分成三块（图 7-3）。

主楼 44 层，高 163.6m 采用钢筋混凝土筒中筒结构体系，外包尺寸 42m×50.4m。中筒 17.45m×22m（内空），周边墙厚，底部 0.8m，顶端 0.35m；一般隔墙上下等厚 0.2m，部分内融墙下段厚 0.3m。外框筒柱距 2.8m，下段扩大到 5.6m，部分 8.4m，第八层为结构转换层，标高▽35.00m，转换层上、下刚度比为 1.35，柱截面宽度全部为 0.8m，截面高度按受力要求确定，转换层以下采用钢骨混凝土柱。主楼结构概况详表 7-1。内外筒之间在 23 层、39 层设加强桁架，外筒顶部（39 层）设顶桁架。

主楼内外筒之间按不同使用要求采用不同形式。楼板转换层以下使用功能与裙楼相同，层高 4.8m，采用普通梁式板，与裙楼相同。9～22 层为写字楼，层高 3.6m，采用扁梁平板体系，梁高 400mm，空调风管从扁梁间进入室内，不占用净空。24～39 层酒店客房层高 3.2m，采用现浇空心板，板厚 400mm，室内天棚平整不需另行吊顶。

主楼筒体结构概况 表 7-1

层　高	内　筒		外　筒		
	混凝土强度	墙厚（mm）	柱截面（mm）	混凝土强度	裙梁截面（mm）
1～7	C55	800	钢骨截面	C55	400×1000
8	C55	800	700×800	C55	1200×3500
9～10	C55	700	700×800	C55	400×1000
11	C55	700	650×800	C50	
12～17	C55	600	650×800	C50	
18	C50	500	650×800	C50	
19	C40	500	650×800	C50	
20～22	C40	500	650×800	C40	
23、24	C40	500	550×800	C40	400×1500
25～29	C40	400	550×800	C40	300×900
30	C40	400	450×800	C40	
31～35	C40	300	450×800	C40	
36	C30	300	450×800	C30	
37～38	C30	300	350×800	C30	
39	C30	300	350×800	C30	顶桁架
40	C30	300	350×800	C30	
41～43	C30	400			

本工程用中国建筑科学研究院结构所的《高层建筑结构空间分析程序》（TBSA）进行整体分析，主要成果如表 7-2：

表 7-2

	最大层间位移 $\left(\frac{\Delta u}{h}\right)$	顶点位移 $\left(\frac{u}{H}\right)$		最大层间位移 $\left(\frac{\Delta u}{h}\right)$	顶点位移 $\left(\frac{u}{H}\right)$
x 方向风	1/1600	1/4100	x 方向地震	1/1000	1/2200
y 方向风	1/2400	1/5900	y 方向地震	1/1470	1/2700

底部剪力：x 方向：18090kN；y 方向：10339kN。

周　　期：x 方向：3.52S；y 方向：3.18S。

三、100m×102m 不设缝自防水地下室设计

为保证结构防水性能，设计采用以下措施避免混凝土开裂。

1. 采用桩筏联合基础消除地基不均匀下沉影响。本工程裙楼 6 层，主楼 44 层，基底压力为 130kPa。持力层为强风化泥岩，f_K=700kPa，E_0=58MPa。计算沉降差在 50mm 以上。

设计时采用15m长挖孔桩将主楼重量传到中风化岩层上，减少沉降差，并加大基础刚度调整基础沉降，取消沉降缝。自1994年6月基础完成后开始观测至今，最大沉降11mm，沉降差仅4mm。

2. 采取多种措施减少混凝土收缩影响

a. 设后浇带消除混凝土早期收缩的影响。筏基的后浇带布置如图7-6。后浇带间距为：混凝土墙≤30m，其他部位≤50m。

b. 采用微膨胀混凝土，抵消混凝土收缩产生的影响。混凝土的限制膨胀率一般为0.03%，后浇带的混凝土则为0.05%。

c. 合理确定后浇带浇筑时间。根据混凝土干缩的发展规律，后浇带比主体结构延长的时间为：较厚的结构（如厚度在400mm以上的墙和板）为2个月，较薄的构件（如厚度在300mm以下的肋形板或平板）为6个月。为使浇成整体结构后不再出现大的温度降，后浇带应在气温较低的冬季或初春施工，一般日平均气温不高于20℃为宜。

四、钢骨混凝土柱

为改善主楼与裙楼的交通联系，1～6层柱距为5.6～8.4m。设计轴力30000kN，如采用普通混凝土柱，截面为0.8m×2.4m（C55）；如采用钢骨混凝土柱，截面为0.8m×1.2m（图7-7）。

1. 钢骨柱选型

建筑要求，框架在筒体抗震平面方向柱截面宽度为0.8m。设计时采用双“H”型钢与腹板组成“I—I”截面的组合钢柱。从而使筒体主框架平面的抗弯抗剪能力得到较大加强，也方便框架梁的主筋从钢柱腹板中穿过，避免焊接应力对抗震性能的影响。

2. 承载能力计算

根据有关试验研究结果，钢骨混凝土柱的承载能力设计值：

$$N_u=\frac{KN_{uo}}{1+\frac{e_i\eta h}{2.5i^2}} \tag{7-1}$$

$$N_{uo}=f_cbh+(f'_{ay}-f_c)A_{ss}+(f'_{sy}-f_c)A_s \tag{7-2}$$

$$V_u=\frac{0.056}{\lambda-0.5}f_cbh+f_{yv}A_{sv}\frac{h_0}{s}+0.056N+\frac{1.3}{\lambda+1.5}f_{yw}t_wh_w \tag{7-3}$$

$$V_{ju}=(0.3+0.1n)f_cb_jh_j+f_{yv}A_{sv}\frac{h_0-a}{s}+\frac{1}{\sqrt{3}}t_wh_wf_{yw} \tag{7-4}$$

式中 K——系数，当型钢为Ⅰ级钢时为1.1，当型钢为Ⅱ级钢时为1.0；

N_{uo}——短柱轴心抗压强度；

t_W、h_W、f_{yW}——型钢腹板的厚度、截面高度及钢材强度设计值；

A_{ss}、f_{ay}——型钢的截面面积和钢材抗压强度设计值；

n——轴压比，$n=N/(A_c+\alpha_{ss}EA_{ss})f_C$。

3. 钢骨混凝土柱轴压比限制

为使混凝土结构在地震作用下有足够的延性，《建筑抗震设计规范》(GB511—89)对混凝土柱轴压比有明确规定。本工程系底层大空间的超高层建筑，底层柱抗震等级为一级，轴压比为0.6，其表达式为：

$$N \leqslant [0.6 f_c A_c + A_{ss}(f'_{ay} - f_c)] \tag{7-5}$$

4. 构造设计

由于柱中含型钢量较低（约4.9%），柱内主筋及箍筋仍按普通混凝土柱配置（图7-8）。

框架梁主筋与型钢腹板相交时，主筋从钢柱腹板钻孔中通过（图7-9），框架梁主筋与型钢柱翼缘相交时，外侧钢筋从钢柱两边绕过，中间钢筋与从钢柱上伸出的水平短板焊接，水平短板上留气孔方便混混土捣实。

钢骨柱与混凝土柱的接头位置，下端比基础高半层楼，避免钢柱与钢筋密集的基础相交，方便施工；钢柱上端插入转换大梁内，两端都焊栓钉，保证传力可靠。

五、转换梁设计

主楼平面在角部向外加宽，每边外框筒均在两个平面上。为加强转换层整体刚度，中部转换梁均延伸到角部，并用刚度大的短梁将它与角部转换梁联成整体（图7-10）。

转换梁最大跨度8.4m，梁截面1.2m×3.5m。由于转换梁刚度大，转换梁以上各柱轴力较均匀，各柱截面一致。

转换梁采用C55混凝土。为避免混凝土水化热影响形成早期表面裂缝，梁表面配置了细而密的钢筋（图7-11）。

六、现浇埋管空心板设计

酒店客房要求天棚平整，经过多方案比较确定采用现浇埋管空心板。它是在混凝土板中埋入特制的管子形成的。本工程板跨11.2m，板厚0.4m，板中埋管Φ280mm中距350mm（图7-12、7-13）。管子是无机复合材料制成的，壁厚5mm，强度高、吸水率低，满足施工要求。管井开洞14m，两边设暗梁。筒体角部设井字形暗梁，相邻井格内的空心管相垂直布置，使各梁承受的荷重均匀，以便减少构件类型。设计中空心板按单向传递荷载考虑，但考虑内外筒轴向变形差、日照温差产生的支座沉降差的影响，适当增加负弯矩钢筋。

图 7-1 湖南国际金融大厦外观

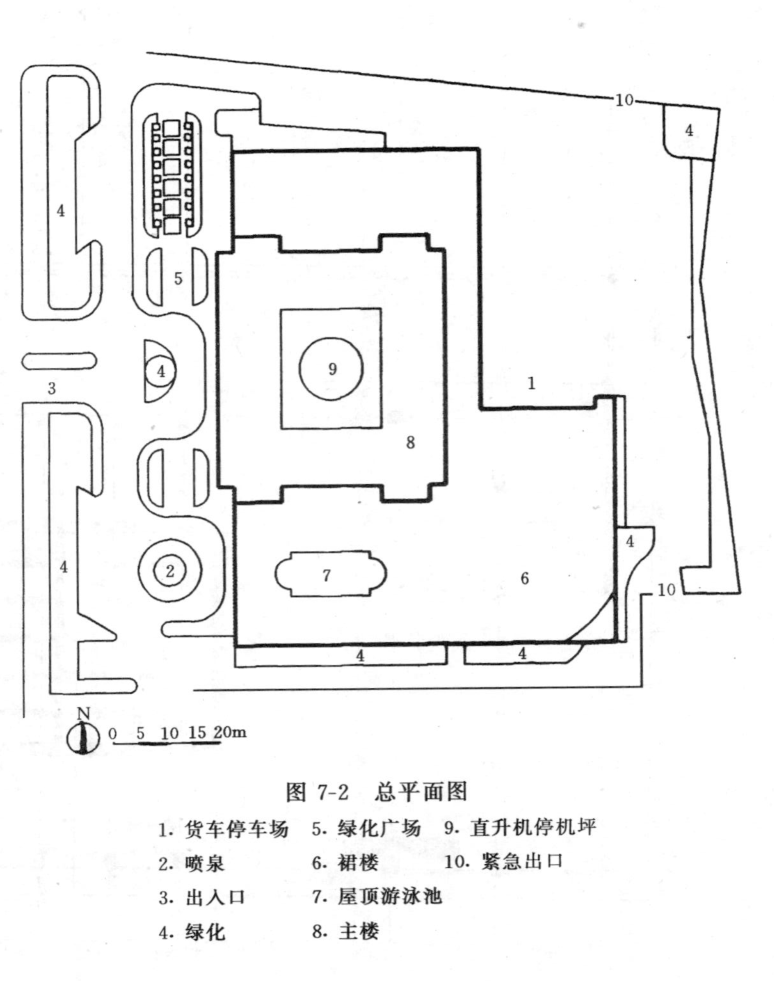

图 7-2 总平面图

1. 货车停车场 5. 绿化广场 9. 直升机停机坪
2. 喷泉 6. 裙楼 10. 紧急出口
3. 出入口 7. 屋顶游泳池
4. 绿化 8. 主楼

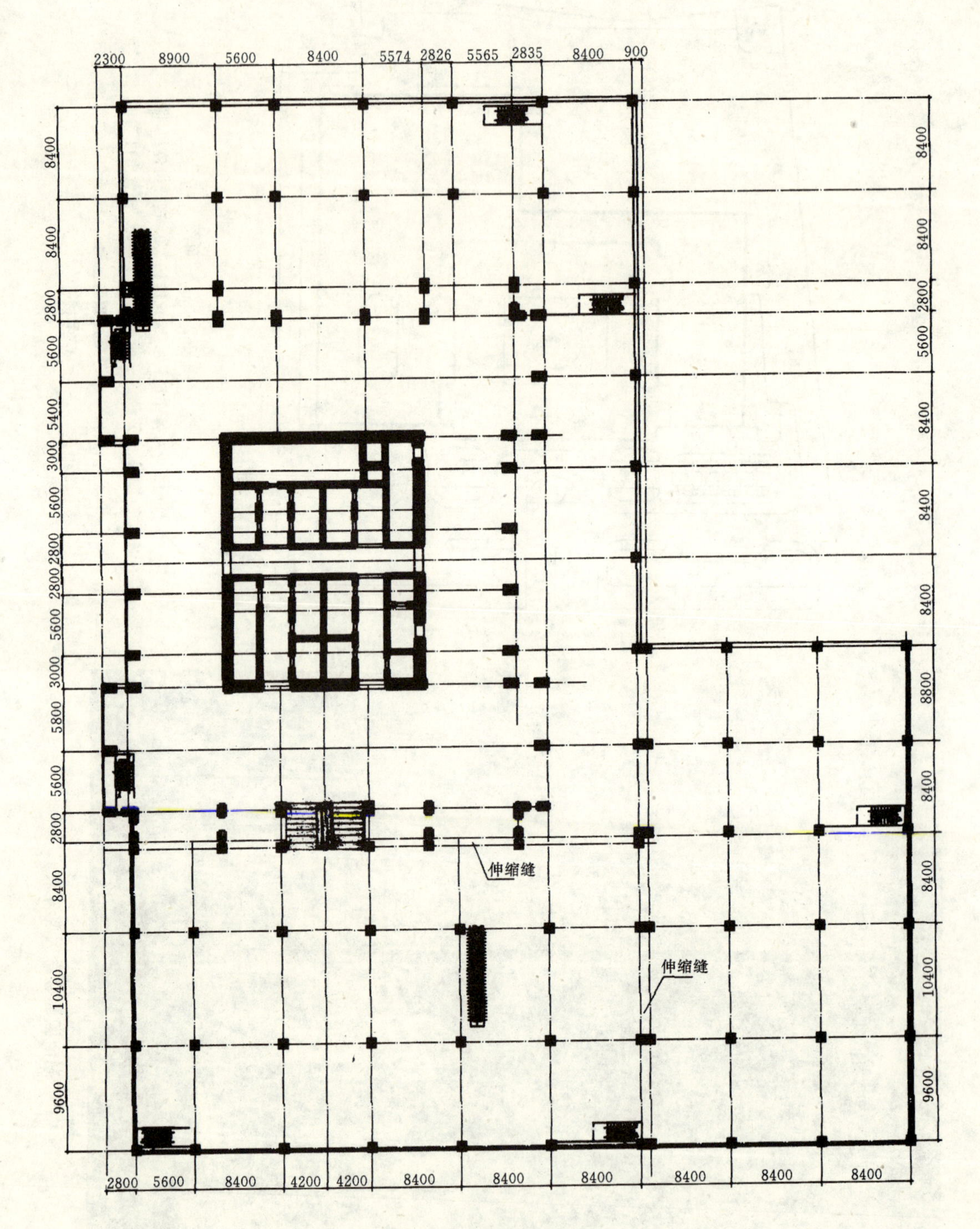
2300 8900 5600 8400 5574 2826 5565 2835 8400 900
8400 8400 2800 5600 5400 3000 5600 2800 2800 5600 3000 5800 5600 2800 8400 10400 9600
8400 8400 2800 5600 8400 8400 8400 8800 8400 8400 10400 9600
伸缩缝
伸缩缝
2800 5600 8400 4200 4200 8400 8400 8400 8400 8400 8400

图 7-3 建筑二层平面

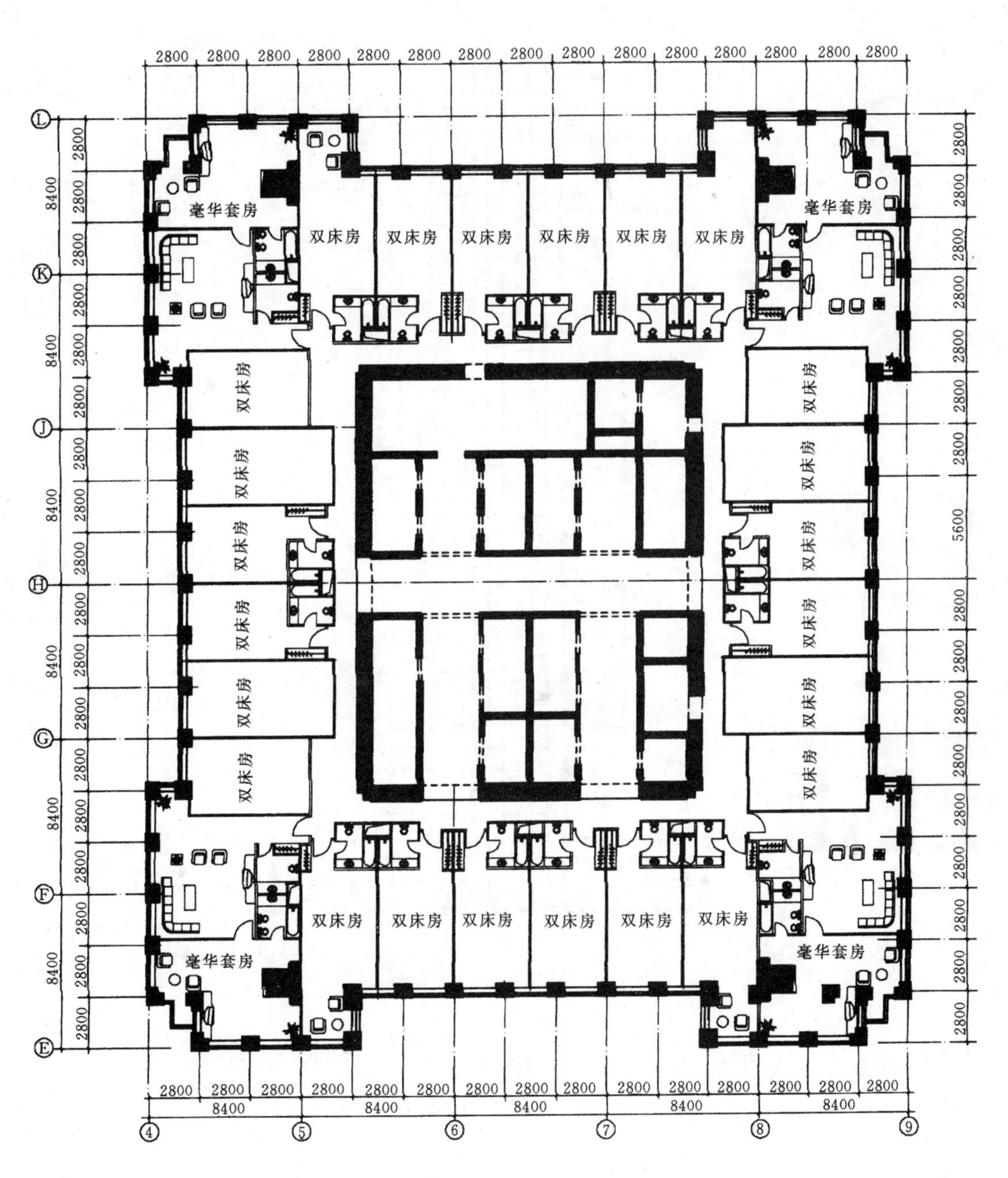

图 7-4 标准层建筑图

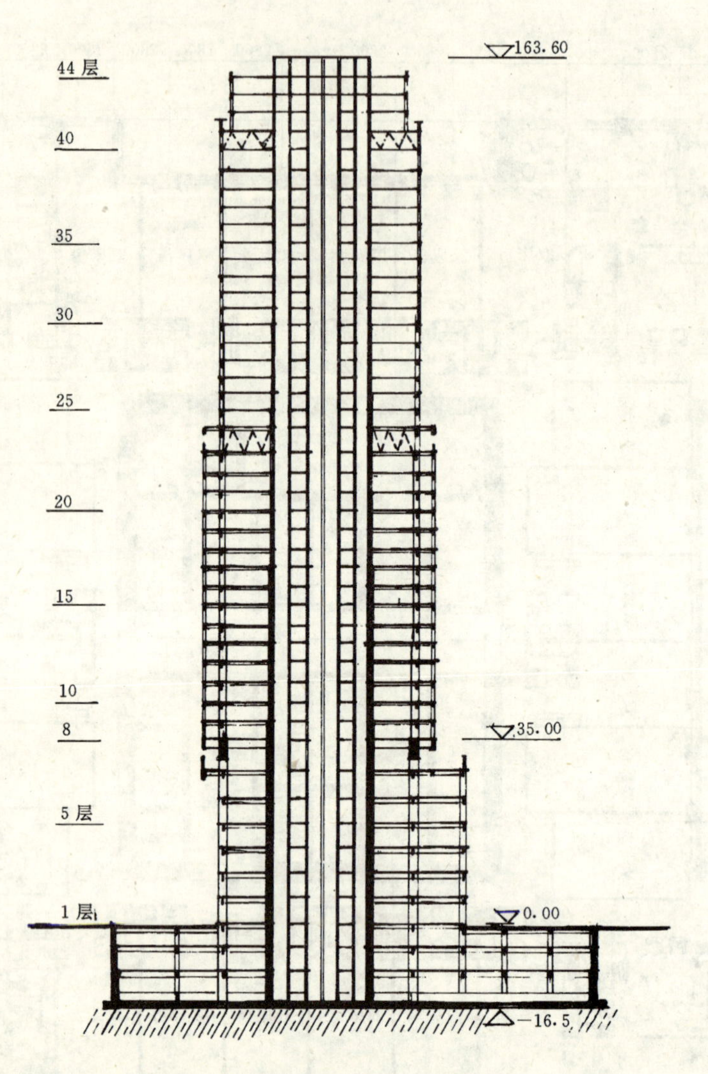

图 7-5 结构剖面图 1∶1000

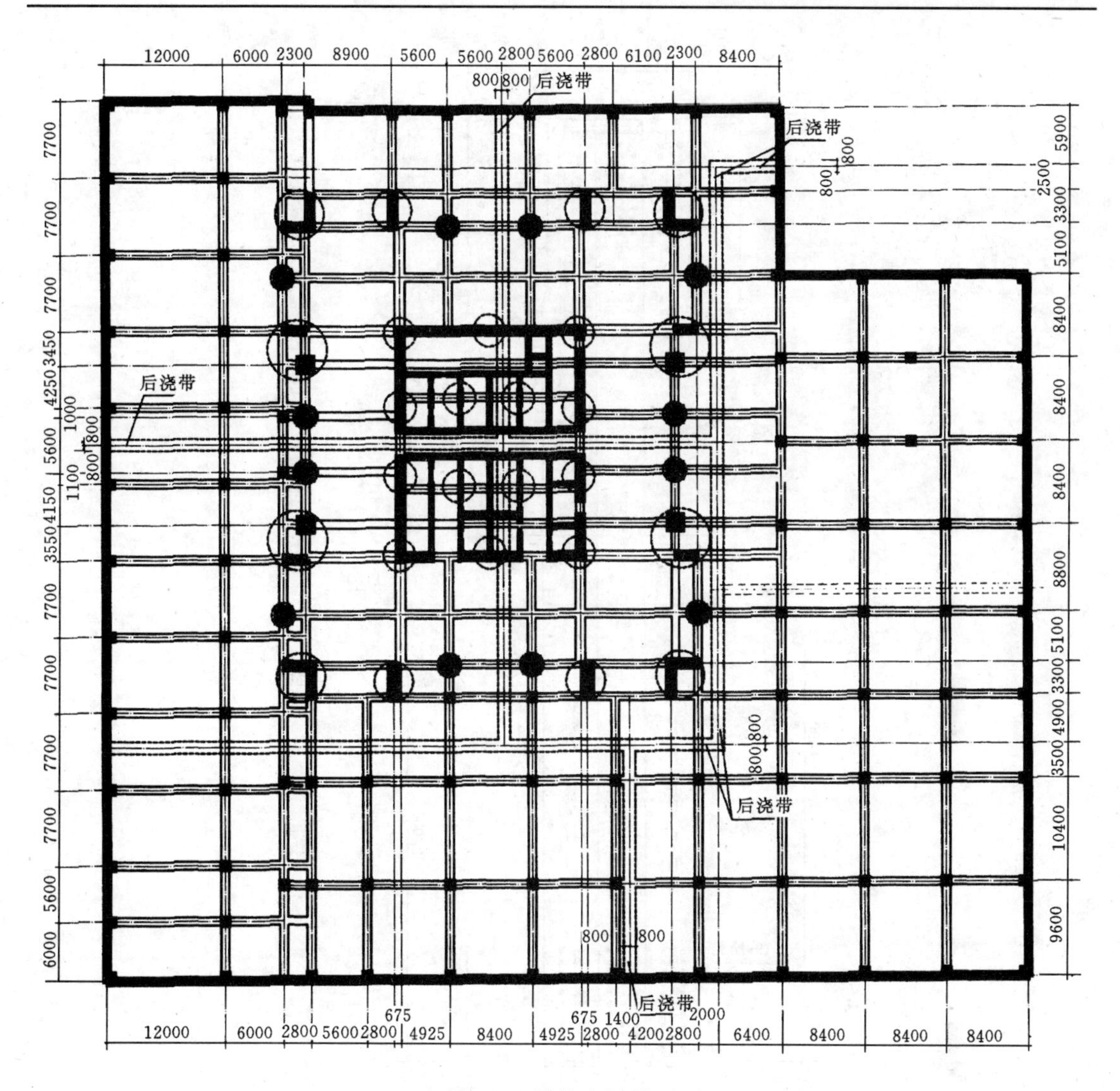

图 7-6 结构底层平面

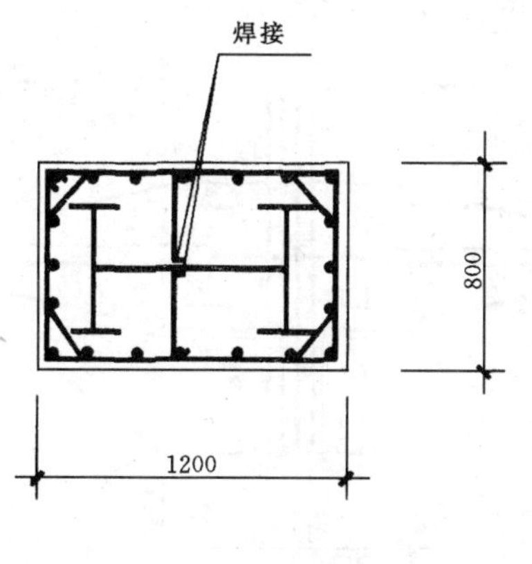

图 7-7 钢骨柱

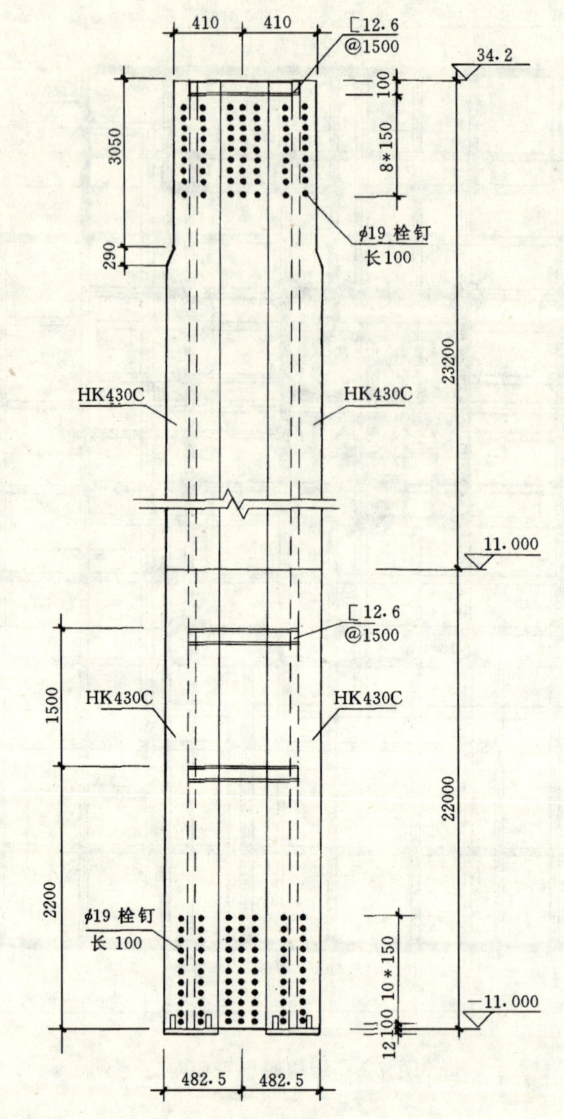

图 7-8 型钢柱大样

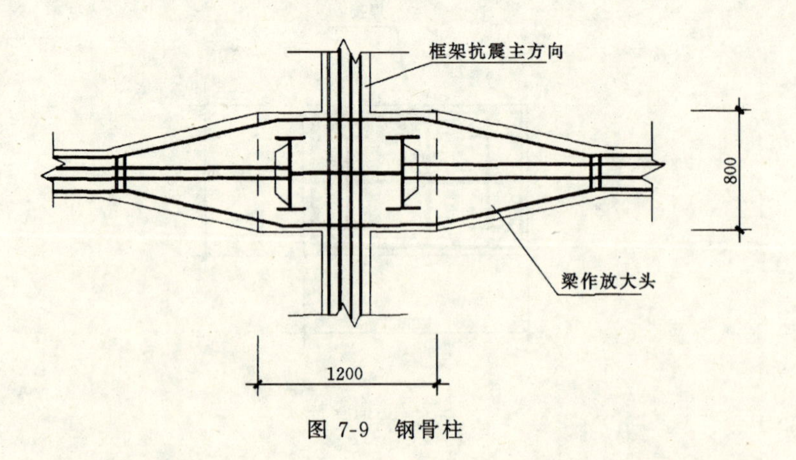

图 7-9 钢骨柱

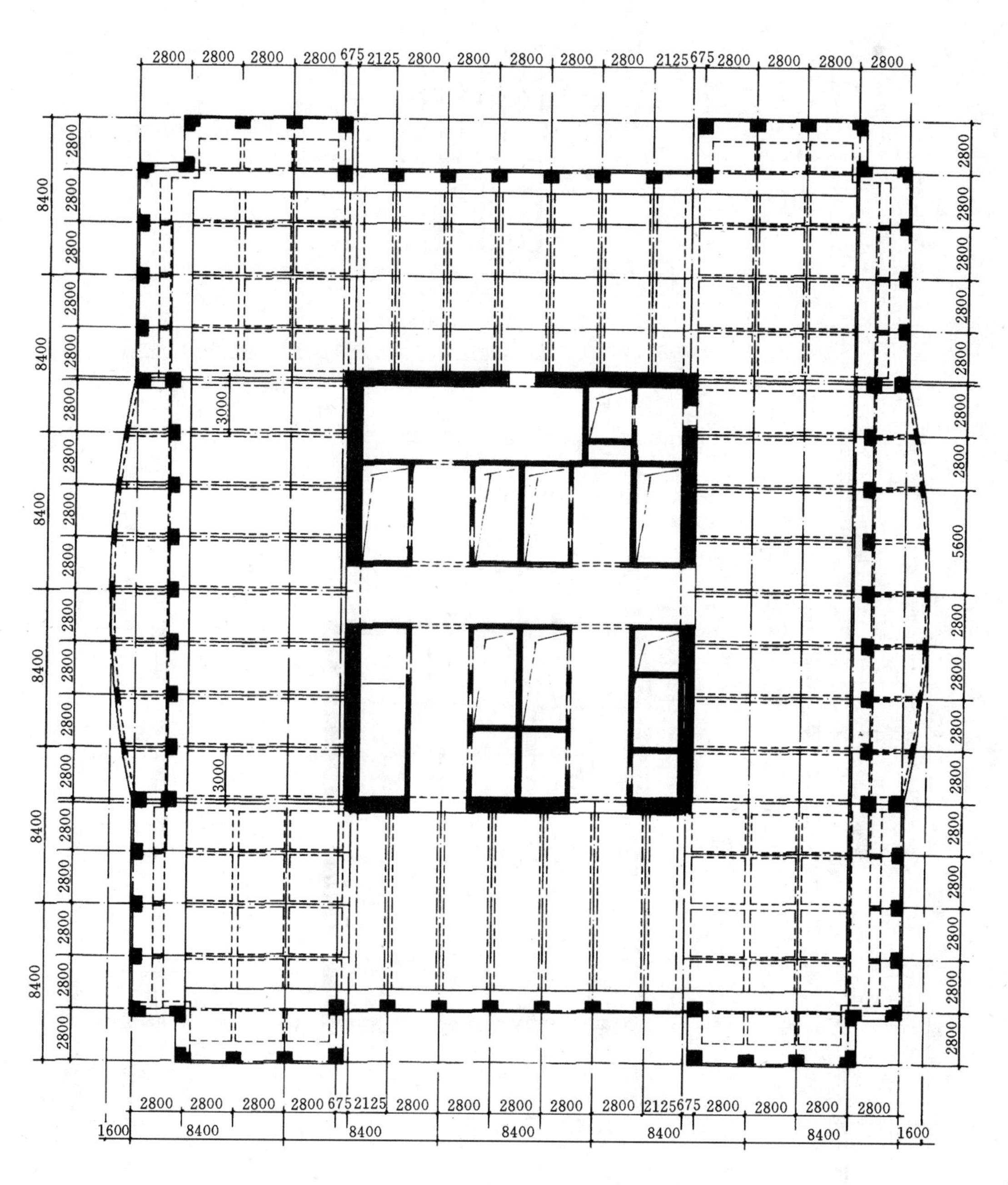

图 7-10 转换层结构布置图

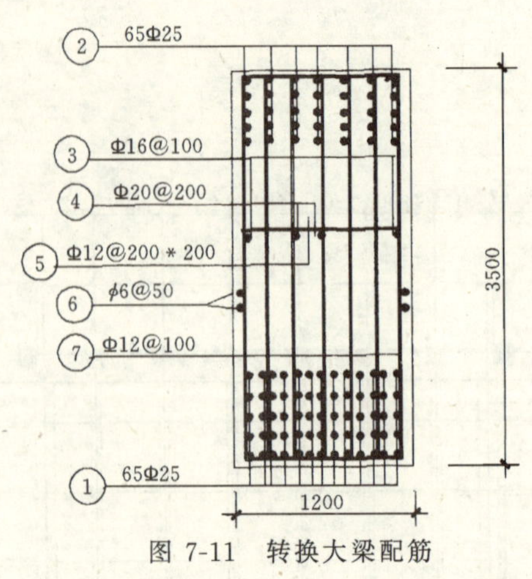

图 7-11 转换大梁配筋

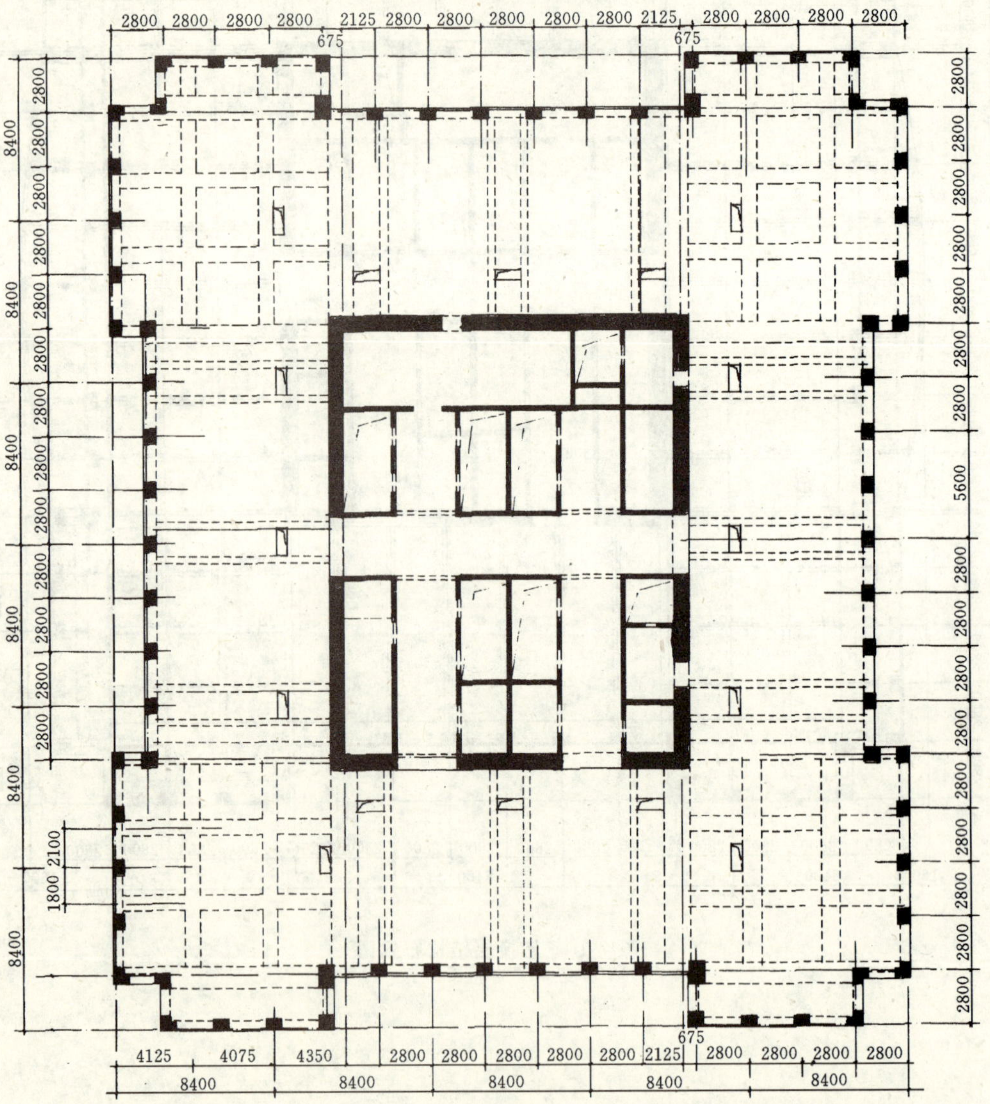

图 7-12 空心楼板结构图

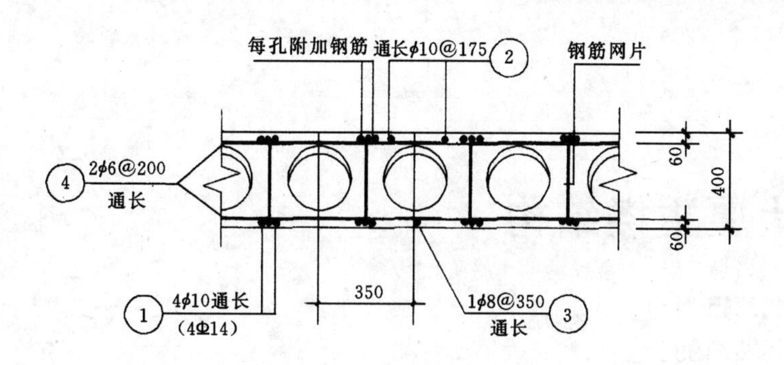

图 7-13 空心板配筋详图

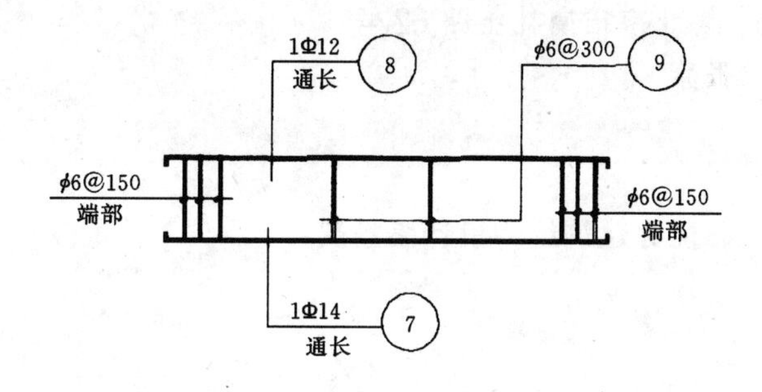

图 7-14 钢筋网片（焊接）

8. 光大大厦主楼结构

建设地点 北京市
设计时间 1991/1992
设计单位 北京市建筑设计研究院
[100045] 北京市南礼士路62号
主要设计人 胡锦媛 张徐
本文执笔 胡锦媛

获奖等级 全国第二届优秀建筑结构设计表扬奖

一、工程简介

位于长安街向西的延长线、复兴门外大街上的光大大厦(图8-1),建筑面积为33000m²,主楼部分地上29层、地下三层。地下为机房、人防、汽车库等,地上各层主要为综合性办公楼。首层层高为4.2m,二层为3.9m,三层以上为标准层,层高皆为3.2m。此外有出屋面的电梯机房及水箱间共二层,屋顶塔尖处标高为108m。

该工程由于其位置的重要,所以建筑上要求立面新颖、有变化、展示现代化面貌,因此对结构设计也提出了更高要求,而且由于规划上对总高度有限制,因此要降低每层层高,以便在规定的总高度内,尽可能增加层数。为此必须采用新技术,以达到设计合理、节约造价、施工方便、安全可靠、并最大限度满足建筑使用的要求。

本工程的主楼为全现浇框架-剪力墙结构,除中心筒外,四周楼板不设置大梁,均设计了无粘结预应力平板。平面的两端为直角三角形大平板,直角边边长为20m。该板跨度很大,但为了降低层高,方便隔墙的布置,不能设大梁,如果加厚板的厚度,则建筑物的自重将增加许多,对抗震不利。因此,经反复研究,决定采用板厚为240mm的大平板,用预应力来解决挠度过大和配筋太多的问题。

该板的设计荷载为11kN/m²(标准层),

屋面的设计荷载为12.8kN/m²。

二、无粘结预应力设计

本工程的预应力钢筋皆采用每束7Φ5的无粘结钢丝束,截面面积为137mm²,$f_y=1600\text{N/mm}^2$,$E=1.8\times10^5\text{N/mm}^2$。

预应力筋的矢高 $f=140\,mm$，混凝土强度等级为C30，张拉控制力 $\sigma_K=0.73\sigma_y$。

设计方法采用荷载平衡法，预应力筋的布筋方式、数量和计算由下列原则确定：

1. 由于该板的平面形状不规则，不同于矩形板，在同一个预应力配筋方向的板跨度是变化的，当按荷载平衡法进行计算时，不同板跨所产生的平衡荷载也不同。所以如要求平衡同样多的荷载，则长跨板内的配筋量将远远大于短跨板；

2. 由于该板的平面是等腰直角三角形，结构对称，所以板内沿两个直角边方向的预应力筋（包括非预应力筋）的配置量是应该相等和对称的，也就是二个方向的平衡荷载相同。

根据以上的原则，分析板的两个方向的平衡荷载。为简化施工，不能划分过多的板带，因此将每个方向划分为两个不同的区域，如图8-2所示：

Ⅰ区的平衡荷载为 $3kN/m^2$。

Ⅱ区的平衡荷载为 $6kN/m^2$。

在双向作用下，板平衡荷载值如图8-3：

板的每个方向按跨长分为5个区段，对跨长不同的板带，按荷载平衡法估算其预应力筋的数量，如：$L_1=17.5m$ 时平衡荷载为 $3kN/m^2$：

$$M=\frac{qL^2}{8}=F_1f$$

$$F_1=\frac{qL^2}{8f}=\frac{3\times17.5^2}{8\times0.14}=820kN$$

$$N_1=\frac{820}{120}=6.8\text{ 取 7 根/m}$$

其次跨长依次为 $L^2=15m$ 取5根/m，

$L_3=12.5m$ 取4根/m，

$L_4=7.5m$ 取3根/m，

$L_5=5m$ 取2根/m。

三、把楼板看成完全弹性板

按三面铰接支承在混凝土墙或梁上，用有限元法对板进行应力和挠度的计算；找出该板的最大弯曲应力和挠度值，根据上机计算结果分析：板的跨中下部纤维所受最大拉应力为 $1.944N/mm^2$，板所受的预压应力为 $2.5N/mm^2$，如忽略次弯矩的影响，板的压应力为 $0.556N/mm^2$，说明板内不会出现拉应力，也即不致发生裂缝。

由上机计算结果，板的最大挠度6.08 mm。

四、正截面强度的验算

根据上机计算结果，在设计荷载作用下，最大正弯矩为52kN·M，最大负弯矩为46kN·M，按预应力筋5根/m计，算出受压区高度 $x=42.8mm$。为考虑抗震的延性要求，考虑非预应力筋的配置为0.4%，Φ16@200即可满足要求。

我们还计算了板三边嵌固时的应力情况。因为板的支承情况实际上介于铰接与嵌固之间。

五、板的抗冲切、抗剪计算从略

六、荷载试验

本工程于1992年开始施工，约于1993年底结构验收。整个工程进行顺利，预应力部分的设计施工由北京市建筑工程研究院配合进行。为确保结构的安全可靠，并验证我们的设计方法是否符合实际，于1993年年底，对该三角形大板进行荷载检验。检测的项目主要是：①楼板在各级荷载作用下，各测点的变形及应力；②该板在设计荷载作用下（板自重已存在）的裂缝开展情况。

此种跨度的大板，在国内外均属罕见，而且在该工程内数量很多，全楼共计48块。因此，作一次荷载试验是必要的。本试验是在已建成的楼内进行，试验后还必须能继续使用。我们研究认为，只要楼板在试验过程中，应力、挠度及裂缝的开展都是按比例有规律的发展，则已可证明其性能。所以试验荷载加到设计值为止（比标准荷载已有一定余量）。

荷载试验是在本工程的三层顶板上进行的，选择三层是因为运荷载方便。

加载方式：与施工单位研究，以石子装袋加荷，每袋质量50kg，共需2424个石子袋。加荷共分五级，每级加荷时皆要求同步加荷。每加完一级荷载，稳定不少于半小时，然后读表，作纪录。控制点的挠度用百分表量测，控制点的板下皮混凝土应力用电阻片量测，同时观察及记录板下皮裂缝开展的时间、走向和宽度。

卸荷时也逐级卸下，每卸完一级，仍进行上述的各项观测。荷载卸完后，发现所产生的裂缝已基本消失，结构回弹，未产生残余变形。这说明已符合设计要求。

七、经验及分析

1. 根据本工程的实践，高层建筑为了降低层高，大跨度楼板不设梁，采用预应力技术，是可行的，取得了很好的效益。

2. 现场荷载试验证明，板的设计，是安全可靠的。

3. 由于是双向施加预应力，板的跨度很大，板的厚度又相对较薄，因此我们要求施工单位做出详细的预应力施工组织设计，对于预应力张拉顺序，预应力筋的位置等等，都作出明确规定。

4. 荷载试验时，裂缝出现较早，与预期有出入，板的挠度超过计算值，但仍在规范允许范围以内。我们分析，原因可能是：①板的平面形式较特殊、计算模式有偏差；②双向非预应力筋及预应力筋、电线管道等交叉在一起，会影响预应力筋的矢高；③张拉值未达到预定之值；④板的角部，因空调管道事先未留洞，板浇完后再凿，局部截断了几束预应力筋，对裂缝开展及挠度都有影响。今后此类异形大板，一是张拉值似宜有所提高，二是所有洞口，必须预留，不能后凿截断预应力筋。

图 8-1 光大大厦外观

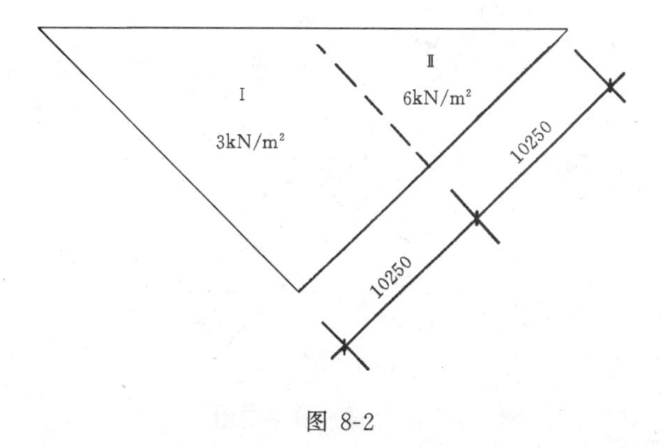

图 8-2

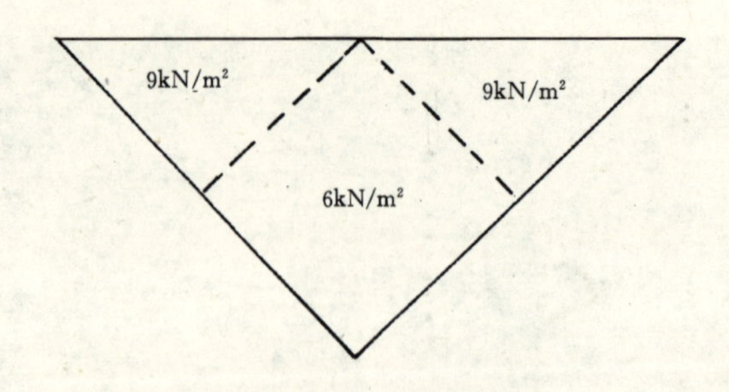

图 8-3

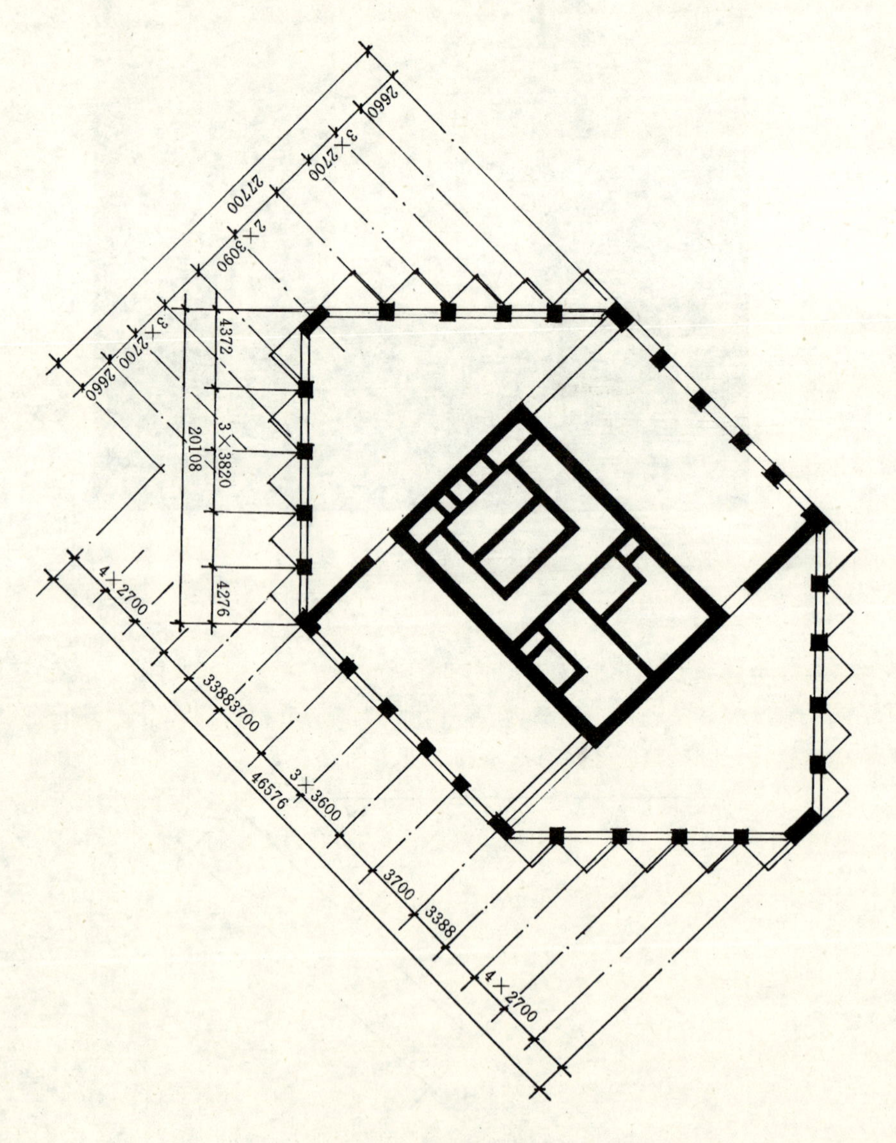

图 8-4 标准层平面图

9 深圳商业中心大厦主楼结构

建设地点 深圳市
设计时间 1988年5月～12月
设计单位 深圳市建筑设计研究总院第一设计分院
[518003] 深圳市深南东路设计院大厦
主要设计人 江凯、赵玉祥、施建华、黄警顽、黄清霖
本文执笔 江凯、赵玉祥

获奖等级 全国第二届优秀建筑结构设计二等奖

一、工程简介

深圳商业中心大厦（现名深房广场）（图 9-1）位于深圳市罗湖繁华商业中心，占地 8154m²，总建筑面积 125,000m²，地下二层，半地下一层，地面以上 50 层（其中裙房六层），顶面标高 172.05m，地下深 11.6m，是一幢兼有商业、办公及公寓等多功能的智能化综合建筑。

大厦地下二层为停车场和设备用房，半地下层为银行，六层裙楼为大型超级商场和食街，塔楼顶层为歌舞厅娱乐中心，屋顶设有直升飞机停机坪，连通的两塔楼标准层为公寓用房，其中 13 层和 27 层为设备层和避难层，49 层为设备层，50 层为机房等。

为与周围环境既相协调又显区别，平面设计采用方圆结合（图 9-2），二个 34.2m 的圆筒中间以直线和折线相连，每个圆筒内设一直径为 14.6m 的内筒，内设八部高速电梯，负责大厦的垂直运输，以及消防楼梯、配电房、卫生间及各专业的管道井。外围 12 根柱子沿直径为 30.2m 的圆周布置，柱距为 7.9m，各标准层从柱子轴线向外挑出 2～3m 不等以使平面使用灵活和增加立面美感。这种内筒外稀柱的框架—核心筒平面布局，内部空间开阔、分隔灵活、使用方便、平面利用率高。

二、结构设计概况与分析

根据使用功能和建筑立面的要求，经过多方案的分析比较后，本工程采用全现浇的钢筋混凝土内筒外稀柱的框架—核心筒结构体系（图 9-3），内筒为直径 14.6m 的圆形核心筒，在筒壁上各层均开了若干两米宽的门洞和设备专业用洞，筒内用钢筋混凝土电梯井和楼梯间隔墙拉结筒壁；外框由布置在直径为 30.2m 的圆周上由底到顶的 12 根柱组成，柱距为

7.9m。主要构件的截面尺寸及各层采用的混凝土强度等级详见表9-1。

构件截面尺寸（单位：cm）　　表9-1

楼层	墙柱混凝土强度等级	筒厚	电梯壁厚	A柱	B柱	环梁	径梁	板厚	备注
屋面						60×560	60×560	180	
49	C40	90	25	110×110	90×90	(60×110)	(60×110)	120	刚性层
48	C40	70	25	120×120	110×110	55×60	60×60	120	
47～46	C40	55	20	120×120	110×110	55×60	60×60	110	
45～41	C40	55	20	120×120	110×110	55×60	60×60	110	
40	C40	55	20	120×120	110×110	55×60	60×60	110	
39～34	C40	65	20	125×125	115×115	55×60	60×60	110	
33	C40	65	25	125×125	115×115	60×60	70×60	110	
32～31	C50	65	25	125×125	115×115	60×60	70×60	110	
30	C50	65	25	125×125	115×115	130×65	70×60	110	
29	C50	80	25	150×150	135×135	130×65	70×60	110	
28	C50	100	25	150×150	135×135	70×430	70×430	120	
27	C50	120	40	150×150	135×135	(70×110)	(70×110)	200	刚性层
26	C50	100	25	150×150	135×135	60×60	70×60	110	
25	C50	80	25	150×150	135×135	60×60	70×60	110	
24	C50	70	25	150×150	135×135	60×60	70×60	110	
23	C50	70	25	150×150	135×135	55×60	60×60	110	
22～18	C40	70	25	150×150	135×135	55×60	60×60	110	
17～13	C40	80	25	160×160	145×145	55×60	60×60	110	
12～8	C50	80	25	160×160	145×145	55×60	60×60	110	
7	C50	80	25	D=210	D=190	55×60	60×60	200	
6～2	C50	90	25	D=210	D=190	50×80	50×80	120	
1～-1	C50	90	25	D=210	D=190	50×80	50×80	150	
-2	C50	90	25	D=210	D=190			500	

为满足规范位移限值的要求，利用建筑避难层和设备层在27层和顶层设置了两个刚性楼层（图9-4、图9-5），通过刚性楼层将内筒与外柱、柱子与柱子联系起来，充分发挥柱子在抗侧力体系中的作用，以增强整个结构的侧向刚度。刚性楼层由整层楼高的12根环向大梁和12根径向大梁与上下两层楼面组成一个空间刚度较大的箱形结构，在设计时属国内首创。经过计算分析表明，结构的整体刚度较大，在水平荷载作用下，各控制位移均较好满足了规范的要求，并合理调整了内筒与外柱的内力分布；同时很好地满足了建筑的要求，获得了很好的技术经济指标。

本工程按七度抗震设防，Ⅱ类场地土。在整体结构计算中，主要采用了中国建筑科学研究院结构所编制的《多层及高层建筑结构空间分析程序TBSA》、广西大学编制的《多层及高层建筑结构三维结构计算程序STAS》和北京大学编制的《结构通用程序SAP84》等，所有计算均在IBM-PC/XT，AT微机上实现。

TBSA计算结果列下：

横向周期：T_1=4.353s，T_2=1.098s，T_3=0.454s；

纵向周期：T_1=4.059s，T_2=1.046s，T_3=0.418s；

顶点最大位移：$H/1512$；

层间最大位移：$h/1210$。

结构横向与纵向的地震基底剪力分别为27880kN和28380kN，约为总重力荷载的1.3%，可见柔性结构的地震荷载较小。

各项经济指标如下：

主要结构构件的折算混凝土厚度见表9-2，底层的结构面积与建筑面积之比为8.65%，顶层为4.89%，平均为6.77%。平均耗钢率（不包括基础）为95kg/m²。

主要结构构件的折算混凝土厚度（主楼单个筒体） **表9-2**

项目	桩基	承台（底板）	筒体	柱	楼板	框梁	次梁	电梯井墙	外墙	合计	合计（不含基础）
混凝土总量（m³）	3604	1859	4816	3716	6415	2914	1801	3242	740	29107	23644
折算厚度（m）	0.065	0.034	0.087	0.068	0.117	0.053	0.033	0.059	0.013	0.529	0.430
百分比（%）	12.4	6.4	16.6	12.8	22.0	10.0	6.2	11.1	2.5	100	
百分比（%）（不含基础）			20.4	15.7	27.1	12.4	7.6	13.7	3.1	100	

三、基础设计

根据钻探揭露，场地埋藏有人工填土、植物层、第四系冲积亚粘土、淤泥质亚粘土、细砂、砾砂、第四系残积亚粘土、朱罗系凝灰质砂岩等地层。其中朱罗系凝灰质砂岩层上部为强风化、中部为中风化、下部为微风化，其顶面埋深为15.7m～37.3m，桩端容许承载力为7500kPa。

根据地质情况，经过多方案比较，主楼采用大直径人工挖孔灌注桩基础，桩端支承在微风化岩层上。桩直径有3.4m、3.7m和4.55m三种，桩长为6～23m不等，单桩承载力分别为60MN、75MN和120MN。之所以选用这种桩型，除了承载力要求外，还要适应上部结构的特点。本工程层数多、筒体直径小、柱子数量少，基础部分的荷载非常集中，内筒承担了55%～60%的总竖向力，单柱的竖向力也十分大。为使传力简捷、构造简单，在筒体下布置了七根桩，其中六根布置在筒壁下，外围柱是单柱单桩（图9-6、7）。该桩型可以根据上部传递的荷载决定桩径，可减少桩数，避免或减少受力复杂、体积庞大的多桩承台。当基岩埋藏较浅时，可充分发挥基岩的强度，施工简便，质量容易保证，与别的桩型相比，有明显的经济效益，是高层、超高层建筑的理想桩型之一。

由于桩身直径大，为保证施工质量，当挖孔达到设计基底时，以原勘察单位为主会同有关各方下井踏勘验收，并采用干作业法浇筑混凝土，采取可靠措施减少和降低水泥水化热，以减少内外混凝土的温差来降低所产生的温度应力，防止开裂。

四、刚性楼层的设计

在高层建筑中，为了抵抗水平荷载的作用，需要一定的侧向刚度，为了达到相应的抗侧力刚度，传统的方法是加强竖向结构（内外筒体、柱等）的刚度。有时竖向结构的尺寸受到建筑功能的限制，如要求较小的柱、内筒直径（或间距）较小等，就必须采取另外的措施。利用水平刚性层加强高层建筑的侧向刚度是控制结构侧向变形的一种新方法，国内外已在一些高层建筑中应用，但多采用钢桁架系统。因钢桁架系统本身刚度有限，一般作为结构安全储备而设。本工程由于建筑功能的限制及规范对侧移限值的要求，采用了钢筋混凝土水平刚性楼层来增强结构的整体侧向刚度。

（一）刚性楼层位置的确定

高层建筑的顶层一般为设备层，另一技术层需要考虑消防、设备等要求，在中间部位附近设置。分析时将一个刚性层固定在顶层不变，另一个刚性层则布置在不同的高度位置上移动，利用 TBSA 程序进行计算分析得到：当可动刚性层设置在 $0.43H$ 高度处，顶点位移最小，比仅在顶部设一个刚性层时顶点位移减小 30%；当可动刚性层设置在 $0.57H$ 高度处时，刚性层上下部的层间相对位移值相等，此时最大层间相对位移值达到最小，也比仅在顶部设一个刚性层减小 30%左右；当可动刚性层设置在 $0.35H$～$0.50H$ 的范围内对顶点位移影响很小，而对最大层间相对位移影响较大。

大量的计算分析表明，影响刚性层最佳位置的因素较多，除与内筒、外柱及刚性楼层本身的相对刚度有关外，还与控制条件有关，需要根据具体情况来确定。对本工程这种稀柱框筒来说，相对于规范要求，层间位移的余量较小，所以控制最大层间位移更重要，实际确定位置时，还需根据建筑和设备等专业的要求统筹考虑，本工程将可动刚性层确定在地面以上 27 层，约为 $0.57H$ 高度处。

（二）刚性楼层的分析与设计

由于刚性楼层的大梁跨高比小，腹部因使用要求（避难层）而开孔，受力性能比较复杂，现行设计规范又无条文可循，所以设计难度较大。由一般空间杆系程序只能得到刚性大梁的端部内力情况，而不能直接用于设计，为此我们将起主要作用的径向刚性大梁从整体结构中截离出来，进行了模型试验和平面有限元分析，详细地了解其内部受力状态。

试验结果表明，开洞刚性大梁的破坏形态为剪切破坏，确切地说是孔洞上下小梁的剪切破坏，孔洞上下小梁中一为拉杆，一为压杆，两杆承担绝对值相同的很大的轴向力，同时承担一定的弯矩，且大部分抗剪强度由压杆提供。

理论计算结果也表明，刚性梁主要为剪切变形（特别是在孔洞附近），在与柱相接附近梁反弯挑上，将柱的轴力转移到内筒，起到调整内力的作用。在孔洞附近，实际上分为上下二根小梁作用，分别形成局部弯矩，在近内筒处，接近于深梁的内力分布。在孔洞外，剪力主要集中在梁腹部，而在孔洞处，上下肢的剪应力较大。通过变化洞口位置的比较计算，发现洞口位置设置在梁中间偏近柱为好，此时大梁的弯矩较小。

据计算和试验结果，在设计中对洞口处的上下肢分别按局部小梁考虑配置纵向钢筋，在

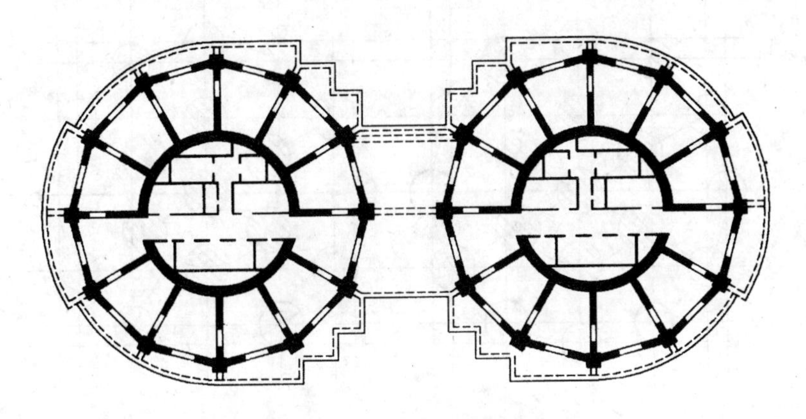

图 9-4 刚性层结构平面图

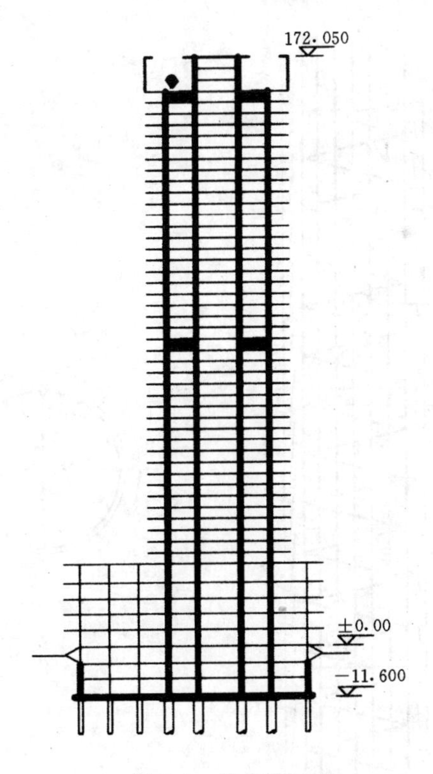

图 9-5 结构剖面图

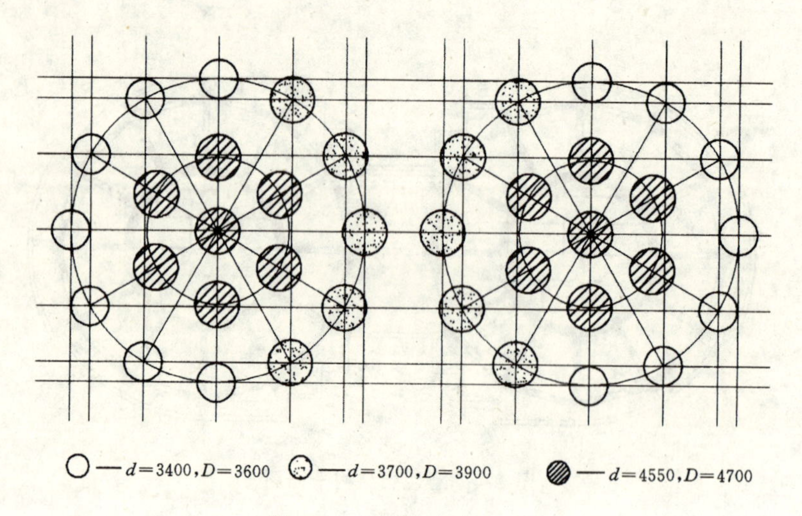

图 9-6　主楼桩基平面图

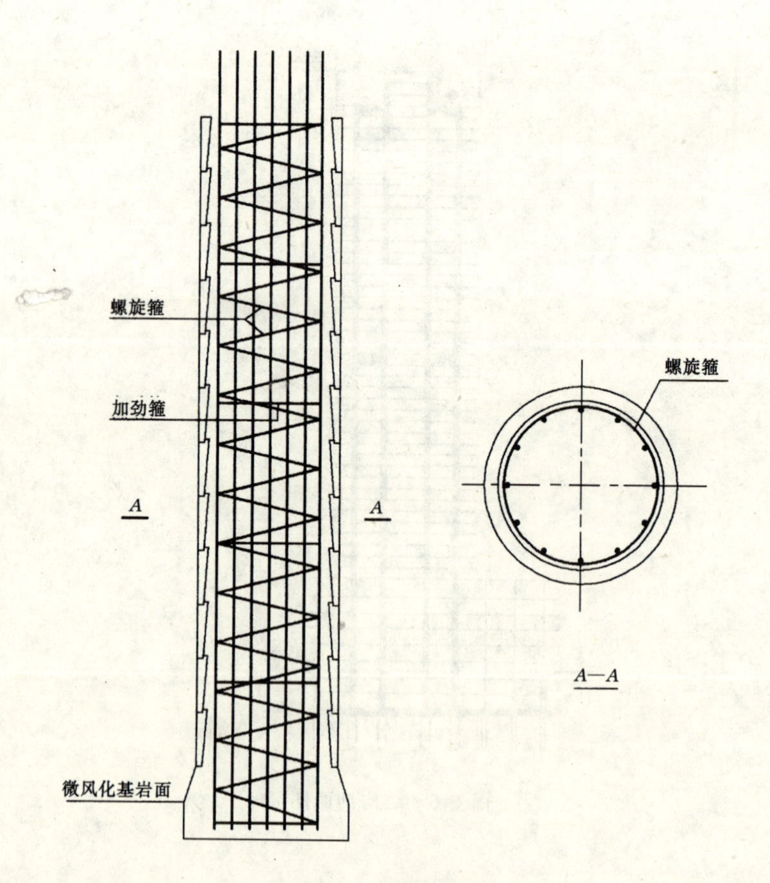

图 9-7　桩大样图

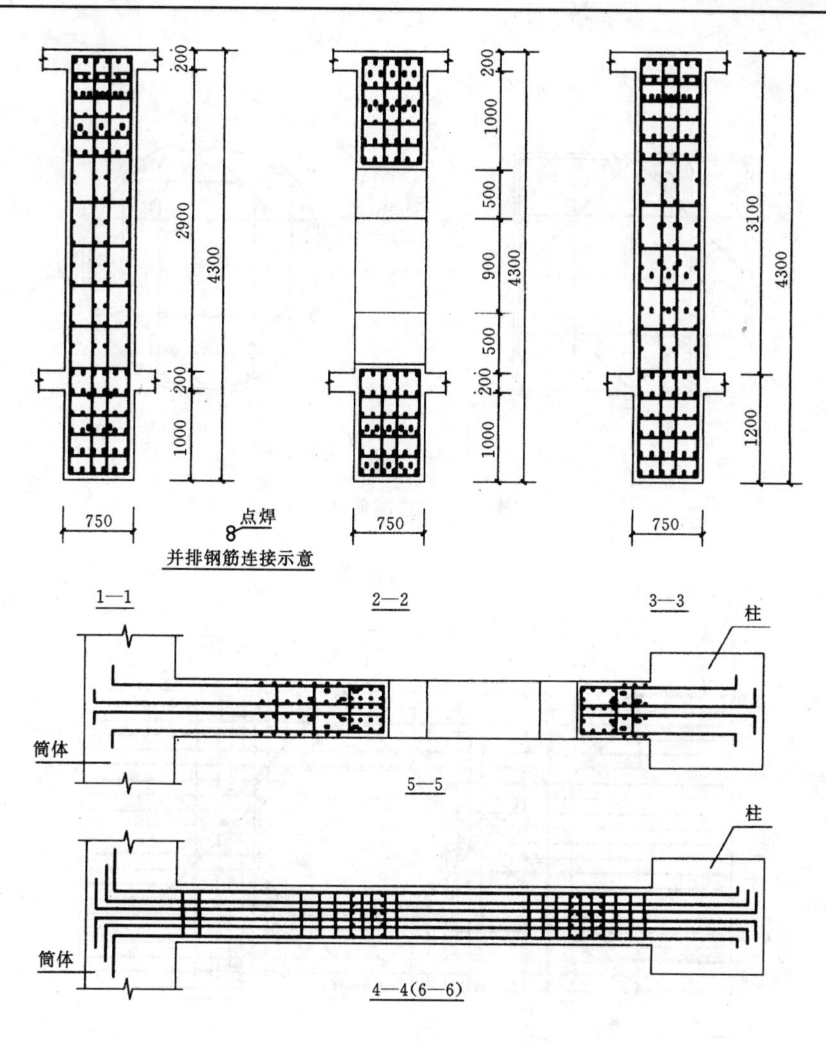

图 9-8 刚性层径向刚性大梁配筋大样

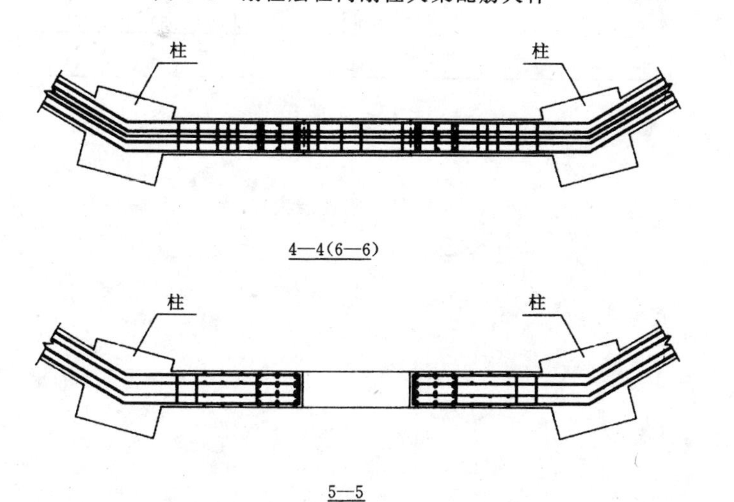

图 9-9 刚性层环向刚性大梁配筋大样

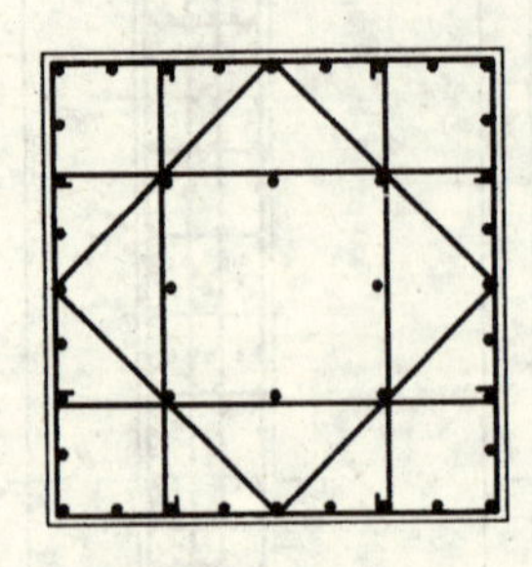

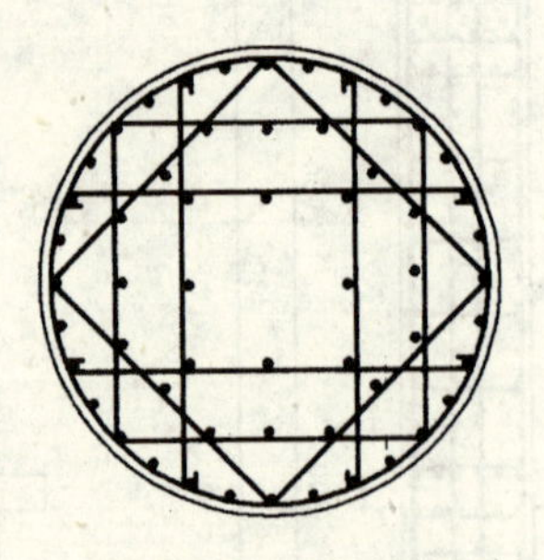

图 9-10 柱配筋图

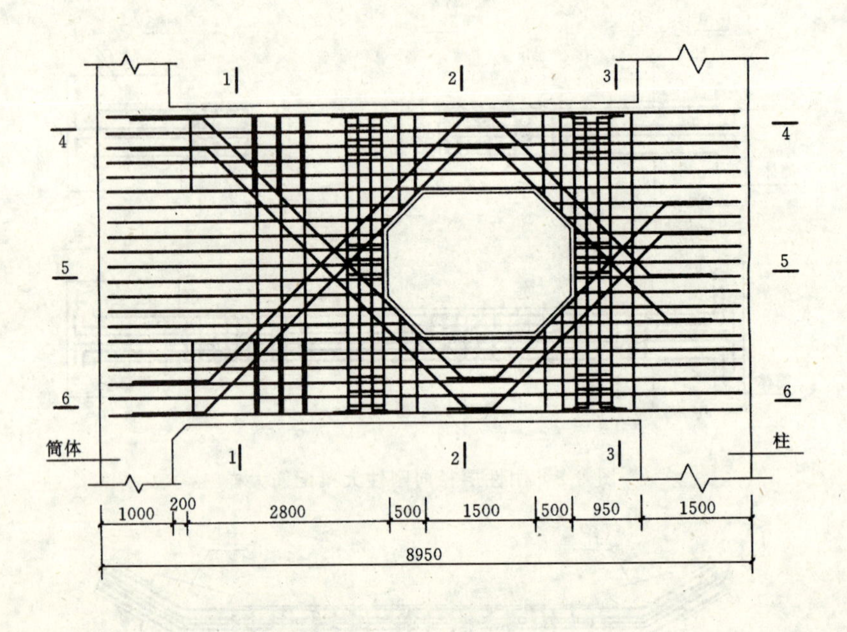

图 9-11 刚性层大梁

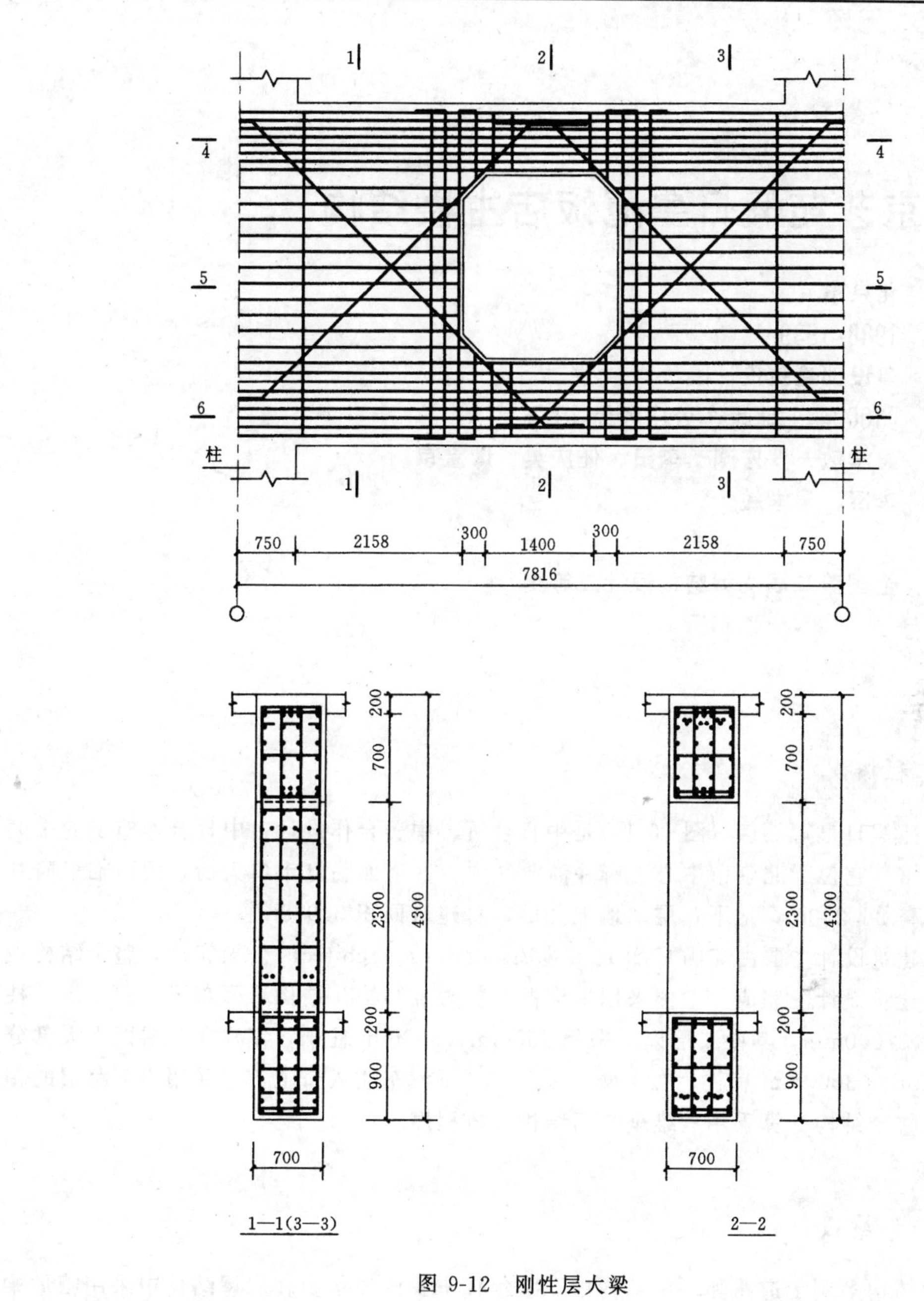
1
2
3
4
4
5
5
6
6
柱
柱
1
2
3
750
2158
300
1400
300
2158
750
7816
200
700
2300
4300
200
900
700
200
700
2300
4300
200
900
700
1—1(3—3)
2—2

图 9-12 刚性层大梁

10 北京艺苑假日皇冠饭店主楼结构

建 设 地 点　北京市
设 计 时 间　1988/1989
设 计 单 位　建设部建筑设计院
　　　　　　［100044］北京车公庄大街 19 号
主要设计人　吴学敏、罗宏渊、李田、任庆英、谭京京
本 文 执 笔　李田、吴学敏

获 奖 等 级　全国第二届优秀结构设计二等奖

一、工程概况

北京艺苑假日皇冠饭店（图 10-1）是中日合资、中美合作设计、中日合作施工的中庭式五星级宾馆。它位于北京市中心王府井商业区内，其南面临灯市口大街，西面临王府井大街。主楼高 36.200m，地下一层、地上九层，总建筑面积 34978m^2。

本工程建筑设计主要由美国 Carl Hsu & Associates Architects 公司完成，整个结构设计由建设部建筑设计院完成。主楼采用现浇框架剪力墙结构，结构平面布置成回字形。柱网 7200mm×7200mm，其中二层以下采用 650mm×650mm 柱子，该柱在三层以上大部分转换成 300mm×3000mm 扁柱；在主楼东南角，上下汽车主入口上部，采用局部跨层的箱形梁结构；整个结构计算采用三维全空间结构分析程序。

二、箱形梁设计

箱形梁结构多用于道路和桥梁结构中，80 年代末我国还很少在房屋结构中采用箱形梁结构。本工程建造在“寸土寸金”的王府井商业区内，又必须满足国际假日集团（Holiday Inn）对五星级宾馆的要求，因此三层以上设计成客房标准层，地下一层、一层和二层是商店、餐厅、汽车出入口等公共区域。为了解决上下汽车主入口必须位于主楼内的建筑功能要求，在一层与二层之间，主楼东南角、上下汽车主入口上部，采用局部跨层的箱形梁结构。箱形梁支承在截面为 1200mm×1400mm 的钢筋混凝土柱子上，箱形梁上部承受七层框架剪力墙结构。如图 10-2-4 所示。

由于箱形梁上部七层结构的柱子和剪力墙要在箱形梁上生根，因此箱形梁的竖向剪弯和在水平力作用下对整体结构有何影响是结构设计主要考虑的问题。

箱形梁上下板厚 500mm，两端侧板厚 400mm，中间两肋板厚 600mm。箱形梁纵长 17.950m，横剖面宽 22.100m，高 4.500m。其计算采用当年先进的墙板与梁两种模型。

1. 墙板模型

基本假设：

(1) 把箱形梁整体结构离散为四块墙板构件，箱形梁上下板视为普通楼板不计入构件受力计算中，如图 10-5 所示，但离散后的墙板计算高度包括上下板厚。

(2) 墙板构件只计其在平面刚度，令其出平面刚度为零。如图 10-6 所示，墙板的输入与输出模型的物理方程是

$$[F]=[K][\Delta] \tag{1}$$

式中 $[F]$ ——墙板力向量，$[F]=\{Q_1 \quad N_1 \quad M_1 \quad Q_2 \quad N_2 \quad M_2\}^{\mathrm{T}}$；

$[\Delta]$——墙板位移向量，$[\Delta]=\{U_1 \quad V_1 \quad \theta_1 \quad U_2 \quad V_2 \quad \theta_2\}^{\mathrm{T}}$；

$[K]$——普通剪力墙元刚度矩阵，是 GA、EA 和 EI 的函数。

如将上述墙板的输入与输出模型编入计算程序，会造成大量刚域计算前处理工作，繁琐且误差无法估计。因此可将上述模型广义转换一下，变成如图 7 所示的计算模型。假设这种六个自由度的墙板计算模型还满足墙板竖向受力时的平截面假设，于是有

$$[\Delta]=[N][\delta] \tag{2}$$

式中 $[\delta]$ 为墙板计算模型位移向量，$[\delta]=\{u_1 \quad u_2 \quad u_3 \quad u_4 \quad u_5 \quad u_6\}^{\mathrm{T}}$；

$$[N]\text{ 为广义位移转换矩阵,}[N]=\begin{bmatrix} 0 & 1 & 0 & 0 & 0 & 0 \\ 0 & 0 & 0 & 0 & \frac{1}{2} & \frac{1}{2} \\ 0 & 0 & 0 & 0 & \frac{1}{L} & \frac{-1}{L} \\ 1 & 0 & 0 & 0 & 0 & 0 \\ 0 & 0 & \frac{1}{2} & \frac{1}{2} & 0 & 0 \\ 0 & 0 & \frac{1}{L} & \frac{-1}{L} & 0 & 0 \end{bmatrix}$$

不难证明 $[N]$ 是可逆矩阵。

两种模型的转换关系如下[7]：

$$\begin{cases} [F]=[K][\Delta] \\ [f]=[\tilde{K}][\delta] \end{cases};\qquad \begin{cases} [f]=[N]^{\mathrm{T}}[F] \\ [\tilde{K}]=[N]^{\mathrm{T}}[K][N] \\ [\delta]=[N]^{-1}[\Delta] \end{cases}$$

(3) 为了保证墙板和连接于墙板的其它构件（梁、柱）之间在平面转动的连续性，必须在连接楼面标高处设置一单参数刚梁，此梁的参数为：截面 $a\times b=0\times 0$，轴向刚度 $EA=$

0，抗剪刚度 $GA=0$，抗扭刚度 $EJ=0$，竖向抗弯刚度 $EI1=\infty$，横向抗弯刚度 $EI2=0$。

例如图 10-8 所示的情况，刚梁 1 左端为连续端，右端为铰接端；刚梁 2 两端均为连续端。墙板应承受的竖向荷载也是通过刚梁施加到结构计算中去的。

实际上墙板模型是把墙板视为一竖向在平面受弯的构件，通过整体空间静力与动力分析求出在各种荷载组合条件下的墙板内力（见图 10-6）。因为箱形梁的竖向弯剪是不可忽略的，所以用此模型来模拟计算箱形梁构件本身的受力是有误差的。但是这种模型可以更准确地反应出在动力荷载作用下箱形梁对整体结构的影响。

2. 梁模型

基本假设：

(1) 把箱形梁按当时规范[1][3]离散成位于结构二层楼面处的“工”和“]”梁，如图10-9所示。

(2) 梁为空间受力构件，其参数除抗扭刚度 $EJ=0$ 外，其它刚度（EA、GA、$EI1$、$EI2$）均按实际截面计算。

运用上述假设，通过空间整体结构静力与动力分析，可计算出箱形梁在各种荷载组合条件下的内力。从计算结果可知，梁水平方向的弯矩与剪力很小，可以忽略不计。

3. 实际配筋设计

箱形梁的实际配筋设计主要依据梁模型计算出的内力，同时验算作为深梁时墙板模型计算出的内力[4]和作为剪力墙时按墙板模型计算出的内力。

此外，在箱形梁的配筋设计中还要考虑挠度、裂缝和剪力滞后的影响。

4. 施工要求

箱形梁跨度大，上部又有七层结构整体工作，因此结构自重对变形与内力影响很大。在箱形梁计算中所有自重荷载均是一次施加到整体结构上、然后传递给箱形梁的，这就会遇到施工阶段混凝土收缩、徐变以及施工未完成时结构非整体工作下、施工荷载对箱形梁的影响。为了使设计与施工更好地协调一致，本工程在施工中强调必须在整体结构施工完成后，方可拆除箱形梁以下结构（包括地下一层）的模板支护。

三、扁柱（短墙）设计

本工程底层的门厅、商场、艺术沙龙等公共活动场所需要尽可能大的视野空间，而三层以上为客房。为“尽可能减小结构空间，扩大使用面积”，设计中大量采用了变截面柱结构，如图 10-2、10-3、10-10 所示。柱子一层为 650mm×650mm 方柱，二层以上改为 300mm×3000mm 扁柱（短墙），在满足了水、设备与电各工种要求后，造成了与扁柱相交的梁布置也很复杂，如图 10-10 所示。扁柱采用了双向柱与单向短墙两种力学模型。

1. 双向柱模型

基本假设：

(1) 把扁柱视为 300mm×3000mm 截面的双向柱空间受力构件，忽略扁柱截面长宽比过大的影响，其轴向刚度 EA、抗剪刚度 GA、抗扭刚度 EJ，以及主、副方向抗弯刚度 $EI1$、$EI2$ 均按实际计算。

(2) 在同一楼层、同一方向与同一根扁柱相交的所有梁（2 根或 3 根），按其实际位置合成为节点处以竖向与水平方向为主、副轴的一根梁参加结构计算。

这种模型受力明确、计算简便，计算结果比较准确地反映出了弹性阶段整体结构的受力性能。但是对于长宽比为10的扁柱，其破坏机理介于剪力墙破坏与柱子破坏两者之间[4]，因此还应按单向受力构件计算扁柱。

2. 单向短墙模型

基本假设：

(1) 把扁柱视为300mm宽，3000mm长的单向受力构件，其轴向刚度 EA、主方向抗剪刚度 $GA1$ 和主方向抗弯刚度 $EI1$ 按实际计算，抗扭刚度 EJ，副方向抗剪刚度 $GA2$ 和副方向抗弯刚度 $EI2$ 取0。

(2) 同双向柱模型中基本假设(2)。

3. 实际配筋设计

扁柱的实际配筋按当时规范[3]，分两步进行：

(1) 按单向柱模型内力，求出在各种荷载工况下的扁柱单向配筋结果，取其最大值为 $Ag1$。

(2)按双向柱模型内力，求出在各工况下已有 $Ag1$ 存在时的双向偏压柱长边配筋结果，取其最大值为 $Ag2$，如图10-11所示。

扁柱中抗剪钢筋不小于两种模型所有工况下的最大配筋值。同时按构造要求配置梁与梁之间的拉结钢筋。

四、空间整体动力分析

结合当时规范[5][6]的有关规定，对本工程进行了空间整体振型分解反应谱分析。本工程位于Ⅱ类场地土，设计烈度为8度，计算前10个振型，采用CQC振型组合法，阻尼比取0.05，地震波分别由南北与东西两个方向传来。

表10-1列出了扁柱按双向柱模型计算时，主楼整体结构在"0.8×(静载+0.7活载+地震作用)"工况下结构东南角处的弹性侧移值。从表10-1可分析出箱形梁按梁模型与按墙板模型计算对整体结构影响是很大的，设计时必须同时考虑。

整体结构东南角处的位移 **表10-1**

层号	层高(m)	方向	箱形梁按墙板计算		箱形梁按梁计算	
			南北地震	东西地震	南北地震	东西地震
9	3.600	X	0.01115	0.00297	0.00984	0.00340
		Y	0.00133	0.01368	0.00051	0.01583
		θ	0.00007	0.00016	0.00005	0.00019
8	2.900	X	0.00933	0.00256	0.00834	0.00293
		Y	0.00101	0.01171	0.00042	0.01359
		θ	0.00005	0.00014	0.00004	0.00016
7	2.900	X	0.00780	0.00220	0.00708	0.00253
		Y	0.00075	0.01011	0.00037	0.01176
		θ	0.00004	0.00012	0.00003	0.00014

续表

层　号	层　高 (m)	方　向	箱形梁按墙板计算		箱形梁按梁计算	
			南北地震	东西地震	南北地震	东西地震
6	2.900	X Y θ	0.00625 0.00052 0.00003	0.00183 0.00851 0.00010	0.00581 0.00034 0.00003	0.00210 0.00992 0.00012
5	2.900	X Y θ	0.00474 0.00034 0.00003	0.00144 0.00692 0.00008	0.00456 0.00032 0.00003	0.00167 0.00808 0.00009
4	2.900	X Y θ	0.00332 0.00027 0.00003	0.00107 0.00540 0.00006	0.00338 0.00030 0.00002	0.00124 0.00630 0.00007
3	2.900	X Y θ	0.00210 0.00034 0.00003	0.00073 0.00398 0.00004	0.00235 0.00029 0.00002	0.00085 0.00463 0.00005
2	5.000	X Y θ	0.00123 0.00045 0.00003	0.00047 0.00277 0.00003	0.00159 0.00028 0.00001	0.00055 0.00321 0.00003
1	4.500	X Y θ	0.00095 0.00009 0.00001	0.00025 0.00117 0.00001	0.00088 0.00008 0.00000	0.00024 0.00138 0.00001
地下 1	5.600	X Y θ	0.00021 0.00001 0.00000	0.00001 0.00019 0.00000	0.00019 0.00000 0.00000	0.00000 0.00020 0.00000

五、结束语

本工程客观条件（王府井规划限制、造价控制、使用功能要求等）使得结构上不得不采用箱形梁与扁柱结构。当时实际设计中的抗震理论均是基于地面一维平动考虑的，但地震是六维向量，用概念设计解决实际结构在其它五维地动向量作用下的抗震问题是非常必要的。因此在基于上述分析的基础上，本工程对主楼结构抗震设计采取了一系列构造措施，如箱形梁下部采用1200×1400大柱支撑，箱形梁上下采用500厚板，通过与建筑师协商调整房间布局，改变楼层质心位置，以减少结构质心与刚心的偏距等。

本工程技术经济指标：最大总体位移：$\Delta/H=1/2010$；最大层间位移：$\delta/h=1/1960$；混凝土用量（折算C28）：$0.330m^3/m^2$；钢材用量：$87kg/m^2$。

本工程设计于80年代末，建造完成于90年代初。近几年随着计算机技术的高速发展，结构分析与设计也跨上了新的台阶。笔者认为用目前的结构分析方法设计本工程，有些构件可以设计得更经济。

参 考 文 献

[1] 公路桥涵设计规范，人民交通出版社，1975 年
[2] Ashraf Habibullah, Three Dimensional Analysis of Building Systems ETABS, Computers & Structures Inc., Berkeley, California, U. S. A., 1986
[3] 钢筋混凝土结构设计规范（TJ10—74），中国建筑工业出版社，1974 年
[4] 85 年钢筋混凝土设计规范背景资料汇编，中国建筑科学研究院，1985 年
[5] 工业与民用建筑抗震设计规范（TJ11—78），中国建筑工业出版社，1978 年
[6] 钢筋混凝土高层建筑结构设计与施工规定（JGJ—79），中国建筑工业出版社，1980 年
[7] 罗宏渊、李田：北京艺苑假日皇冠饭店结构设计，建筑结构学报，第 11 卷第 2 期，1990 年

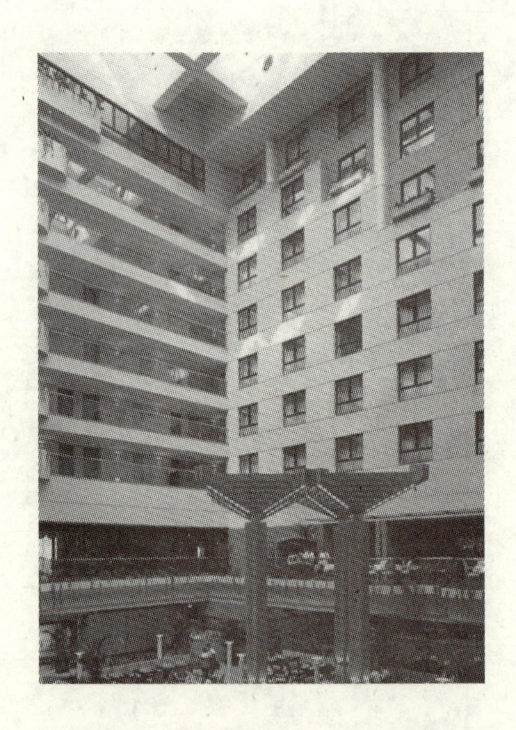

图 10-1　北京艺苑假日皇冠饭店外观

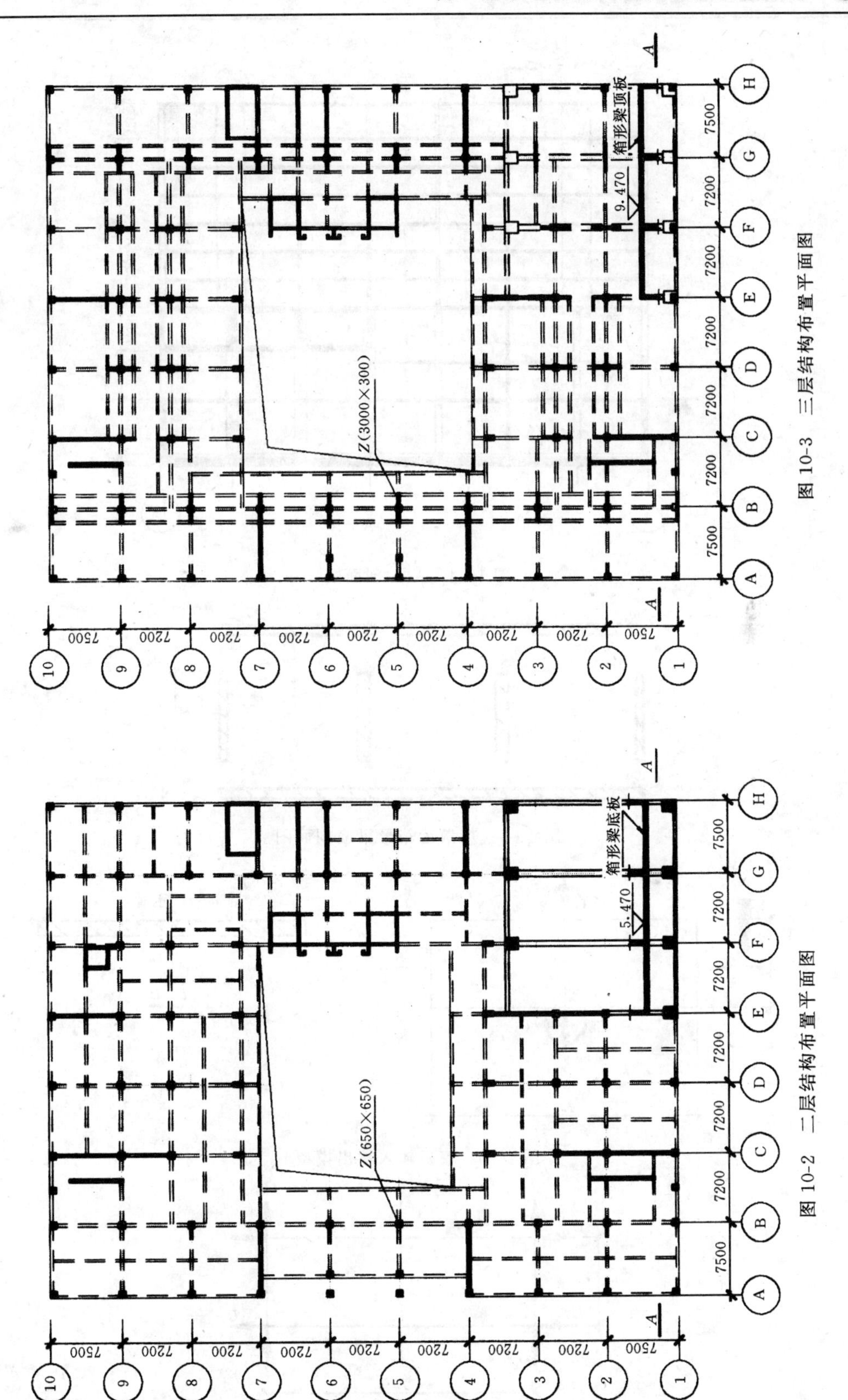

图 10-3 三层结构布置平面图

图 10-2 二层结构布置平面图

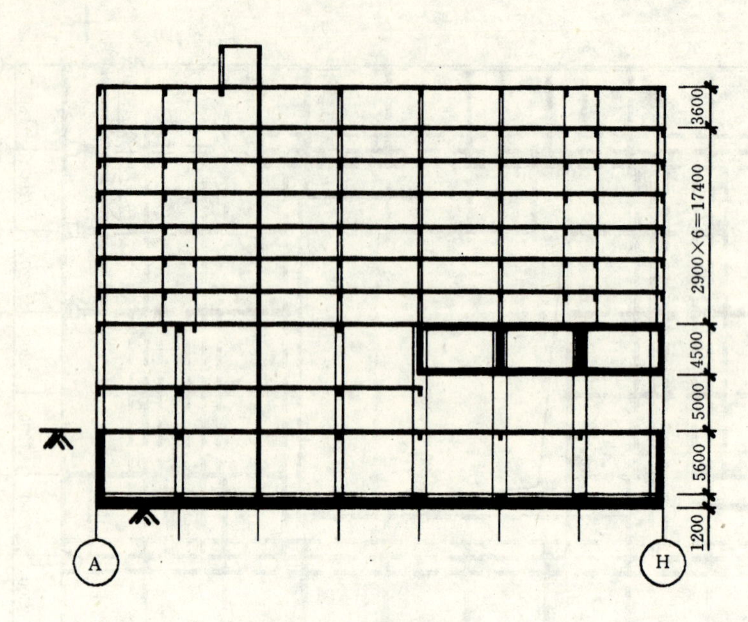

图 10-4　A-A 剖面图

图 10-5　离散后箱形梁横剖面图

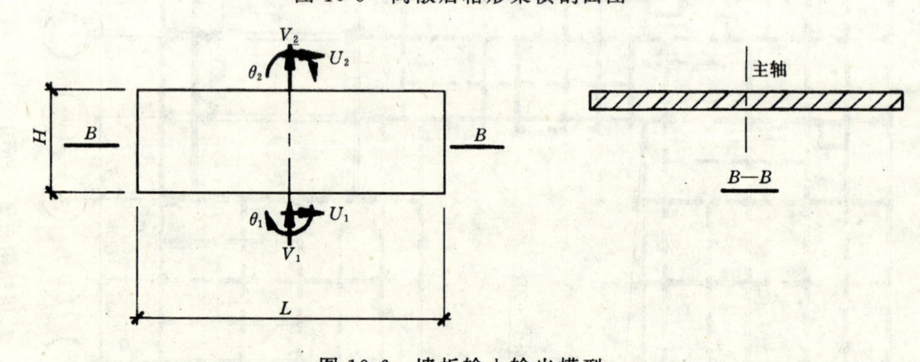

图 10-6　墙板输入输出模型

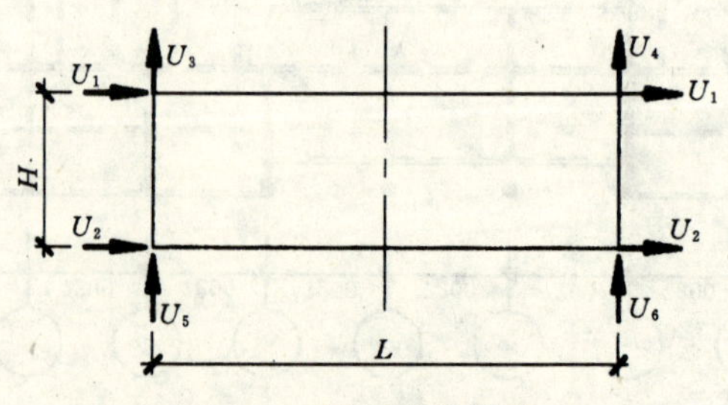

图 10-7　墙板计算模型

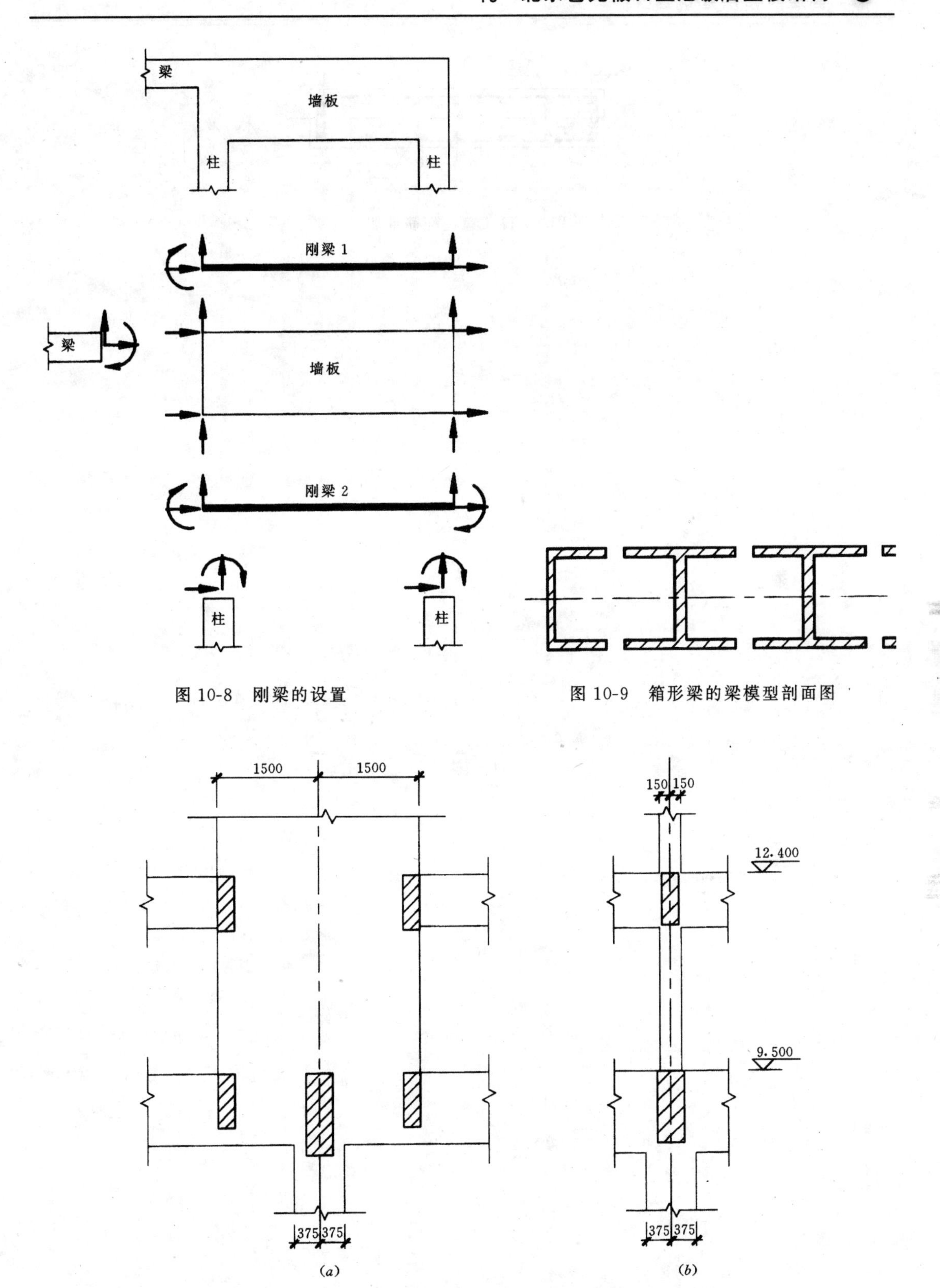

图 10-8 刚梁的设置

图 10-9 箱形梁的梁模型剖面图

图 10-10 扁柱结点图

(*a*) 扁柱竖向横剖面；(*b*) 扁柱竖向纵剖面

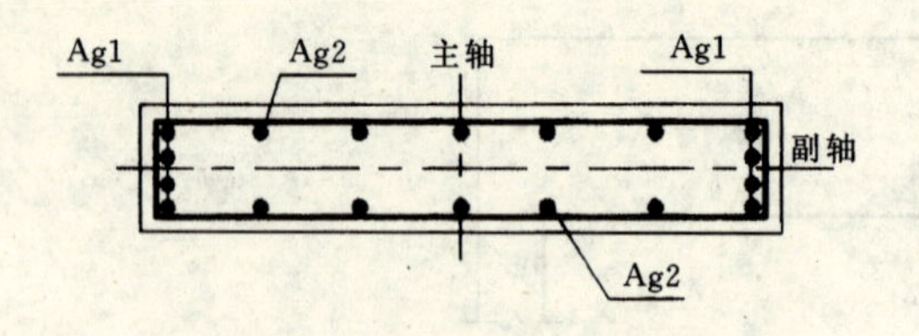

图 10-11　扁柱配筋计算

11 上海光明大厦高层主楼结构

建设地点 上海市
设计时间 1986/1988
设计单位 华东建筑设计研究院
［20002］上海汉口路151号
主要设计人 汪大绥、花更生、严敏、季康、徐志敏
本文执笔 汪大绥、花更生、严敏

获奖等级 全国第二届优秀建筑结构设计二等奖

一、工程简介

上海光明大厦（图11-1）位于中山东一路、金陵东路口，面向浦东新区，是上海外滩由北向南延伸形成南外滩后，由我国自己设计的第一幢金融办公大楼。该项目于1984年10月立项，原拟作市政府办公楼，1986年8月改由上海市房地局、工商银行、旅游局及审计局联合投资建造。

光明大厦是在原金陵中学范围内拆除旧房新建的，占地面积仅4100m²，东西狭长，南北仅26m宽。整个项目中还包括新建金陵中学，东侧中山东一路，南侧金陵东路均为城市交通干道，北侧为机电设计院大楼。为减少对金陵路口的压抑感、封闭感以及减少对北邻建筑的日照通风影响，主楼标准层平面设计采用了多边形（图11-2）。

主楼原设计为37层（后因规划原因改为32层），标准层层高3.25m，总高140m，在当时，是由国内设计的上海的工程中最高的建筑。裙楼7层，总建筑面积32000m²，其中地上29000m²，地下2层，面积3000m²。大厦为全空调超高层综合办公楼，底层为门厅，二层为工商银行营业大厅，三层为旅游局营业大厅，四、五层为职工餐厅，六层以上为办公，20层为避难层。核心筒布置楼梯间、电梯间、卫生间、管道井等。电梯共6台（速度2.5m/s，其中一台为消防电梯。裙楼设有餐厅、大会议室、电脑机房以及变配电机房、冷冻机房等。为充分利用地下空间，在金陵中学操场下布置了地下停车库；在中山东一路、金陵东路转弯处绿地下，布置了地下锅炉房（图11-3-7）。

该项目于1987年12月正式打桩，因受宏观调控影响曾一度停建，至1993年12月全面建成投入使用。经过多年使用证明，该项目设计技术先进、质量可靠、经济效益、社会效益、环境效益明显，受到有关方面好评。

二、结构设计概况

主楼为超高层建筑，为钢筋混凝土框架剪力墙结构，裙楼为框架结构，7度抗震设防，Ⅳ类场地土。本工程由于场地狭小，地处闹市，设计、施工都有很高的技术难度。

结构设计着重解决以下几个问题：

1. 主楼高达37层，基底面积受到限制，基底附加压力大，必须采用有足够承载力，而且对环境影响较小，又比较经济的桩型，当时钢筋混凝土钻孔灌注桩施工技术还不够成熟，最终主楼选择了国产 $\phi609 \times 12$ 钢管桩，裙房选用 $\phi550 \times 100$ 预应力钢筋混凝土管桩(11-8)。

2. 为充分利用地下空间，布置了满堂地下室，各部分荷重悬殊，在满足各部分功能要求的前提下，分成4个地下室，桩型及底板厚度按各自需要，经济合理。

3. 本工程基地狭小，主楼高宽比超过规范限值，为控制位移满足规范要求，经过优化结构方案，利用避难层设置了结构刚性层，收到了很好的效果。

工程竣工后，经过核算，主要技术经济指标如下：

混凝土总用量：$18693.61m^3$。

每 m^2 混凝土折算厚度：地上：　　　$44cm/m^2$；

地下：　　　$168.87cm/m^2$；

地上+地下：$56.9cm/m^2$。

钢材总用量：2650T；

每 m^2 钢材用量：$80.7kg/m^2$。

三、基础设计

本工程的地下室由四个部分组成，分别作为设备机房、锅炉房、地下车库等，其中车库和锅炉房无上部结构。由于用地形状不规则，地下室的平面也较为复杂，且埋深不同。在这种情况下，我们通过与建筑专业的协商，在保证使用功能的前提下，将地下室分为四个独立的单元，相互之间设连通口，各单元之间沉降互不影响，大大简化了受力，从而可以按各自的受力特点选择桩型和地下室底板结构形式，降低了造价。

主楼地下室采用厚板，混凝土为C38，抗渗等级P8，板厚2200mm。其余地下室底板采用肋形梁板，板厚600mm，混凝土为C28，抗渗等级按其埋深不同分别为P6和P8。

桩型选择考虑了承载能力的要求和现场沉桩的可能性，主楼荷重大，底板上总荷重达 $640kN/m^2$，上部结构高柔，对沉降较敏感，因此选择第⑧层粉细砂为桩基持力层，该层厚度达11～15m，标准贯入击数≥50击，Ps值达23MPa，且无软弱下卧层，是良好的桩基持力层。选择桩型时，考虑到建筑基地位于外滩，相邻建筑物间距小（最小处仅4m），道路下管线密，交通流量大，必须选择挤土与振动都较小的桩型，根据当时条件，选择了石油部沙市钢管厂生产的 $\phi609 \times 12$ 螺旋焊缝桩用钢管，桩长48m。钢管桩的优点是挤土量小，据实测，在本工程的条件下，管内土芯上升高度可达桩长的3/4，换算的挤土量仅为相同直径实心桩的30%，从而大大减轻了沉桩过程中挤土引起的不利影响。钢管桩自重轻，耐锤击，在土塞未充分形成前，打桩振动和沉桩阻力均比其他打入桩为小，施工中再辅以合理的打桩流水和消散孔隙水压的措施，整个打桩过程十分顺利，未对周围建筑和地下管线造成严重影响。

钢管桩的设计参考了国外规范，考虑了管壁局部稳定和100年锈蚀影响。钢管桩桩顶焊双曲面钢盖以传递基础压力，并焊锚筋与底板锚固（图11-9-10）。

裙房上部结构为七层，地下室与主楼同深，对地基的有效压力较小，以5_b层亚粘土为桩基持力层，可以满足承载力与变形控制的要求。桩型选用冶金部20冶预制厂生产的ϕ550×100离心预应力管桩，桩长30m，按轴线布置。地下车库和锅炉房均无上部结构，地下室受地下水的浮力作用，亦选择离心预应力管桩为锚桩。该种桩型虽为挤土桩，但因布桩较稀，亦未对周围环境造成不良影响。

四、上部结构设计

本工程原设计为37层，地面以上总高度超过140m。其主楼平面呈单轴对称六边形，最小宽度26.5m，高宽比5.23，大于《规范》建议的限值。主楼上部结构采用框架——筒体体系。核心筒为六边形筒体，壁厚随高度变化，最大厚度60cm，最小厚度20cm，外框为稀柱框架，典型柱距为7.65m，一般柱最大断面为1.2×1.2m。考虑到结构比较高柔，所以除内筒外，又设置了四道单肢剪力墙，以增加其刚度，结构平面见图11-11。采用我院编制《高层建筑空间杆件及薄壁杆系结构计算程序》，按7度地震烈度，Ⅳ类场地土进行分析，在地震力和风力作用下，结构的刚度都满足《规范》要求，据此，进行了该项目的初步设计。

在施工图设计过程中，我们对原结构方案作进一步优化，试图在结构体系中引入“刚性楼层”以加强其抗侧刚度。为了探索“刚性楼层”应用的可能性，我们先对假想结构进行计算分析，对刚性楼层的作用机理，刚梁设置的层位，刚梁的刚度等有关参数进行了多方案的比较以寻找其规律（详见《刚性楼层的受力特性及其在实际工程中的应用》一文，第十一届全国高层建筑结构学术交流会议论文集，1990)。研究结果表明，在框架筒体高层建筑结构中的恰当部位设置刚度较大的楼层，可以通过强化外柱轴向力形成的力偶矩来抵抗水平荷载的倾复力矩，达到增强抗侧刚度的目的，而不以增大地震力为代价，是一种经济而有效的方法。

在施工图设计中，我们进行了结构方案的调整，利用避难层（20层）和设备层（35层）设置二个刚性楼层，同时取消了沿外框设置的三道单肢剪力墙。调整后的建筑标准层平面见图11-12，标准层结构平面见图11-13，剖面见图11-14。刚性楼层中梁与内筒应为刚接，由于梁较高而筒壁较薄，如果梁与内筒垂直相交，筒壁在出平面方向局部刚度不足，难以形成真正的刚结。为此，把部分刚性梁布置在内筒壁的延长线方向，保证了梁端的刚结，也有利于配筋，见图11-15。

两种结构方案主要电算结果的对比列于表11-4，由表中可以看出，设置刚性楼层后，周期缩短，顶点位移减小，而基底总剪力墙增加不多，说明刚性楼层完全可以代替被抽掉的剪力墙。

设置刚性楼层后，内筒与柱之间的轴向变形差异将在刚性梁内产生较大的次弯矩。轴变影响的机理相当复杂，与施工速度，加荷顺序，混凝土徐变特性等许多因素有关，目前尚没有很好的分析方法。我们在电算程序中采用自下而上加大柱压缩刚度的方法来加以补偿，但也远不能反映其真实情况。因此在本工程中还采用了对垂直荷载作用下的弯矩适当调整再与水平力弯矩重新组合的方法。

此外，从构造上采取措施。在刚性梁中设后浇带，暂时减小其刚度，待主体结构封顶，自重作用下墙柱的压缩刚度变形基本完成后，再进行第二次浇灌，形成整体刚度。

表 11-1

		无刚性楼层	有刚性楼层
自振周期（s）	T1	4.12	3.86
	T2	1.19	1.15
	T3	0.78	0.58
顶点位移	△（cm）	28.40	25.02
	△/H	1/488	1/554
基底剪力（kN）		7560	7973

从技术经济效果看，由于取消了三道高 120m、平均厚度为 45cm 的剪力墙，混凝土体积净减约 600m^3，减轻重量约 1500t，减少钢管桩（ϕ610×12，桩长 56m）6 根，以上二项可节约基建投资 50 万元左右，经济效果相当明显。

图 11-1 上海光明大厦外观

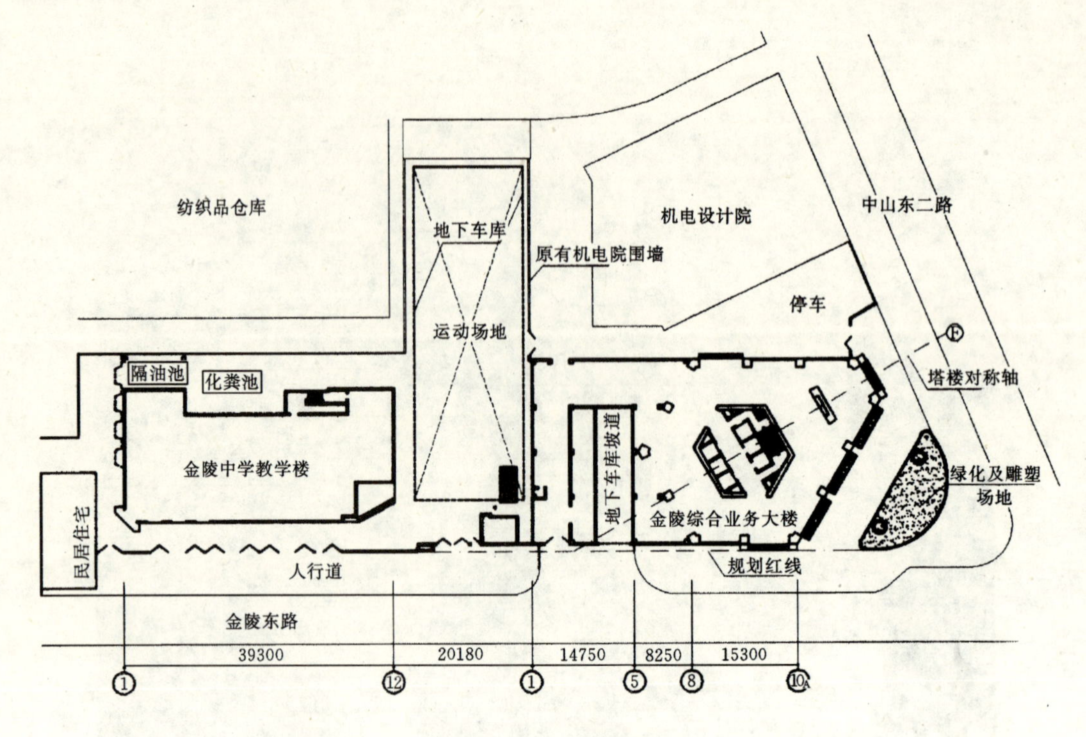

图 11-2　总平面图

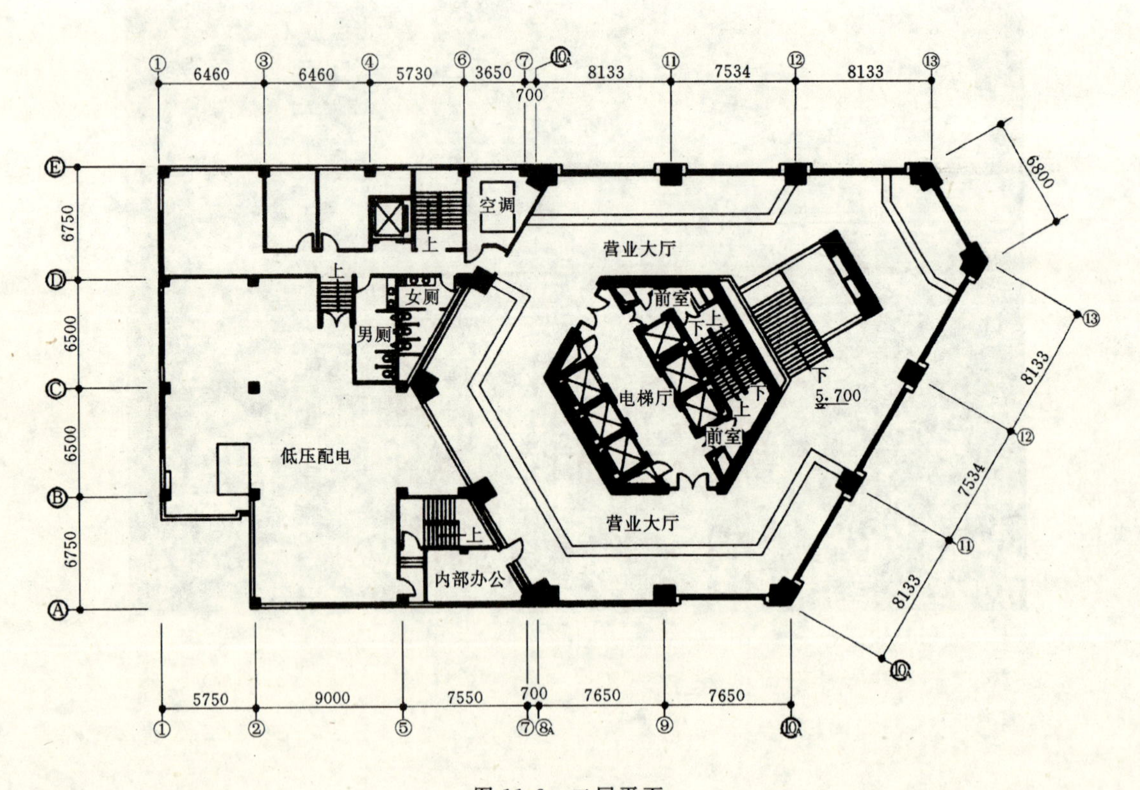

图 11-3　二层平面

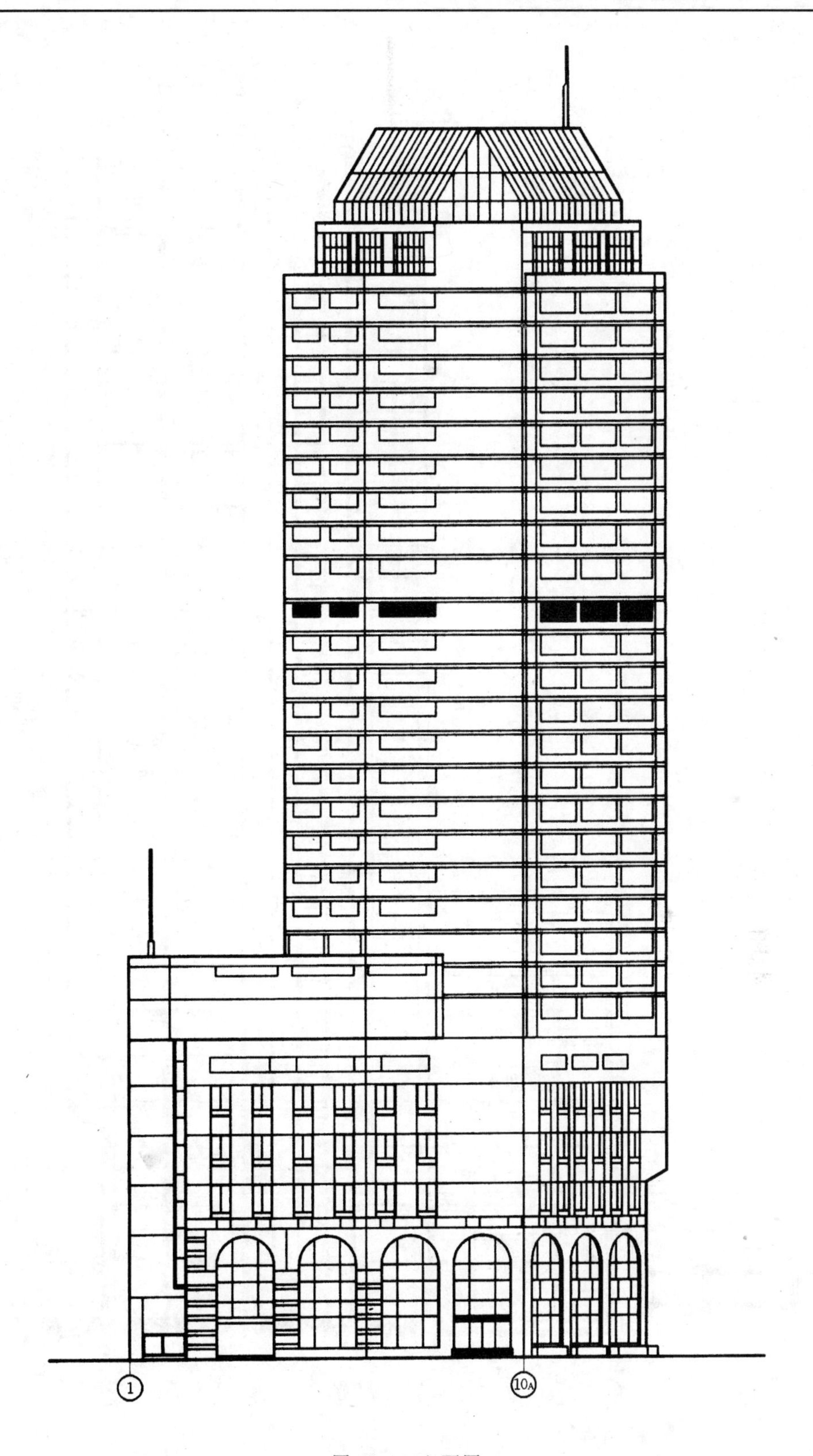

图 11-4 立面图

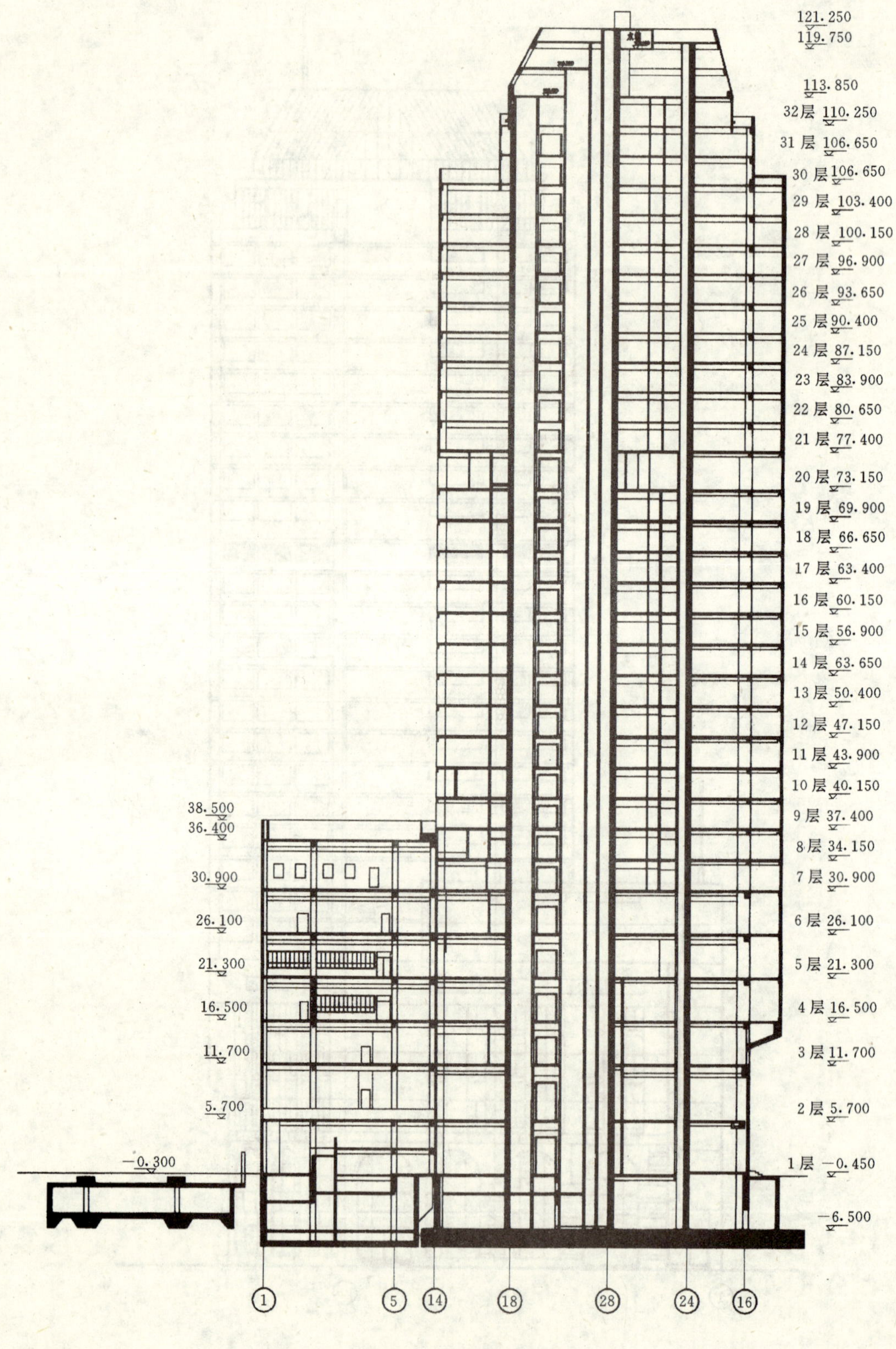
121.250
119.750
113.850
32层 110.250
31层 106.650
30层 106.650
29层 103.400
28层 100.150
27层 96.900
26层 93.650
25层 90.400
24层 87.150
23层 83.900
22层 80.650
21层 77.400
20层 73.150
19层 69.900
18层 66.650
17层 63.400
16层 60.150
15层 56.900
14层 63.650
13层 50.400
12层 47.150
11层 43.900
10层 40.150
9层 37.400
8层 34.150
7层 30.900
6层 26.100
5层 21.300
4层 16.500
3层 11.700
2层 5.700
1层 −0.450
−6.500
38.500
36.400
30.900
26.100
21.300
16.500
11.700
5.700
−0.300
1
5
14
18
28
24
16

图 11-5　剖面展开图

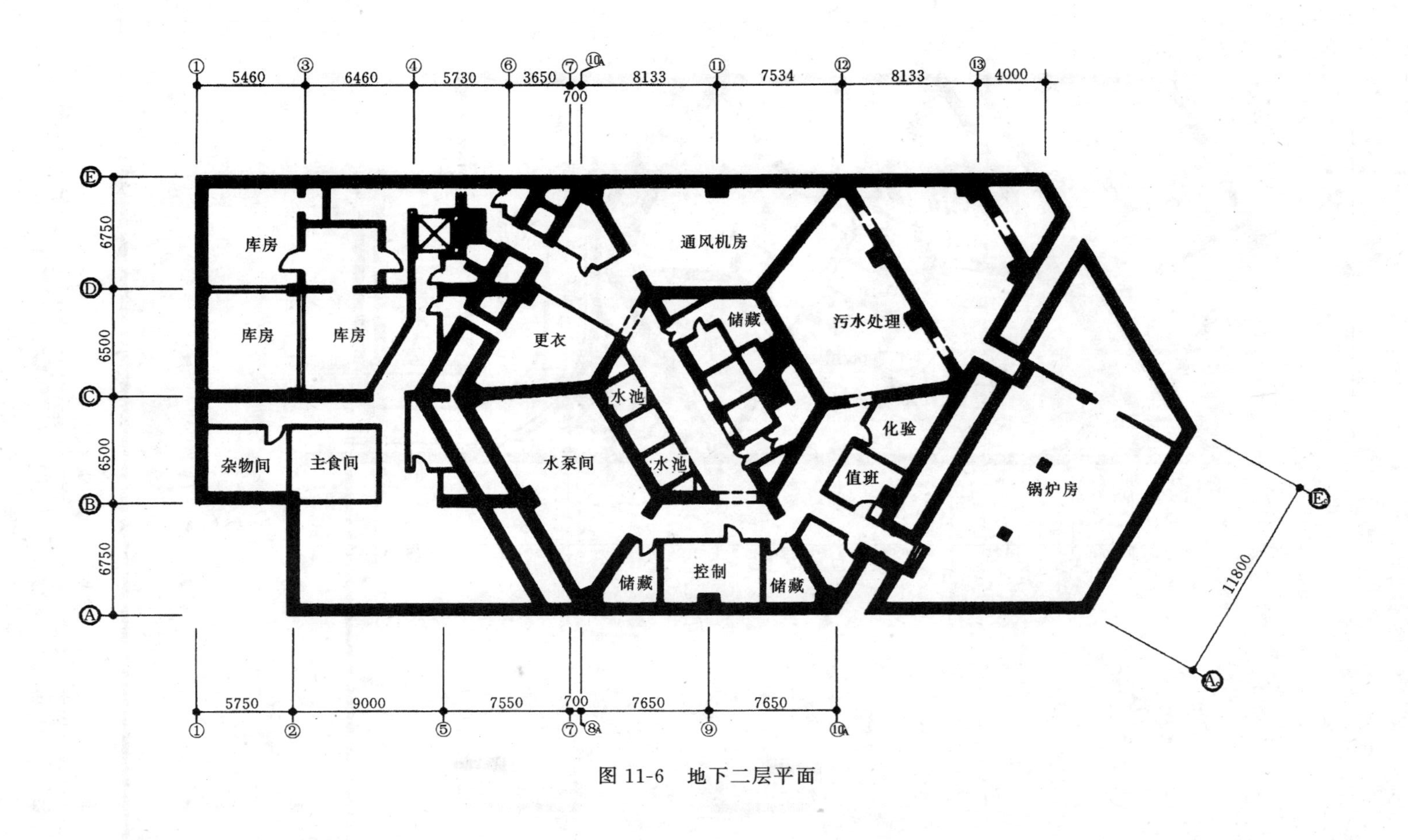

5460
6460
5730
3650
700
8133
7534
8133
4000
6750
6500
6500
6750
库房
库房
库房
杂物间
主食间
更衣
水泵间
水池
水池
通风机房
储藏
污水处理
化验
值班
锅炉房
储藏
控制
储藏
11800
5750
9000
7550
700
7650
7650

图 11-6　地下二层平面

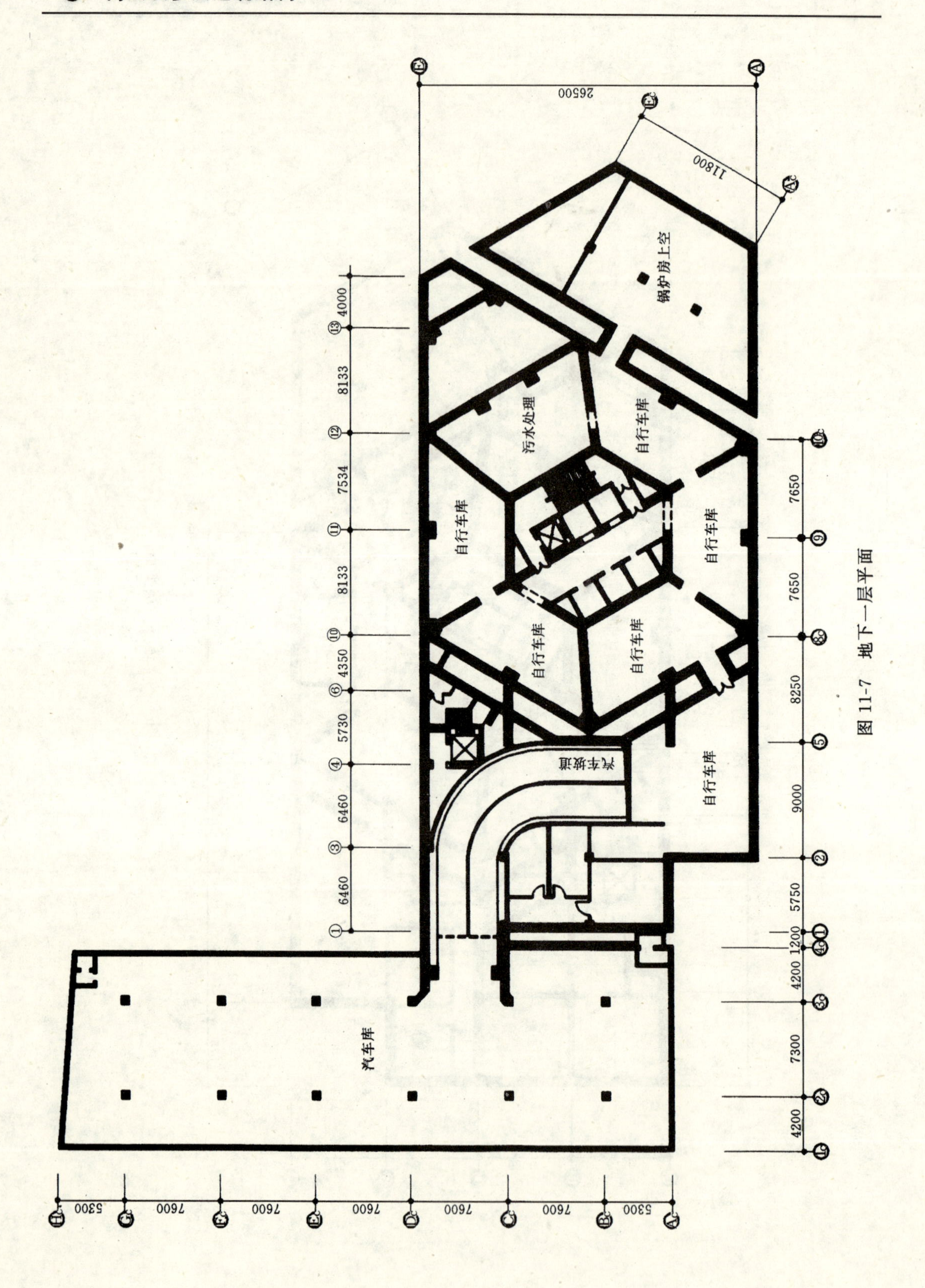
锅炉房上空
污水处理
自行车库
自行车库
自行车库
自行车库
自行车库
自行车库
汽车坡道
汽车库
26500
11800
4000
8133
7534
8133
4350
5730
6460
6460
7650
7650
8250
9000
5750
1200
4200
7300
4200
5300
7600
7600
7600
7600
7600
5300

图 11-7 地下一层平面

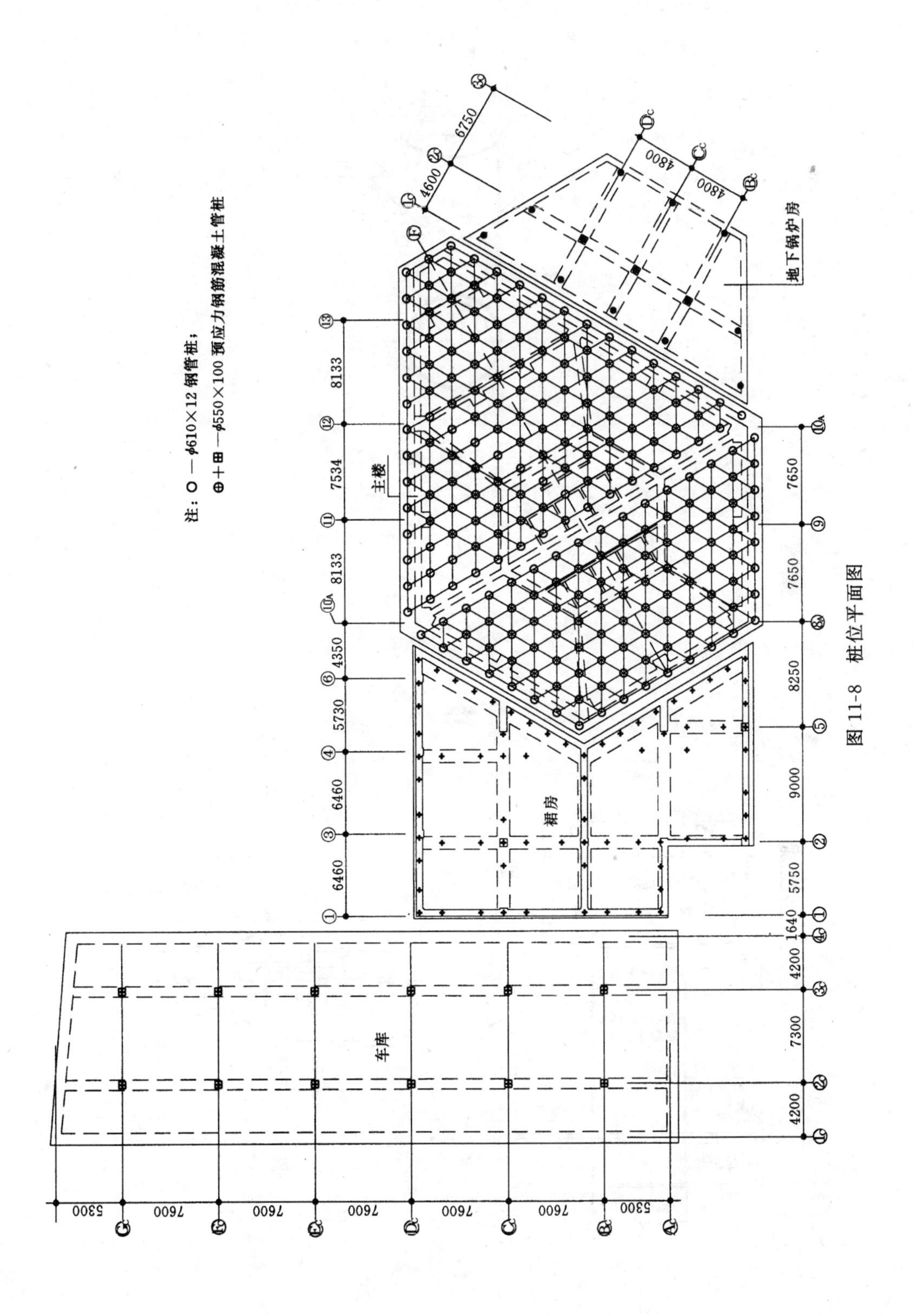
注：○—φ610×12 钢管桩；
⊕+⊞—φ550×100 预应力钢筋混凝土管桩
主楼
裙房
车库
地下锅炉房
8133
7534
8133
4350
5730
6460
6460
7650
7650
8250
9000
5750
1640
4200
7300
4200
5300
7600
7600
7600
7600
7600
5300
4600
6750
4800
4800

图 11-8 桩位平面图

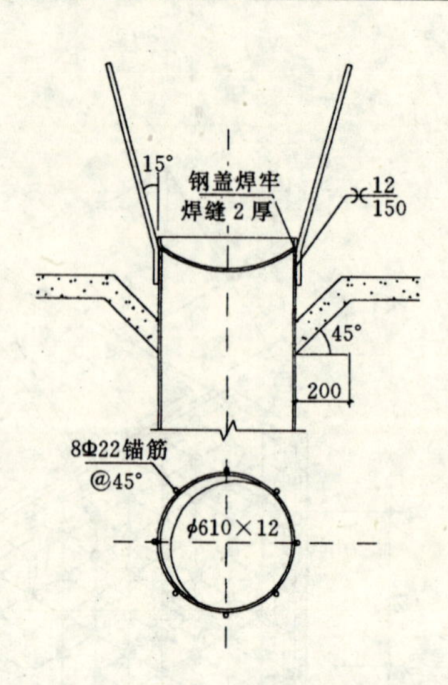

图 11-9 钢管桩桩顶锚固

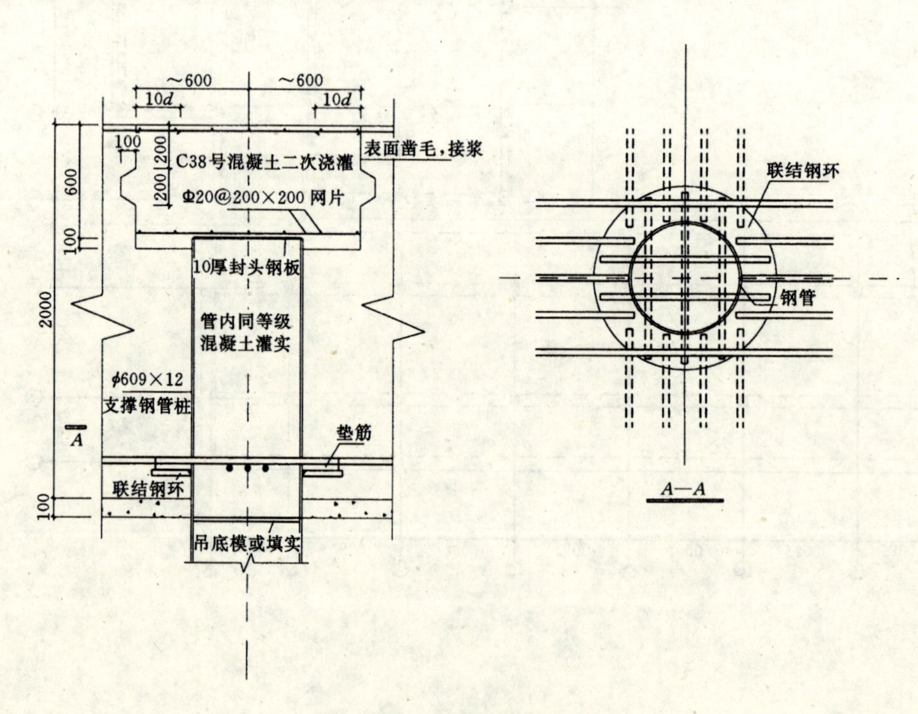

图 11-10 支撑桩穿越底板

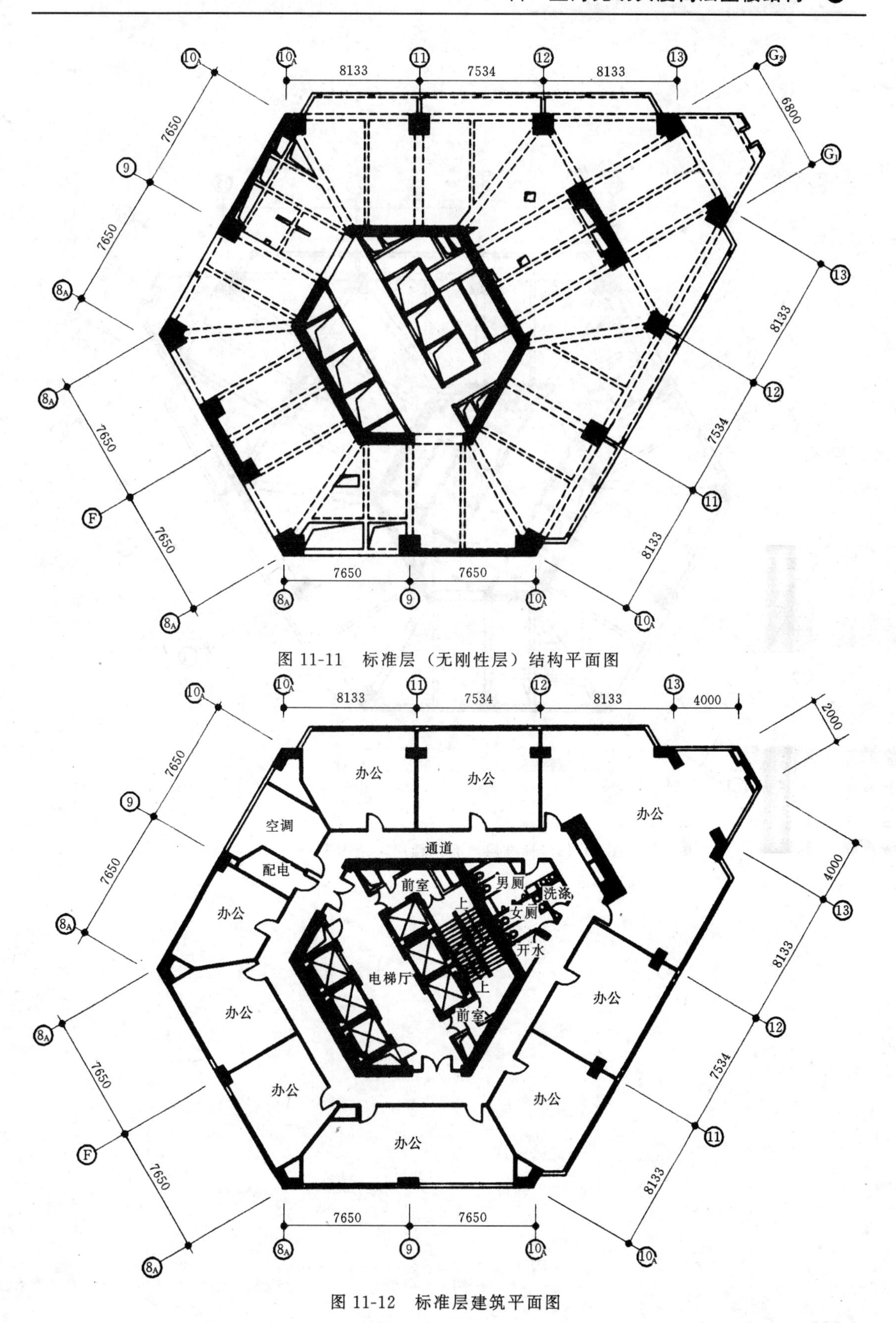

图 11-11 标准层（无刚性层）结构平面图

图 11-12 标准层建筑平面图

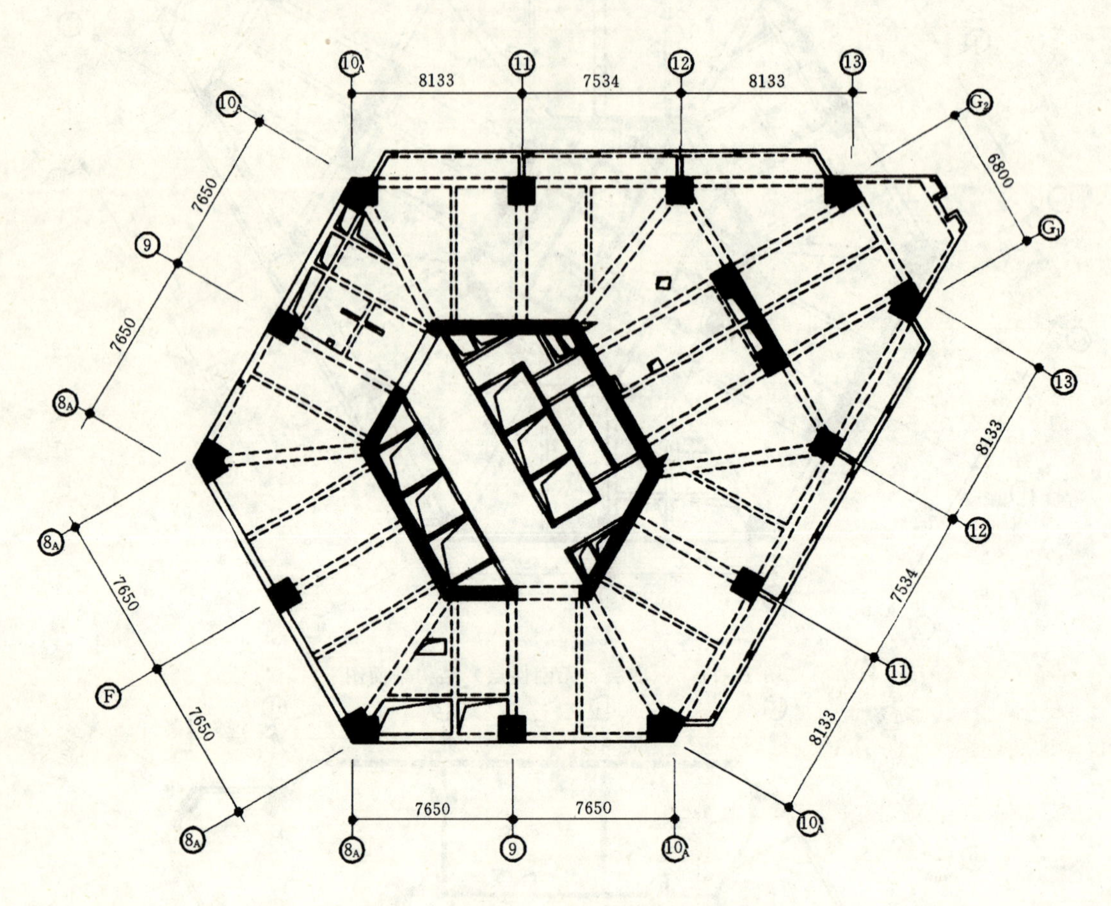

图 11-13 标准层（有刚性层）结构平面图

13　首都机场四机位飞机库 306m 屋盖钢网架结构

建设地点　北京市
设计时间　1991/1993
设计单位　中国航空工业规划设计研究院
［100011］北京德外大街 12 号
主要设计人　刘树屯　顾圭章　赵天佑　朱　丹　马希美　沈顺高
本文执笔　刘树屯（徐庆木摄影）

获奖等级　全国第二届优秀建筑结构设计一等奖

一、工程概况

首都机场 306m 飞机库（图 13-1*a*、1*b*、1*c*）为由两个跨度为 153m、只在大门中间设一个柱子、库中没有柱子的四机位大跨度飞机维修机库（图 13-2），它能同时容纳四架“B747—400”型客机进行维修。它不但是我国最大跨度的机库，也是世界上最大的机库之一。1995 年 9 月屋盖网架全部建成，306m 长的钢桥和 306m×90m 的网架，其向下挠度均符合设计要求；16800 个杆件、4000 多个球及 20 万套高强螺栓均未发现失稳、断裂；大桥节点未发现翘曲、滑动；球管连接焊缝 100%经超声波探伤合格。

屋盖结构设计是大跨度设计的关键，方案的制定要求必须满足以下条件：根据机场空域高度的限制，机库屋顶高度不得超过 40m；屋顶结构的布置和尺寸应满足工艺使用和设置悬挂吊车的要求；屋盖结构的变形不影响悬挂吊车和机库大门的正常运行；在各种荷载作用下，尤其是在大门开启时，高空风吸力产生的网架变形能满足设计要求；机库位于 8 度地震区，在水平和竖向地震作用下，结构安全可靠；网架构件和节点受力合理，构件制作便于工厂生产，同时还要考虑运输方便；要充分考虑屋盖吊装方案的合理性，做到安全可靠，加快施工周期。

根据以上原则，在经过多种方案比较后，最后选用了三层四角锥网架和栓焊钢桥相结合的空间结构体系（图 13-3、4）。空间结构的优点是整体刚度大，整体性能好，能承受意外事故，抗震性能尤为理想。大震时网架部分会失稳屈曲，但由于有好的空间工作性能也不会使建筑物倒塌。正因为如此，唐山地震后，大跨厂房多数采用了空间结构。经比较，空间结构节省钢材，本四机位机库网架方案比平面桁架体系可节省钢材 40kg/m^2，主要是由于平面桁架体系的垂直、水平支撑系统所耗费的钢材相当可观。另外，机库屋盖往往需悬挂较重的移动荷载，在这一点上共同作用的空间结构比单片受力的平面结构又可节省许多钢材。

二、屋盖结构设计

机库大门处网架边梁的选择是网架设计的难题，它必须满足飞机进出的要求和机场空域限高 40m 的要求。它作为大门的上支承点还要满足设置大门的要求。另外它作为网架开口的弹性支承点，要有足够的刚度，以使整体网架受力合理，节省钢材。大门边梁所耗的钢材约占总钢材的 40%，因此边梁方案的选择也是至关重要的。我们曾对边梁采用斜拉索方案、拱方案、预应力钢结构方案进行过比较。斜拉索和网架结合使索受拉，拱与网架结合使拱受压，从而使受弯的边梁变为受拉、受压构件，这些都是理想方案。但因为机场空域限高 40m，斜拉索与水平面的夹角太小，拱的矢高也太小，因此上述几个方案均不能实现。在综合考虑了大门边梁的受力特点以后，最后设计成一个箱形的两跨连续空间桁架钢桥。

网架大门钢桥采用一榀主桁架 WJ1，与采用二榀平行等高的桁架相比，可以解决两榀等高桁架的受力不均问题，钢材可以集中使用，钢材的高强性能可以得到充分发挥，杆件和节点也减少，给设计、制造、安装带来方便。德国法兰克福 6 号机库（135m＋135m），慕尼黑机库（150m＋150m）均采用了一榀桁架。采用一榀桁架的关键是如何保证其侧向稳定性。本设计将网架与门架钢桥用交叉杆 CWJ1～4 号杆件相连，这些杆件与大桥桁架共同组成另一形式的箱形大梁（图 13-5）。考虑到机场限高的要求，WJ1 高度为 15m，WJ2 高度为 6m。计算表明，大桥空间受力甚为理想，大桥的整体稳定性得到充分保证。

WJ1、WJ2 均为平行弦桁架，节点间距 6m。考虑到运输和制造的方便，每 12m 为一个拚接点。WJ1、WJ2 中的杆件及 CWJ1～4 均为焊接“H”型断面。根据受力的大小，其断面宽度分别为 800mm、500mm、300mm。WJ1 跨中 150m 处支座上弦拉力达 39000kN，H 型断面的翼缘板为－80mm×800mm，腹板为－55mm×640mm。如此大厚度的钢板采用国产 16Mn 钢材难以满足要求，因为 16Mn 钢板存在板厚效应，即随板厚增加钢材设计强度降低，例如 24mm 厚度增加到 40mm 时，自重增加了 67%，而承载能力只增加 42%。所以，大跨度钢结构使用 16Mn 钢材，其厚度一般不超过 24mm；另外 16Mn 钢板还存在质地不均、夹渣重皮、焊接撕裂的缺陷。日本 SM490B 钢板及同类板的国外钢材，基本不存在板厚效应和上述缺陷，故本设计采用进口厚钢板。

306m×90m 的整体屋盖选用了三层网架方案。因为跨度太大时，二层网架整体刚度太弱，变形难以满足要求，对多层网架来说，跨度越大越优越；三层与二层比较，本网架的高度可减少 0.8m，内力减少 27%，挠度减少 15%。耗钢量减少 27%。斜放类网架比正放类网架受力均匀，内力减少 40%，挠度可减少 45%。故本工程采用了斜放四角锥焊接空心球网架，中弦杆与上下弦交错 45°，并设置了周边边桁架，边桁架与上、中、下弦有机地联成整体。网架高度 6m，上下弦网格为 4.22m×4.22m，中弦网格为 6.0m×6.0m，钢管和球为 STK490B 进口无缝钢材，管直径 ϕ102×5～ϕ273×16。空心球规格为 ϕ500×16～ϕ800×32（单位均为 mm）。

沿机库网架正中设置了中梁，中梁使 306m×90m 的网架变成两个 153m×90m 的网架。对本来已受力很大的大门钢桥来说，设置中梁可有效地减少大门钢桥的负担。大门钢桥和中梁作为整体网架的弹性支承点，使网架的受力更加合理。

三、网架抗震设计

本屋盖网架三边支承在混凝土柱上，大门开口边支承在弹性的大门钢桥上，沿跨中支承在弹性的中梁上。另外，本网架的整体刚度和质量分布极不均匀；其次是网架的跨度太大，整体刚度较弱。这些特点就使得本网架的振动特征变得十分复杂。抗震设计时对整体网架进行了动力特征分析，采用规范反应谱法和时程分析法分析了在竖向和水平地震作用下的网架地震力分布规律。首先算出了整体网架前三十个振型的频率和周期。从振型分析看，水平和竖向变形分量都较大，频谱相当密集，网架振动的基频较低，基本周期为1.34s，图13-6为整体结构的二～四振型图。表13-1为网架结构前30阶动力特征。

供抗震设计用的地震波采用了人工合成的地震波，此地震波是根据场地实测覆盖土层厚度、折算剪切波速、场地土脉动卓越周期、采用专用程序合成的。表13-2列出了地震波主要参数。图13-7为用于截面验算的第一对地震波，前者为水平向，后者为竖向，它充分考虑了地震动三要素，即强度、频谱和持续时间，也体现了天然地震波的随机性。由于强震持续时间较长，故时程法计算的地震力比较大，据统计约有50%以上的杆件其竖向地震力大于规范规定的10%的静内力。其中有26个中弦杆的地震力为静内力的62.5%～310%（表13-3）。

网架结构前30阶动力特征 **表13-1**

振型号	1	2	3	4	5	6	7	8	9	10	11
频率（Hz）	0.75	0.82	0.87	1.03	1.25	1.34	1.39	1.48	1.64	1.74	1.79
周期（δ）	1.341	1.225	1.148	0.974	0.801	0.748	0.717	0.676	0.612	0.574	0.559
振型号	12	13	14	15	16	17	18	19	20	21	22
频率（Hz）	1.85	1.94	2.16	2.20	2.31	2.39	2.40	2.51	2.59	2.61	2.66
周期（δ）	0.542	0.516	0.463	0.455	0.432	0.419	0.416	0.399	0.385	0.383	0.375
振型号	23	24	25	26	27	28	29	30			
频率（Hz）	2.70	2.72	2.74	2.79	2.83	2.86	2.96	3.01			
周期（δ）	0.370	0.367	0.365	0.358	0.353	0.350	0.338	0.331			

用于截面和变形验算地震波的主要参数 **表13-2**

序号	分量方向	截面验算			变形验算		
		记录时间（s）	ACCmax（cm/s²）	地震波编号	记录时间（s）	ACCmax（cm/s²）	地震波编号
第一对	水平	JSH1.DAT	20.5	78.8	JBH1.DAT	41.0	364.2
	竖向	JSV1.DAT	20.5	48.5	JBV1.DAT	41.0	293.8
第二对	水平	JSH2.DAT	20.5	68.6	JBH2.DAT	41.0	429.4
	竖向	JSV2.DAT	20.5	43.3	JBV2.DAT	41.0	291.3
第三对	水平	JSH3.DAT	20.5	81.2	JBH3.DAT	41.0	465.2
	竖向	JSV3.DAT	20.5	51.1	JBV3.DAT	41.0	246.7

部分中弦杆地震力（kN） 表 13-3

杆号	设计内力	静内力	地震力	动静比%	杆号	设计内力	静内力	地震力	动静比%
1	24.7	16.3	25.0	153.0	14	27.1	17.9	34.0	189.9
2	32.5	21.5	26.0	120.9	15	27.3	18.0	32.0	177.7
3	27.8	18.4	27.0	147.0	16	23.8	15.7	30.0	191.0
4	76.1	50.2	27.0	53.8	17	15.0	9.9	27.0	272.7
5	22.4	14.8	23.0	155.4	18	19.9	13.1	35.0	267.1
6	19.6	12.9	29.0	224.8	19	20.9	13.8	36.0	261.0
7	23.7	15.6	31.0	198.7	20	86.7	57.2	36.0	62.9
8	23.1	15.3	31.0	202.6	21	17.6	11.6	36.0	310.3
9	23.5	15.5	31.0	200.0	22	21.1	13.9	33.0	237.4
10	25.9	17.1	30.0	175.4	23	16.0	10.6	32.0	301.8
11	76.5	50.5	27.0	53.5	24	64.5	42.6	29.0	68.1
12	20.2	13.3	24.0	180.5	25	19.6	12.9	37.0	286.8
13	21.3	14.1	34.0	241.1	26	87.3	57.6	36.0	62.5

四、节点设计

本网架的节点设计有相当难度。节点类型大致可分为大桥高强螺栓连接花瓣形节点、球管网架连接节点、大桥球型钢支座节点、网架钢柱铰接支座节点和钢管插入式节点。

（一）大桥高强螺栓连接花瓣形节点　大桥 WJ1、WJ2 及中梁 WJ3 采用大直径摩擦型高强螺栓连接节点（图 13-8），螺栓直径 d=30mm；级别为 10.9 级。节点拼接点由节点板、内拼板、外拼板、腹拼板组成。拼板总面积大于被拼接的母板面积，高强螺栓的承载能力大于母材的极限承载能力，即在强震时保证节点不先发生破坏。摩擦型节点由于靠板间的摩擦传力，节点的刚度大，承受动荷载的性能尤为理想，由于节点拼接处板束达五至七层之多，且钢板厚度大。为使钢板紧密贴紧，确保摩擦面的承载能力，必须严格控制 H 型杆件在节点处外形尺寸。为防止高强螺栓不出现延迟断裂，必须严格控制施拧扭矩，不得超拧，同时也要控制扭矩系数的标准偏差不得超过规范要求。大桥 WJ1，2 与 CWJ1～4 连接采用花瓣形节点。CWJ1～4 为三维空间斜交 H 形杆件，为使其准确安装就位，采用了节点外拼接，即在工厂制作时，将连接在 WJ1，2 的钢牛腿直接焊在节点板上，在大节点板上焊上六个不同方向的空间牛腿，尤如花瓣一样，故又称为花瓣形节点（图 13-9）。工厂制作时采用了特制的模具，以确保牛腿的空间角度准确无误。

（二）球管网架焊接节点　此类型节点原则上采用不加衬管的焊接节点，只有少量节点采用了加衬管的焊接型式。我国网架施工规程规定对承受动荷的重要节点应加衬管，但美国《AWSD11—92》也允许采用不加衬管的全焊透焊缝。加衬管与不加衬管、根部焊透与未焊透，对焊接节点的疲劳强度有无影响，冶建院曾作了几组试件的试验。试验表明，加衬管与不加衬管的焊缝在抗疲劳强度方面无实质性差别。实践证明，由于采用了不加衬管的型式，极大地方便了施工，但也对此类型的节点提出了全焊透的严格要求，探伤标准也比国外高得多。

（三）大桥球型钢支座节点　大桥中柱处的柱顶反力达 35000kN，大桥和中梁的边柱反力也达 7000kN 以上。为了将如此巨大的上部结构传来的力可靠地传给柱顶，使上部结构的